Science und Séance

Die Biologin und Parapsychologin Fanny Moser (1872–1953)

Herausgegeben
von

Ina Schmied-Knittel

Science und Séance

Die Biologin und Parapsychologin Fanny Moser (1872–1953)

Herausgegeben
von

Ina Schmied-Knittel

ERGON VERLAG

Umschlagabbildung:
Fanny Moser: Heteropyramis maculata.
Lithographie enthalten in:
F. Moser: Die Siphonophoren der Deutschen Südpolar-Expedition 1901-1903
(Deutsche Südpolar-Expedition XVII. Band, Zoologie IX. Band).
Berlin: Georg Reimer, 1925.

Bibliografische Information der Deutschen Nationalbibliothek:
Die Deutsche Nationalbibliothek verzeichnet diese Publikation in der
Deutschen Nationalbibliografie; detaillierte bibliografische Daten sind im Internet über
http://dnb.d-nb.de abrufbar.

Gedruckt auf alterungsbeständigem Papier.
Gesamtverantwortung für Druck und Herstellung
bei der Nomos Verlagsgesellschaft mbH & Co. KG.
Umschlaggestaltung: Jan von Hugo

www.ergon-verlag.de

ISBN 978-3-95650-943-8 (Print)
ISBN 978-3-95650-944-5 (ePDF)

Inhalt

Vorwort

Fanny Moser – nach ihrer Promotion Dr. Fanny Moser, nach ihrer Heirat Dr. Fanny Hoppe-Moser (manchmal auch Moser-Hoppe) – wurde am 27. Mai 1872 in Badenweiler geboren und starb am 24. Februar 1953 in Zürich.[1] Zwischen diesen 80 Jahren liegt das bemerkenswerte Leben einer Frau, die weitgehend unbekannt ist. Dabei ist Mosers Biografie in vielerlei Hinsicht beachtenswert. Geboren wurde sie als reiche Tochter im ausgehenden 19. Jahrhundert, in einer Epoche mit gleichermaßen starren Rollenerwartungen wie krassen Modernisierungsprozessen, etwa den Emanzipationsbestrebungen der ersten Frauenbewegung. Diese hatten auch auf Fanny Moser Einfluss, die studieren wollte und der es gelang, ihren Wunsch durchzusetzen, obwohl es damals nur wenige Universitäten gab, an denen sich Frauen überhaupt einschreiben durften. Moser gehörte Ende des 19. Jahrhunderts zu den ganz wenigen Studentinnen; ihren erfolgreichen Abschluss mit Promotion erhielt sie 1901 in Zoologie, und nach ihrer Eheschließung mit Jaroslav Hoppe (1878–1926) machte sie sich mittels zahlreicher wissenschaftlicher Publikationen einen Namen als Expertin für Meeresqualen. Aufgrund der Pflegebedürftigkeit ihres Ehemannes musste Moser ihre wissenschaftliche Karriere zeitweise aufgeben, suchte und fand aber Ersatz in einem gänzlich anderen Forschungsgebiet, dem sogenannten Wissenschaftlichen Okkultismus. Dem vorausgegangen war eine einschneidende Erfahrung während einer mediumistischen Séance, die Moser 1914 besucht und die ihre künftige wissenschaftliche Arbeit als Parapsychologin initiiert hatte. Als solche wollte sie paranormale Phänomene als stichhaltige, unhintergehbare Tatsachen identifizieren und ins wissenschaftliche Weltbild integrieren. Trotz zweier großer Werke über „Okkultismus“ (2 Bde., erschienen 1935) und „Spuk“ (erschienen 1950) gelang dies Moser nur partiell: zu groß der Wust an Betrugsfällen, Täuschungen, Entlarvungen und zu groß die Herausforderung für eine einzelne Wissenschaftlerin, den wissenschaftlichen Nachweis und die theoretische Erklärung für die ephemeren Erscheinungen leisten zu können. Als Mosers Schaffenskräfte gegen Lebensende schwanden, erkannte sie die Lücken und überführte ihr Lebensziel in die Aufgabenbeschreibung einer Stiftung zur Unterstützung parapsychologischer Forschung. Die kleine Stiftung legte sie in die Hände von Hans Bender (1907–1991), der 1950 das „Institut

[1] Ich erlaube mir, im Titel und im Folgenden den kürzeren Namen Fanny Moser zu verwenden. Dr. Fanny Hoppe-Moser selbst benutzte ihren Doppelnamen in der Regel für formale und private Korrespondenzen. Ihre wissenschaftlichen Publikationen verfasste sie (auch nach ihrer Heirat!) hingegen ausschließlich unter ihrem Mädchennamen Moser, und auch ihre Stiftung hat sie „Fanny-Moser-Stiftung“ genannt. Unter dem Namen Fanny Moser bzw. Moser, Fanny sind ihre Werke in allen Bibliotheken signiert und recherchierbar, ebenso bisherige Arbeiten über ihr Leben und Werk. Es wurde den Autoren und Autorinnen dieses Sammelbands freigestellt, ob sie den kürzeren oder Doppelnamen verwenden.

für Grenzgebiete der Psychologie und Psychohygiene“ (IGPP) als unabhängige (und privat finanzierte) Forschungsinstitution für Parapsychologie gegründet hatte. Auch Bender hatte sich intensiv mit paranormalen Phänomenen auseinandergesetzt und teilte Mosers Forderung nach einer akademischen Parapsychologie. Mit ihrer Wahl sollte sie absolut richtig liegen, auch wenn sie Benders Aufstieg zum außerordentlichen Professor für Grenzgebiete der Psychologie (ab 1954), später sogar zum Ordinarius mit eigener Abteilung für Grenzgebiete respektive Parapsychologie am Psychologischen Institut der Universität Freiburg (ab 1967) nicht mehr miterlebte. Die öffentliche und wissenschaftliche Resonanz, die Bender aufgrund seiner Untersuchungen, Veröffentlichungen und medialen Präsenz erfuhr, machten ihn tatsächlich zum Wegbereiter und Nestor der akademischen Parapsychologie im Nachkriegsdeutschland, und Mosers Stiftung legte einen wichtigen Grundstein. War das dazugehörige finanzielle Legat auch nicht kostendeckend, muss vor allem der Wert ihrer kostbaren parapsychologischen Forschungsbibliothek herausgestellt werden, die heute Teil einer auf nahezu 70.000 Bände angewachsenen Fachbibliothek der Universitätsbibliothek Freiburg ist und eine der wohl größten Sammlungen dieser Art in Europa darstellt. Es war schließlich eine zweite Stiftung, die die Finanzierung der parapsychologischen Forschung des IGPP auf Dauer sicherte. Auch diese Einwerbung ist Bender zu verdanken. Er hatte dafür gesorgt, dass die sich für parapsychologische Themen interessierende Asta Holler sein Institut als Mitbegünstigten ihrer vermögenden Stiftung aufführte. Neben Mosers kleinem Grundstocklegat garantiert jene Asta-Holler-Stiftung seit Mitte der 1990er Jahre mit einem nicht unbedeutenden finanziellen Anteil die Forschungen am IGPP, macht Publikationsprojekte wie den hier vorliegenden Band und seine ihm zugrundeliegenden Forschungen überhaupt erst möglich.

Denn dies war ja die Ausgangslage: Fanny Mosers ungewöhnlicher Lebensweg, ihr bemerkenswerter wissenschaftlicher Werdegang als Akademikerin der ersten Stunde und nicht zuletzt ihre Bedeutung für die Parapsychologie in Freiburg und darüber hinaus stehen – ich habe es angedeutet – in augenscheinlicher Diskrepanz zu ihrem geringen Anerkennungs- und Bekanntheitsgrad. Wissenschaftliche Arbeiten (aber auch populäre Formate) zu Mosers Biografie sind selten, insgesamt ist wenig über sie geschrieben worden und wenn, dann zumeist über einzelne Aspekte aus ihrem Leben (etwa über das Thema Frauenstudium oder Parapsychologie). Auch die Auswertung ihres wissenschaftlichen Nachlasses, der im Archiv des IGPP untergebracht ist, erfolgte bislang eher sporadisch. Eine umfassende Darstellung ihrer Biografie und Würdigung ihrer Lebensleistung steht also aus und dies nicht nur, weil festliche Anlässe vorliegen: 2022 wäre Moser 150 Jahre alt geworden, zudem jährt sich 2023 Mosers Todestag zum siebzigsten Mal. Gleichwohl ist die hier vorliegende Gedenkschrift mehr als nur eine Publikation aus festlichem Anlass. Konzipiert als Aufsatzsammlung und verfasst von Fachkollegen und Fachkolleginnen vom

Freiburger IGPP in Kooperation mit dem Moser Familienmuseum Charlottenfels in Neuhausen am Rheinfall, stehen die einzelnen Beiträge jeweils für sich und erst recht zusammengenommen für ein ganzes Konglomerat sozial-, kultur-, wissenschafts-, universitäts- und frauengeschichtlich relevanter Themen, die in Mosers bemerkenswerter Biografie, ihren familiären und beruflichen Lebensumständen und den dazugehörigen gesellschaftlichen und historischen Hintergründen durchschimmern.

Den Anfang macht der Beitrag von *Ina Schmied-Knittel*, Soziologin und wissenschaftliche Mitarbeiterin am IGPP (und Herausgeberin dieses Bandes). Die detaillierte und kenntnisreiche Darstellung ist die bislang wohl umfassendste Rekonstruktion der Moserschen Gesamtbiografie und bildet insofern den unverzichtbaren Unterbau dieses Bandes. Gegliedert nach zentralen Lebensereignissen und -orten beschreibt und analysiert der Aufsatz Mosers facettenreiches Leben vor dem Hintergrund familiärer Rahmenbedingungen und historischer Ereignisse. Eindrucksvolle Quellen aus Mosers Nachlass im IGPP-Archivbestand, insbesondere Mosers Selbstaussagen aus Tagebüchern und Korrespondenzen, werden mit zahlreichen weiteren Unterlagen und historischen Befunden in Beziehung gesetzt, sodass schließlich über die Biografie hinaus eine Vernetzung zu den oben erwähnten kultur-, geschlechter- sowie universitäts- und wissenschaftsgeschichtlichen Aspekten realisiert wird. In diesem Sinne gelingt es, Mosers Lebensweg zwischen Schweizer Bürgertum, Weimarer Republik und zwei Weltkriegen mit all seinen Herausforderungen und Ambivalenzen bildhaft vor Augen treten zu lassen und die historischen Chancen und Grenzen – auch Mosers Selbstermächtigungs- und Emanzipationsversuche als Grenzwissenschaftlerin – als ein wertvolles Stück Frauen- und Wissenschaftsgeschichte nachzuzeichnen.

Auch die beiden nachfolgenden Beiträge befassen sich mit Mosers Biografie, wenngleich aus unterschiedlichen Blickwinkeln. *Mandy Ranneberg*, Kuratorin des Moser Familienmuseum Charlottenfels in Neuhausen am Rheinfall, wo die väterlichen Wurzeln Fanny Mosers herrühren, befasst sich intensiv mit einem autobiografischen Schreibversuch Mosers. Diese hatte in den 1940er Jahren begonnen, ihre Memoiren zu verfassen. „Ein Frauenleben in drei Generationen" untertitelte Moser ihr Manuskript und rekurrierte damit, so Ranneberg, auf die unterschiedlichen, wenngleich voneinander nicht losgelösten Lebensvollzüge ihres Vaters Heinrich Moser, ihrer Mutter (die immerhin mehr als vierzig Jahre jünger als Heinrich Moser war) und schließlich auf Ausschnitte ihrer eigenen Biografie. Diese Selbstthematisierungen nimmt Moser mit Blick auf die Herkunftsfamilie vor und tritt dabei in persönliche Auseinandersetzung mit ihren Eltern. Während sie ihrer Mutter gegenüber auffallend negative Gefühle hegt, ihr charakterliche Unzulänglichkeiten, Gefühlskälte, Hedonismus und Verschwendung vorwirft, heroisiert sie die Rolle ihres Vaters, obwohl (oder gerade weil?) dieser bereits zwei Jahre nach Mosers Geburt starb und sie ihn eigentlich gar nicht kannte. Nicht zuletzt projektiert Moser in diesen Aufzeichnungen ihr eigenes Lebenswerk über die außergewöhnlichen Leistungen des erfolgreichen Unternehmervaters, etwa was ihr Pflichtgefühl, überbordendes Arbeitsethos und schließlich – so Rannebergs Interpretation – ihre parapsychologische „Mission" betrifft. Dass diese in der Rolle der altruistischen Mäzenin und Stifterin gipfelte, steht in gewisser Weise für Mosers eigene Charismatisierung, die sie vor dem Hintergrund ihrer primär väterlich geprägten Vergangenheit vornimmt. Auch wenn das Manuskript von Moser nie vollendet wurde, letztendlich fragmentarisch geblieben und, etwa was Mosers Rolle als Natur- und Grenzwissenschaftlerin betrifft, auffallend unvollständig ist, stellt es, so das Fazit von Ranneberg, eine interessante und unhintergehbare Quelle dar. Gleichwohl sollten die Geltungsansprüche des autobiografischen, zumal lückenhaften Texts nicht überstrapaziert werden, steht er doch vorrangig für Mosers Selbstbild, ihre Identitäts- und Erinnerungsarbeit.

Der nachfolgende Aufsatz von *Roger Nicholas Balsiger* über Fanny Moser im Kontext ihrer Schaffhauser Herkunftsfamilie knüpft unmittelbar an die biografische Thematik an, zum Teil sogar unter Verwendung identischer Quellen. In unserem Band nimmt Balsigers Beitrag fraglos eine Sonderstellung ein. Nicht nur, dass er in gleichermaßen essayistischer wie geistreicher Weise die Familiengeschichte der Mosers aufleben lässt, ist die Position des Autors deutlich erkennbar. Dies ist keineswegs verwerflich, im Gegenteil, denn Balsiger besitzt eine herausragende Sprecherrolle: Er ist der Großneffe von Fanny Moser. Als Chronist der Schaffhauser Unternehmerfamilie Moser hat sich Balsiger über lokalgeschichtliche Kreise hinaus einen Namen gemacht und zahlreiche Beiträge verfasst, vor allem über seinen berühmten Urgroßvater Heinrich Moser und seine Großmutter Mentona Moser (Fannys zwei Jahre jüngere Schwester). Deren Lebenswerk war übrigens nicht weniger bemerkenswert: Mitbegründerin der Kommunistischen Partei in der Schweiz, Frauenrechtlerin, antifaschistische Widerstandskämpferin und später Ehrenbürgerin der DDR. Wie Fanny schien auch Mentona zeitlebens eine „Mission" zu verfolgen, wenngleich deutlich radikaler. Wie Balsiger andeutet, war das Verhältnis zwischen den Schwestern zeitlebens ebenso angespannt wie das der beiden Töchter zur Mutter, deren Beziehung zu Sigmund Freud eine Zeitlang das Familienklima bestimmte. Doch sind solche Hintergründe nicht genau der Stoff, der Familiengeschichten erst so richtig interessant macht?

Der Aufsatz von *Michael Nahm*, wissenschaftlicher Mitarbeiter am IGPP, über Fanny Mosers Wirken als Zoologin besitzt wissenschaftlichen Neuigkeitswert. Mit seinen Recherchen zu Mosers biologischen Publikationen erweitert er den Kenntnisstand zu einem bislang eher vernachlässigten Teil von Mosers Biografie. Diese hatte in Freiburg, Zürich und München Biologie studiert und 1901 mit einer zoologischen Arbeit promoviert. Obwohl Moser Anfang des 20. Jahrhunderts der Zugang zu einer universitären Laufbahn verschlossen war, gelang es ihr, sich auf ihrem Spezialgebiet „Quallen“ einen Namen zu machen und einen nachgefragten Expertinnenstatus zu erarbeiten. Zwischen 1903 und 1925 publizierte sie zahlreiche Arbeiten in renommierten Fachzeitschriften, nahm Erstbeschreibungen von Arten vor und postulierte eigene Theorien über entwicklungsgeschichtliche Zusammenhänge. (Später wurden sogar neue, unbekannte Quallenarten nach Moser benannt.) Nahm, selbst Biologe, rekonstruiert Mosers zoologische Phase und liefert als Anhang ein Schriftenverzeichnis von Mosers biologischen Publikationen, das bislang wohl erstmalig ist.

Uwe Schellinger, Mitarbeiter am Archiv des IGPP, rekonstruiert in seinem Beitrag die Überlieferungsgeschichte von Mosers wissenschaftlichem Nachlass. Neben zahlreichen Konvoluten, die verschiedene Schwerpunktbereiche der seit 1950 laufenden Institutsarbeit dokumentieren (Experimente, Forschungsberichte, populäre Sammlungsbestände wie Presseberichte etc.), befinden sich im IGPP-Archiv eine ganze Reihe von (Teil-)Nachlässen namhafter Persönlichkeiten der Parapsychologie. Fanny Mosers Legat repräsentiert einen der größeren Nachlässe dieses Bestands und wird von Schellinger als eine zentrale Ressource für die Wissenschaftsgeschichte charakterisiert. Neben ihrer unvergleichbar wertvollen Forschungsbibliothek zu parapsychologischen Themen können dafür ihr Forschungsarchiv, ihre Materialsammlungen und nicht zuletzt ihre Korrespondenzen mit namhaften Wissenschaftlern und Künstlerinnen in Anschlag gebracht werden: Eugen Bleuler, Sigmund Freud, Ricarda Huch, C. G. Jung, um nur einige berühmte Namen zu nennen. (Schellinger streift den konkreten Umfang und Inhalt des Nachlasses leider nur am Rande.) Interessanterweise war, was die Unterbringung betrifft, das Freiburger IGPP nicht Mosers erste Wahl. Schellinger zeichnet nach, dass Mosers Entscheidung erst in ihren letzten Lebensmonaten gefallen ist, rekonstruiert ihre Beweggründe und zudem Benders Rolle in diesem Zusammenhang. Darüber hinaus konfrontiert uns Schellinger mit einigen Unzulänglichkeiten und Unvollständigkeiten des Konvoluts, zeigt so manche Ungereimtheiten und bedauerliche Lücken im Nachlass auf. Eine Ursachensuche dürfte hier schwierig sein, nicht zuletzt deshalb, weil Mosers Forschungssituation – sie war zeitlebens Privatgelehrte – permanent unter zeitlichem, finanziellem und personellem Ressourcenmangel litt. (Übrigens Gründe, die auch für Benders Institut in der Anfangszeit gelten, in die die formale Überführung und Übernahme des Legats fiel.) Diesbezüglich ist es bemerkenswert und imponierend, dass es Moser trotz der angedeuteten Schwierigkeiten und Umstände – von den Auswirkungen zweier Weltkriege und diverser Wohnortwechsel einmal abgesehen – überhaupt gelang, eine dermaßen eindrückliche und wissenschaftlich wertvolle Hinterlassenschaft zusammenzustellen und zusammenzuhalten.

Eberhard Bauers Beitrag nimmt noch einmal eine ganz andere, gewollt persönliche Perspektive auf die Parapsychologin Fanny Moser ein. Als früherer Assistent Hans Benders und jahrzehntelanger Mitarbeiter des IGPP, als ausgewiesener Kenner der Parapsychologie und ihrer (Instituts-)Geschichte, die Teil seiner eigenen Geschichte geworden ist, beschäftigte sich Bauer im Laufe seines Forscherlebens auch immer wieder mit Fanny Moser und ihrem Vermächtnis. In Zusammenarbeit mit Hans Bender hat er beispielsweise dazu beigetragen, dass die beiden Hauptwerke Fanny Mosers zur Parapsychologie in den 1970er Jahren im Walter-Verlag als Reprints zugänglich wurden und weiter rezipiert werden konnten. Hinzu kommt seine Funktion als wissenschaftlicher Betreuer der Institutsbibliothek, deren Bestände – die Moser-Bibliothek integrierend – zur Universitätsbibliothek Freiburg gehören. Nicht zuletzt zählt das Thema Spuk zu den Forschungs- und Beratungsschwerpunkten, die Bauer sein Arbeitsleben lang begleiten. Diese Affinität zum Thema geht aus seinen Recherchen zu ausgewähltem Fallmaterial aus Mosers Spuk-Sammlung hervor, auf die er in seinem Beitrag ausführlich Bezug nimmt.

Das letzte Wort in dieser Gedenkschrift gebührt *Fanny Moser* selbst. Es handelt sich um den Nachdruck ihrer letzten Publikation aus dem Jahre 1952. Mosers Aufsatz „Spuk in neuer Sicht“ erschien wenige Monate vor ihrem Tod in der Novemberausgabe der Schweizer Kulturzeitschrift *Du*, ein Themenheft über Spuk, und Moser war an der inhaltlichen Konzeption beteiligt, pflegte eine rege Korrespondenz mit dem damaligen Redaktionsleiter. Dieser bat sie um einen Überblicksartikel zu Spuk, bezugnehmend auf ihre einschlägige Fallsammlung, Forschung und Publikation. 1950 war Mosers Buch „Spuk. Irrglaube oder Wahrglaube? Eine Frage der Menschheit“ erschienen. Anders als ursprünglich geplant, enthielt dieser Band zuvorderst Recherchen zu Spukfällen aus verschiedenen historischen Epochen, dichte Beschreibungen und erste Verweise auf phänomenologische Gemeinsamkeiten und anthropologische Muster, und Moser räumte der Fülle des Materials den Vorrang gegenüber theoretischen Erklärungsversuchen ein. Dafür hatte sie einen zweiten Band vorgesehen, dessen Zusammenstellung und Veröffentlichung sie aus gesundheitlichen Gründen aber immer wieder verschieben musste. Den Aufsatz in *Du* nahm sie als Chance, ihre konzeptionellen Überlegungen zu den Spukphänomenen in einem gleichermaßen kurzen wie populären Format vorzustellen. Sein Nachdruck bietet insofern die Gelegenheit, Mosers Spukkonzept kennenzulernen und sich in komprimierter Form mit ihrer spezifischen parapsychologischen Denkweise auseinanderzusetzen, die spekulative Möglichkeitsräume entfaltet, sich objektivierbaren Wissenschaftskriterien aber manchmal auch entzieht.

Damit sollte deutlich geworden sein, dass diese Gedenkschrift keine reine Hommage sein will. Der Band versteht sich vielmehr als erste Annäherung an die spannende, manchmal eben auch ambivalente Biografie einer Wissenschaftlerin und Frau, deren etwas in Vergessenheit geratenes Leben es lohnt, ans Licht geholt zu werden. Dass seine Würdigung nicht ohne Kontextualisierung der historischen Situiertheit erfolgen kann, liegt auf der Hand, und auch dafür stehen die hier versammelten Beiträge. Mit ihnen ist das Feld für weitere Fragen bereitet, denn selbstverständlich kann heute kein Anspruch auf Vollständigkeit erhoben werden. Entsprechende Lücken macht die vorliegende Aufbereitung sichtbar, etwa was historische Abläufe im Zeitgeschehen (vor allem die Lage des staatenlos gewordenen Ehepaars Moser-Hoppe im Ersten Weltkrieg), detaillierte Unkenntnisse für einzelne Lebenssituationen (Kinderlosigkeit, Krankheiten, Finanzen) und nicht zuletzt Mosers Wissenschaftsverständnis, vor allem die Verbindung der Zoologin mit der Parapsychologin, betrifft. In diesem Kontext wäre beispielsweise auch Mosers Haltung zu Glaubensfragen interessant, etwa ihre eigene Religiosität, die im Alter zuzunehmen schien. Die wohl deutlichsten Leerstellen bestehen in der Zusammensetzung, Bedeutung und Rezeption von Mosers parapsychologischer Forschungsbibliothek – und zwar damals wie heute. Insofern ist mit dieser Schrift auch ein Aufforderungscharakter für weitere Forschungen verbunden. Ich bin sicher, dass diese auf großes Interesse stoßen werden, und zwar nicht nur, weil die Auseinandersetzung mit Mosers Leben verschiedene Gebiete der Kultur- und Wissenschaftsgeschichte auf einzigartige Weise berührt, sondern auch, weil damit ein Beitrag für die Bewusstmachung, Historisierung und Entgrenzung heterodoxer Lebensvollzüge und Diskursfelder erreicht werden kann.

In Anerkennung einer wertvollen Tradition soll dieses Vorwort zugleich Danksagung sein. Ich bedanke mich zuvorderst und in aller Herzlichkeit bei den Autorinnen und Autoren dieses Sammelbands und feiere ihre Beiträge als Anregungen im eben genannten Sinne. Im Namen aller Beitragenden danke ich an dieser Stelle den angefragten Archiven für ihre Unterstützung und Zuarbeit, namentlich und zumindest stellvertretend: Archiv des IGPP, Universitätsarchiv Freiburg, Universitätsarchiv München, C.G.-Jung-Arbeitsarchiv an der ETH Zürich, Literaturarchiv Marbach und Monacensia (Münchner Stadtbibliothek), Bundesarchiv, die Stadtarchive München und Zürich sowie selbstverständlich das Moser Familienmuseum Charlottenfels. Last, not least: Großer Dank an das IGPP, das diese Publikation finanziell und ideell unterstützte, insbesondere an Frauke Schmitz-Gropengießer für das Korrektorat.

Ina Schmied-Knittel, Freiburg im März 2023

„Ich habe das Vernünftige immer gehasst". Fanny Moser (1872–1953) – Porträt einer Grenzwissenschaftlerin

Ina Schmied-Knittel

Einleitung

Der Vater steinreich, die Mutter berühmte Freud-Patientin, die Tochter eine der ersten Studentinnen an deutschen Universitäten – und dann eine spiritistische Séance und die Hinwendung einer überzeugten Naturwissenschaftlerin zu Okkultismus und Spuk... Fanny Mosers Leben böte durchaus Stoff für eine spannende Netflix-Serie. Ein begrenzendes Format wie ein Aufsatz hingegen ist eine Herausforderung, die umso größer wird, wenn systematische Vorarbeiten Mangelware sind, denn bis auf wenige Ausnahmen finden sich bislang weder biografische noch werkbezogene Überblicksarbeiten über (oder von) Fanny Moser. Der folgende Aufsatz strebt an, diese Lücke zu schließen, den spannenden Lebensweg und wissenschaftlichen Werdegang Mosers zu rekonstruieren und damit zugleich einer beachtenswerten bürgerlich-intellektuellen Frauen- und Wissenschaftsbiografie zwischen dem 19. und 20. Jahrhundert die Ehre zu erweisen. Dass dies in aller Vollständigkeit niemals gelingen kann, liegt auf der Hand, und ich bitte entsprechende Lücken zu entschuldigen, die demnächst an anderer Stelle behandelt werden sollen.[1] Im Hinblick auf das hier verfolgte Ziel, einen möglichst umfassenden Überblick über ihr Leben und Wirken zu erreichen, folgt die Darstellung grob Mosers Lebens(ver)lauf, wenngleich sich innerhalb der einzelnen Kapitel eine lineare Chronologie nicht immer einhalten lässt. In zehn Abschnitten, gegliedert nach zentralen Themen und wichtigen Orten in Mosers Biografie, werden Familie und Kindheit, Studium und Berufstätigkeit, persönliche Krisenerfahrungen und deren Bewältigungsstrategien, subjektive Evidenzerlebnisse und deren weltanschauliche Konsequenzen, damit einhergehende Forschungsthemen Mosers und ihre wissenschaftliche Vision behandelt. Dabei geht es selbstverständlich auch um historisch-soziale Kontexte, ist doch Mosers Lebensverlauf (wie jeder andere) nicht einfach eine Aneinanderreihung einzelner individueller Ereignisse, sondern immer auch kontingentes Ergebnis einer spezifischen historisch-gesellschaftlichen Situation. Darin besteht auch das Spannende biografieanalytischer Fragen, zumal unter

1 Der Aufsatz enthält Auszüge einer in Bearbeitung befindlichen Monografie über Fanny Moser, die demnächst erscheinen soll.

historischer Perspektive und hier insbesondere in einer analytischen Doppelperspektive von Individuum und Gesellschaft – besser: Frau und Gesellschaft, also einer gegenseitigen Konstitution von weiblicher Lebens- und überindividueller Zeitgeschichte. Oder einfacher gesagt: In Mosers Biografie spiegelt sich die „große" Geschichte mit ihren Fortschritten, Widersprüchen und Umbrüchen zwischen dem 19. und 20. Jahrhundert. Dass dabei so gut und so oft es geht aus Mosers Nachlass und anderen historischen Quellen zitiert wird, soll jene Verschränktheit in sichtbarer Weise illustrieren. Hier fungieren Mosers Nachlass und die in ihm enthaltenen Dokumente und Materialitäten – beispielsweise ein Promotionszeugnis der Universität München von 1901 – ebenso als Quelle für lebensgeschichtliche Daten, wie diese deren historische Situiertheit offenbaren, etwa, wenn seinerzeit ein männliches Fakultätsmitglied „Fräulein" Mosers Antrag auf Promotion schlichtweg ablehnte.

An dieser Stelle eine grundsätzliche Bemerkung zu den hier verwendeten Quellen. Als Fanny Moser starb, hinterließ sie (neben einigen Vermögenswerten) ihren wissenschaftlichen Nachlass dem Institut für Grenzgebiete der Psychologie und Psychohygiene e.V. (IGPP) und war damit die erste Stifterin der seinerzeit neu gegründeten und bis heute einzigartigen Forschungseinrichtung für Parapsychologie in Freiburg. Dass dieser Nachlass nahezu unsortiert und unbeachtet im Forschungsarchiv des IGPP schlummerte, kann m. E. durchaus als eine Art Gendergap interpretiert werden, werden doch Biografien von Wissenschaftler*innen* leider noch immer als weniger relevant erachtet als Biografien von Männern.[2] Nicht zuletzt daraus speiste sich schließlich das wissenschaftliche Interesse an diesen Dokumenten und die Motivation, mit der umfassenden historisch-biografischen Aufarbeitung dieses Nachlasses Mosers Lebens- und Wirkungsgeschichte sichtbar zu machen, ihre Bedeutung als erste Mäzenatin und damit zentrale Figur der Freiburger Institutsgeschichte herauszustellen. Neben klassischen Textsorten wie Tagebüchern, Urkunden, Memoiren, Briefen, Rechnungen, Gedankenprotokollen, wissenschaftlichen Exzerpten, Publikationen und Manuskripten enthält dieser Bestand auch Bildträger, Relikte und Artefakte wie Fotos, Postkarten, Portraits, Möbel u. ä. sowie Mosers seit 1917 angesammelte Spezialbibliothek zu okkulten Themen, die heute als einzigartiges Sondersammelgebiet in der Universitätsbibliothek Freiburg der Fachöffentlichkeit zur Verfügung steht. Andererseits eignet dem IGPP nicht der gesamte Nachlass von Moser, viele Teile (oder Splitter) befinden sich in anderen Institutionen, etwa im Moser Familienmuseum Schloss Charlottenfels oder im Privatarchiv des noch lebenden Moser-Großneffen Roger Nicholas Balsiger. Auch auf dieses Material wird selbstverständlich, so gut es eben geht, Bezug

[2] Die weitgehende Unterrepräsentanz von Frauenbiografien in den meisten Lexika ist bis in die Gegenwart ein unbestrittenes Faktum; vgl. dazu bspw. die aktuelle Diskussion über die Unterrepräsentanz von Frauenbiografien auf Wikipedia und das eigens ins Leben gerufene *WikiProjektFemNetz*.

genommen. Verwendet wurden zudem angereicherte Quellen aus Bundes-, Universitäts-, Literatur-, Bibliotheks- und sonstigen Archiven, insbesondere was Mosers Verbindungen zu populären Zeitgenossen und -genossinnen und ihre Korrespondenzen mit berühmten Freunden und Freundinnen betrifft: Ricarda Huch, Franz Kafka, Eugen Bleuler, Sigmund Freud, Marie Baum, C. G. Jung, um nur einige bekannte Namen zu nennen. Ich möchte die Gelegenheit nutzen, mich bei den angefragten Stellen für die zugewandte Kooperation zu bedanken, und den Mehrwert betonen, den die entsprechenden Quellen hervorbrachten. Bei aller historischen Distanz gewähren sie uns Einblicke in das Leben einer Forscherin, die freilich nicht zu den großen Namen der Wissenschaftsgeschichte zählt, ohne die die Geschichte der deutschen Parapsychologie aber fraglos anders verlaufen wäre. Also, wer war Fanny Moser?

Höhere Tochter

Meeresbiologin und Parapsychologin – danach sah Fanny Mosers Werdegang eigentlich nicht aus. Geboren im letzten Drittel des 19. Jahrhunderts, hatten die Sozialisationsprozesse von Töchtern aus bestem Hause normalerweise anderes mit ihnen vorgesehen: kurze Bildungswege, standesgemäße Heirat und ein erwerbsloses Frauenleben als treusorgende Gattin/Mutter und repräsentative Salondame.[3] Tatsächlich entspricht Mosers Herkunft allen Voraussetzungen für ein Leben als „höhere Tochter", wie deren gesellschaftsfähiger Rang in der Sprache des 19. Jahrhunderts lautete (Blosser/Gerster 1985).

Fanny Moser wurde am 27. Mai 1872 in Badenweiler geboren. Die Eltern, ein ausgesprochen wohlhabendes Schweizer Ehepaar, befanden sich seinerzeit auf einem längeren Erholungsaufenthalt in diesem südbadischen Kurort. Fanny ist das erste Kind aus zweiter Ehe, die der Vater – Heinrich Moser (1805–1874) – eingeht. Moser, aus einer angesehenen Schaffhauser Uhrmacherfamilie stammend, war ein überaus erfolgreicher und visionärer Unternehmer. Als junger Mann war er zunächst nach Russland ausgewandert und dort mit der Fabrikation und dem Handel hochwertiger Uhren zu großem Reichtum gekommen. 1850 kehrte er zurück nach Schaffhausen, mittlerweile Ehemann und Vater von fünf Kindern. Sein Interesse galt längst nicht mehr allein dem Uhrenhandel, sondern der wirtschaftlichen Entwicklung, Industrialisierung und Elektrifizierung seiner Schweizer Heimatregion, die von der Wasserkraft des Rheinfalls profitieren sollte. Einen modernen Industriestandort vor Augen, investierte

[3] Selbstverständlich ist das Frauenbild Mitte/Ende des 19. Jahrhunderts komplexer. Für Frauen aus der Arbeiterschicht funktionierte das „natürliche" Konzept der Hausfrau und Mutter nicht; ihre Erwerbsarbeit war überlebenswichtig für die Familie. Und auch die Geburtsstunde der organisierten Frauenbewegung, die für allgemeine Rechte, politische Mitbestimmung und Bildungschancen für Frauen – nicht zuletzt für deren Zulassung an Universitäten – eintritt, liegt Mitte des 19. Jahrhunderts. Ich komme darauf zurück.

er in Fabriken und Infrastruktur, wurde Miteigentümer einer Bahnlinie, ließ den Rhein stauen, einen Damm und Wasserkraftwerke bauen. Nach einem tragischen Unfalltod seiner ersten Ehefrau Charlotte Mayu (gest. 1850) war Heinrich Moser Witwer geworden und lebte seither alleinstehend. Die Kinder waren längst erwachsen, die Töchter gut verheiratet, der einzige Sohn Henri Moser (1844–1923) auf dem Weg zu Mosers Nachfolger – und so kann man sich lebhaft vorstellen, wie entsetzt die Familie reagiert haben muss, als der 65-Jährige eine mehr als vierzig Jahre jüngere Frau ehelichen will: Fanny von Sulzer-Wart (1848–1925). Sie stammte aus einer noblen Familie, die der adeligen Elite in der Schweiz angehörte und Titel wie Baron und Freiin trugen. Obwohl sich die jeweiligen Familien aufgrund des großen Altersunterschieds gegen die Vermählung aussprachen, heirateten die beiden 1870 – seinerzeit ein regelrechter Skandal! Das Paar bekam zwei Töchter: Fanny (*1872), benannt nach ihrer Mutter, und Mentona (*1874), benannt nach dem Lieblingsferienort der Eltern. Nur wenige Tage nach Mentonas Geburt passierte, womit niemand so schnell gerechnet hatte: Heinrich Moser erlag einem tödlichen Herzinfarkt, und die 26-jährige Witwe wurde plötzlich zu einer der reichsten Frauen der Schweiz. Moser hatte bestimmt, dass nicht Henri, sein Sohn aus erster Ehe, sondern die neue Frau die Nachfolge im Unternehmen antreten sollte. Obwohl zu Mosers Lebzeiten alle Kinder aus erster Ehe diesem Erbvertrag zugestimmt hatten, kam es nach seinem Tod zu einem hässlichen Streit um Testament und Grabstätte. Während sich Henri Moser weigerte, den letzten Willen des Vaters anzuerkennen, widersetzte sich die junge Witwe dem Wunsch seiner Kinder, Heinrich Moser in der Familiengruft auf Charlottenfels zu bestatten. Als dann auch noch Gerüchte gestreut wurden, Moser sei womöglich von seiner jungen Frau vergiftet worden, war das Zerwürfnis endgültig.[4]

Zunächst unstet bei Verwandten an verschiedenen Orten in der Schweiz und in Süddeutschland lebend, erwarb Fanny Moser sen. Ende der 1880er Jahre *Schloss Au*, ein Landgut am Zürichsee, wo sie mit ihren Töchtern, mittlerweile „Backfische“, einen großbürgerlichen Lebensstil pflegte. Als alleinerziehender Witwe fielen ihr sämtliche familiären und erzieherischen Aufgaben zu, wenngleich in einer recht komfortablen Lebensform, der sie sich als Repräsentantin und Hüterin ihrer aristokratisch-großbürgerlichen Herkunft verpflichtet sah und die mit Sicherheit viele Dinge erleichterte: ein standesgemäßer Haushalt mit überdurchschnittlichen Wohnverhältnissen, zahlreichen Dienstboten, Köchinnen, Gouvernanten, Zofen, Erzieherinnen und Gärtnern.

4 Dies erklärt wohl auch, weshalb die Mutter ihren Töchtern die erste Ehe des Vaters und die Existenz der Halbgeschwister über Jahre verschwieg. Die Mädchen erfuhren davon erstmals im Jugendalter und waren entsprechend bestürzt.

Abb. 1: Die Eltern Heinrich und Fanny Moser.

Eingespannt in die Repräsentationszwänge der sogenannten guten Gesellschaft, sah ihr Leben (und das der Mädchen) zudem gewisse Pflichten vor: Besuche, Empfänge, Salongespräche, Konzerte, Abendgesellschaften und andere kulturelle und gemeinnützige Betätigungen. Das geistig-kulturelle Klima des Hauses entsprach dabei dem liberalen und fortschrittlichen Zeitgeist der Belle Époque Schweizer Prägung, und die gesellschaftlichen und intellektuellen Verbindungen der Witwe waren weitreichend. Neben Künstlerinnen und Schriftstellern, Aristokratinnen und Industriellen verkehrte die akademische Prominenz auf Schloss Au. Im Gästebuch verewigten sich einflussreiche Männer und Frauen, beispielsweise der Philosoph Ludwig Klages (1872–1956), Albert Heim (1849–1937), Geologieprofessor (und Wünschelrutenexperte) sowie dessen Frau Marie Heim-Vögtlin (1845–1916), damals die erste studierte Ärztin der Schweiz, die mit Sicherheit Eindruck auf die bildungsbeflissenen Töchter machte.[5] Eine für Mutter Moser besonders einflussreiche Besuchergruppe waren Nervenärzte: Eugen Bleuler (1857–1939), Auguste Forel (1848–1931), Oskar Vogt (1870–1959), Sigmund Freud (1856–1939) – heute allesamt hochrangige Namen der Medizin- und Psychologiegeschichte, damals Spezialisten für Hypnose und federführend bei der Behandlung hysterischer Störungen, unter denen auch die Moser-Witwe litt. Bekanntermaßen hatte sich die Hysterie im ausgehenden 19. Jahrhundert zur klassischen Modekrankheit (von Frauen) entwickelt und mit ihr die Versprechen auf Heilerfolge durch hypnotische Suggestion oder hypnotischen Schlaf. Auch Fanny sen. hatte im Laufe der Zeit verschiedene unerklärliche Symptome ausgebildet und konsultierte (und wechselte) wiederholt etliche Ärzte und erhielt gegen 1884 von ihrem behandelnden Arzt Forel eine Empfehlung für Sigmund Freuds Praxis in Wien.[6] In der Psychologiegeschichte zählt Fanny Moser zu Freuds ersten Patientinnen, zumal ihr Fall – unter dem Pseudonym Emmy von N. – in Freuds frühen *Studien über Hysterie* (Breuer/Freud 1895) als Fallvignette publiziert wurde. Jene (wohl ohne ihr Wissen veröffentlichte) Krankengeschichte enthält Freuds ausführliche Anamneseerhebung sowie eine Darstellung der unter Hypnose erfragten Informationen über früheste Erlebnisse und jugendliche Schockerfahrungen der Moser-Witwe. In der Zusammenschau zeichnete Freud das Bild einer äußerst suggestiblen Patientin, geplagt von allerlei Angststörungen und nervösen Ticks, extremen Stimmungsschwankungen und gestörten zwischenmenschlichen Beziehungen. Vor allem in den Beziehungen zu ihren heranwachsenden Töchtern fühlte sich die Mutter überfordert und unverstanden.[7] Speziell die jüngere Schwester Mentona (1874–1971), mit deren Geburt (wie sie Freud mitgeteilt hatte) sie den plötzlichen Tod des Gatten ursächlich verband, litt sehr unter der Ablehnung der Mut-

[5] Einblicke in die Zusammensetzung der Besucherschaft gewährt das Gästebuch von Schloss Au, einsehbar in der Stadtbibliothek Schaffhausen und wohl erstmals erwähnt von Wanner 1981. Zu weiteren Namen und Verbindungen siehe den Beitrag von R. N. Balsiger in diesem Band.

[6] Zu Forels Rolle als Hypnoseexperte vgl. Bugmann 2015. Zur Geschichte der Hypnose vgl. Ellenberger 1985.

[7] Diesen Aspekt erklärte Freud später zum Grundkonflikt der Mutter. Sie litt – in den Augen des Analytikers – an dem unlösbaren Dilemma zwischen dem Wunsch nach freizügiger, autonomer Lebensgestaltung auf der einen und der unhintergehbaren Pflichterfüllung als Mutter auf der anderen Seite. Um das Erbe der Töchter bei einer neuen Ehe zu schützen, hätte sie sich nicht mehr verheiratet, ergo Enthaltsamkeit geübt. Die hysterischen Symptome seien laut Freud auf ebendiese moralisch-sexuellen Kämpfe zurückzuführen (vgl. Appignanesi/Forrester 2000: 138–145).

ter. In ihren autobiografischen Lebenserinnerungen entwarf sie das Bild einer strengen, unnahbaren und wenig liebevollen Frau, die die ältere Schwester Fanny bevorzugte und ihr selbst das Gefühl vermittelte, so unwillkommen zu sein wie „ein Vogel, der in das falsche Nest fiel" (Moser 1987: 133).[8] Jahrzehnte später charakterisierte auch Fanny ihre Mutter als „Hitlernatur"[9], wenngleich es bei der Interpretation solch autobiografischer Erinnerungen zuweilen schwierig ist, die wertenden Äußerungen angemessen einzuschätzen, zumal sich die Rolle der Mutter als emotional distanzierte Überwachungsinstanz auch aus entsprechenden Rollen- und Wertevorstellungen des 19. Jahrhunderts speist.

Ein zentraler Konflikt drehte sich um die Bildungschancen der Mädchen, insbesondere Fannys Wunsch nach höherer Schule und Studium. Zunächst erfolgte deren Erziehung ganz im Sinne der großbürgerlichen Sozialisation höherer Töchter: Dem häuslichen Unterricht durch Privatlehrer/innen in Allgemeinbildung, Kunstgeschichte und Fremdsprachen (Englisch und Französisch) und der Disziplinierung durch die Mutter (aristokratische Haltung, äußeres Erscheinungsbild, Anstand, Sitte) folgte im Alter von ca. 17, 18 Jahren eine einjährige Ausbildungszeit in einem Berliner Mädchenpensionat.[10] Obwohl Moser in ihren späteren Selbstzeugnissen auf diese Pensionatszeit nie mehr zu sprechen kam, markiert sie einen zentralen Punkt in ihrer Bildungsbiografie. Dies meint gar nicht so sehr die vermittelten Bildungsinhalte – zumeist ging es für die Mädchen vor allem um Allgemeinbildung und die versierte Beherrschung stark formalisierter Umgangsformen –, sondern den außerhäuslichen Charakter der Einrichtung, das alltägliche Leben mit und unter gleichaltrigen und gleichgestellten Kommilitoninnen und vor allem die Pfade, die der Aufenthalt anschließend aufgleiste. Mentona erwähnte nämlich, wie verändert Fanny nach dem Berliner Jahr zurückkehrte: „Als sie nach Hause kam, machte sie einen sehr erwachsenen Eindruck, in Wirklichkeit befand sie sich aber in den

---

8 Auch das Verhältnis unter den Schwestern war wenig herzlich, und die beiden verband Zeit ihres Lebens nicht viel. Im Grunde trennten sich ihre Wege, nachdem beide ihre Ausbildung abgeschlossen, Schloss Au verlassen und eigene Familien gegründet hatten. In den biografischen Selbstauskünften der beiden erwachsenen Frauen finden sich (von wenigen Ausnahmen abgesehen) kaum gegenseitige Erwähnungen, Besuche oder Korrespondenzen, und wenn, dann eher vorwurfsvolle oder auf Unverständnis hinweisende Aussagen, etwa die der Frauenrechtlerin und Kommunistin (Mentona) gegenüber der Okkultismusforscherin (Fanny), oder die der Unterhaltsverpflichteten (Fanny) gegenüber der Unterstützungsbedürftigen (Mentona). Selbst als die Schwestern Ende der 1940er Jahre zur gleichen Zeit in Zürich lebten, kam es zu keiner Annäherung.

9 Archiv des IGPP, Bestand 10/3 („Nachlass Fanny Moser"), Korrespondenz mit Marie Baum, 10.7.1952 sowie autobiografisches Manuskript „Cassandra".

10 Der genaue Ort und das Datum des Aufenthalts sind unbekannt, die Pensionatszeit muss aber um 1890 gewesen sein. Im „Nachlass Fanny Moser" am IGPP-Archiv befindet sich eine Fotografie der Berliner Mädchenklasse; erwähnt wird das Pensionat zudem in Mentona Mosers Autobiografie (Moser 1987: 44). Der Zeitraum kommt hin, denn gemeinhin markierte so ein Pensionatsjahr das Ende des „Backfischalters", zumeist nach der Konfirmation mit etwa 16/17 Jahren (vgl. dazu Blosser/Gerster 1985).

schwierigen Übergangsjahren, und zwischen ihr und meiner Mutter kam es zu heftigen Szenen“ (Moser 1987: 44). Die Mutter interpretierte den angedeuteten Ungehorsam als Ausdruck einer psychischen Störung und verlangte nach Freuds Expertise, auch Fannys Studienwunsch betreffend. Dieser reiste im Frühjahr 1891 auf die Au und hielt sein Urteil in den *Studien über Hysterie* (Breuer/Freud 1895: 70) fest:

> Ich sah Frau v. N. im Frühjahr des nächsten Jahres [...] wieder. Ihre ältere Tochter [...] trat um diese Zeit in eine Phase abnormer Entwicklung ein, zeigte einen ungemessenen Ehrgeiz, der im Missverhältnis zu ihrer kärglichen Begabung stand, wurde unbotmässig und selbst gewaltthätig gegen die Mutter. Ich besass noch das Vertrauen der letzteren und wurde hinbeschieden, um mein Urtheil über den Zustand des jungen Mädchens abzugeben. Ich gewann einen ungünstigen Eindruck von der psychischen Veränderung, die mit dem Kinde vorgegangen war [...].

Ob ein Übergehen dieser Einschätzung durch die Mutter oder Widersetzen (womöglich auch Überreden) der Tochter in Anschlag gebracht werden kann, wissen wir nicht. Fest steht, dass Fanny Moser 1896 ein Universitätsstudium aufnahm, wir es also mit einem gewissen Widerspruch der historischen Quellen zu tun haben, zumal auch in Mentonas Lebenserinnerungen festgehalten ist: „Auf Dr. Freuds Rat erfüllte Mama Fannys sehnlichsten Wunsch – sie durfte studieren“ (Moser 1987: 45). Für höhere Töchter war dies Ende des 19. Jahrhunderts alles andere als selbstverständlich. Während Söhnen aus dieser Schicht ein akademischer Weg fraglos offenstand, war für Mädchen eine schulische Laufbahn oder akademische Ausbildung weder vorgesehen noch problemlos realisierbar. Die an sie gestellten Rollenerwartungen waren weitaus rigider und richteten sich vor allem an ihre Zuständigkeit im häuslichen Bereich. Auch Mosers Pensionatsjahr entsprach eher der klassischen Wegbereitung und einer großbürgerlichen Standeslogik – und mit Sicherheit zuvorderst dem Wunsch der Mutter: Einführung in die Gesellschaft, Heiratsmarkt, vorteilhafte Eheschließung. Doch es kam anders.

Abb. 2: Die Schwestern Fanny (links) und Mentona Moser.

Frauenstudium

Als Fanny Moser um 1890/91 aus dem Berliner Mädchenpensionat zur Mutter zurückkehrte, war sie etwa 18 Jahre alt. Was Moser nach Berlin erlebte, ist leider unbekannt; der Lebensverlauf hält erst für 1894/95 einen Einschnitt fest. In diesem Zeitraum erwarb sie ein „Diplôme de Bachelier ès Lettres“, ausgestellt in

Lausanne auf einem Zeugnis für „Mademoiselle Fanny Moser“ im Juli 1895.[11] Der Abschluss entsprach der Matura (sprich Abiturprüfung), und interessant ist, dass Moser diese auf einem Knabengymnasium absolvierte. Grund dafür waren die gegen Ende des 19. Jahrhunderts noch immer üblichen Unverfügbarkeiten schulischer Ausbildungsmöglichkeiten für Mädchen, insbesondere was höhere Schulabschlüsse betraf. Freilich wurde Mädchen und Frauen die Fähigkeit zu geistiger Arbeit nicht völlig abgesprochen, aber sie galt als ebenso unangemessen wie unnötig. Andererseits hatte sich (vor allem in größeren Städten) eine vergleichsweise liberale Zulassungspraxis etabliert, wonach Mädchen auf Antrag an Knabenschulen aufgenommen werden konnten. So auch Fanny Moser, und mit dem Ergebnis aus Lausanne sicherte sie sich die formale Zulassungsberechtigung für ein Universitätsstudium. Dieses begann sie ein Jahr später, und zwar an der Universität Freiburg in Baden. Die Wahl verwundert, besaß doch – was das Frauenstudium betraf – ihr Heimatland Schweiz eine Vorreiterrolle. Anders als im restlichen deutschsprachigen Raum durften Frauen an Schweizer Universitäten nämlich relativ früh Fuß fassen, und namentlich Zürich war den meisten europäischen Hochschulen voraus. Bereits seit den 1840er Jahren gab es dort etliche Gasthörerinnen, und ab 1867 gestattete man Frauen auch die Zulassung für ein ordentliches Studium bis zum akademischen Abschluss.[12] Die Mehrheit der Studentinnen kam zunächst aus dem Ausland; erst 1868 wurde die bereits erwähnte Marie Heim-Vögtlin als erste Schweizerin immatrikuliert. Ihr Abschluss mit einer Promotion in Medizin erfolgte 1874, anschließend praktizierte sie (als erste Ärztin der Schweiz) in einer eigenen Praxis, die sie auch dann nicht aufgab, als sie sich verheiratete und Mutter wurde. Bereits zu Lebzeiten genoss sie deshalb hohes Ansehen und galt vielen Frauen als Vorbild – sehr wahrscheinlich auch Fanny Moser. Heim-Vögtlin und ihr Ehemann, der Geologe Albert Heim, waren mit dem Moser-Haushalt befreundet. Das verbindende Element war die Alkohol-Abstinenzbewegung, die Ende des 19. Jahrhunderts im Schweizer Großbürgertum großen Anklang fand (vgl. Tanner 1986) und für die sich auch die Moser-Witwe engagierte. Zentrale Akteure der Mäßigkeitsbewegung, wie Auguste Forel, Eugen Bleuler und eben das Ehepaar Heim, gehörten zum engeren Bekanntenkreis und waren regelmäßig Gäste der Familie. Tochter Fanny Moser wird – nach ihrem Studium – sogar eine kleine Kampfschrift zum Abstinenz-Thema publizieren (Moser 1903).

Doch zurück zum Studienanfang: Trotz heimatlicher Nähe zur Universität Zürich, an der Frauen durchaus bereits zum Bild gehörten, entschied sich Fanny Moser für ein Studium in Freiburg in Baden. Dies ist erstaunlich, war Deutschland im Vergleich zur Schweiz weitaus rückständiger und – wir spre-

[11] Archiv des IGPP, 10/3, Dokumente zur Studienzeit.

[12] Zur Geschichte des Frauenstudiums in der Schweiz vgl. Rogger/Bankowski 2010; Wecker 2007.

chen vom Wintersemester 1896 – Frauen noch gar nicht offiziell als Studierende zugelassen. Zwar sollte das Großherzogtum Baden als erstes deutsches Land die Immatrikulation von Frauen ermöglichen, doch dies geschah erst 1900.[13] Bis dahin waren – wie an allen anderen deutschen Universitäten – weibliche Studierende allenfalls als Einzel- bzw. Ausnahmefälle geduldet, etwa wenn sie (wie Moser) aus dem Ausland kamen. In Abhängigkeit vom Bestimmungsrecht der Dozenten benötigten Frauen noch eine spezielle Aufnahmeerlaubnis durch die Universitätsbehörden, und selbst dann beschränkte sich ihre „Zulassung“ auf sogenannte Zuhörrechte, zudem höchstens für einzelne Fakultäten, Vorlesungen oder Professoren, von deren Wohlwollen sie grundsätzlich abhängig waren. Vor diesem speziellen Hintergrund wurde Moser im November 1896 von der Immatrikulationskommission in Freiburg zwar zugelassen, aber im Vorfeld hatte es Bedenken gegeben, und Moser musste einem vorläufigen Bescheid zunächst widersprechen.[14] Mosers Beschwerde hatte Erfolg, und sie erwirkte ihre Zulassung. Zwei Semester, so belegt ihr Studienbuch, nahm sie an zoologischen Vorlesungen, Anatomiekursen und Sezierübungen teil und war tatsächlich eine der ersten Studentinnen in Freiburg.[15] Ihre Vorreiterrolle thematisierend, hielt sie später fest: „Dann studierte ich ein Jahr in Freiburg i.Br. wo ich, wahrscheinlich als erste Frau in Deutschland, immatrikuliert und vollberechtigt im Seziersaal zugelassen wurde.“[16] Dennoch, als Frau an einer deutschen Universität blieb ihr die Vollimmatrikulation verschlossen – und damit der Weg zu einem staatlich anerkannten Examen. Vermutlich waren es solche formellen Schwierigkeiten, die sie veranlassten, schließlich doch an die Universität Zürich zu wechseln. Von 1897 bis 1899 studierte Moser in Zürich, belegte Kurse in Anatomie und Biologie, legte die ärztliche Vorprüfung ab und spezialisierte sich weiter auf Zoologie. Zudem lebte sie wieder zu Hause auf Schloss Au, wohin sie auch Kommilitoninnen und Freundinnen einlud. Anders als in Freiburg gab es an der Zürcher Universität etliche Frauen, die – so wie Moser – entgegen familiären und gesellschaftlichen Rollenerwartungen ihren eigenen Weg gewählt hatten und sich untereinander entsprechend verbunden fühlten. Die Züricher Uni hatte Studentinnen ja schon viel länger die Tore geöffnet, war infolgedessen anziehend für Frauen und rückblickend ein Hort

---

13 Zur Geschichte des Frauenstudiums in Deutschland vgl. Birn 2015.

14 Vgl. dazu den auf Fanny Moser am 20.11.1896 ausgestellten „Immatrikulations-Ausweis“: Universitätsarchiv Freiburg, Akte B 1–2738 „Gesuche von Frauen um Zulassung zur Immatrikulation“, Bl. 31. Zuvor hatte Moser Widerspruch eingelegt: „Dem hohen Akademischen Direktorium erlaube ich mir, auf die gefällige Zuschrift vom 13. November zu erwidern, daß in den ‚Akademischen Vorschriften für die Großherzoglich Badischen hohen Schulen zu Heidelberg und Freiburg‘ meines Wissens keine Bestimmung enthalten ist, welche Angehörige des weiblichen Geschlechts von der Immatrikulation ausschließt, in dem Fall, daß ein Zeugniß über hinreichende Vorbildung beigebracht wird.“ (Ebd., Bl. 33)

15 Archiv des IGPP, 10/3. Zur Geschichte des Frauenstudiums in Freiburg vgl. Scherb 1999; dies. 2002.

16 Archiv des IGPP, 10/3, Curriculum Vitae.

interessanter Wissenschaftlerinnen der ersten Stunde. Marie Baum (1874–1964) und Ricarda Huch (1864–1947) sind hier als Weggefährtinnen zu nennen – mit beiden hielt Fanny Moser ihr Leben lang Kontakt. Sie bildeten zudem den Kern eines freundschaftlichen Netzwerkes, zu dem Moser seit der Zürcher Zeit Zugang hatte und darüber auch Bekanntschaft mit weiteren einflussreichen intellektuellen, künstlerischen und politischen Persönlichkeiten machte. Als Moser in Zürich studierte, war Marie Baum bereits Assistentin und Promovendin; sie und Huch, die ebenfalls zu den frühen Züricher Studentinnen der ersten Generation gehörte, waren eng befreundet. Ricarda Huch wurde Schriftstellerin und hinterließ ein vielfältiges Werk, u. a. eine mehrbändige deutsche Geschichte. Über Huch, die nach ihrer Trennung 1911 kurz bei Moser wohnte und deren Tochter und Schwiegersohn sie in der Nazizeit unterstützte, lernte Fanny Moser beispielsweise Franz Kafka kennen, mit dem sie Jahrzehnte später wegen einer Rezension für ihr Okkultismus-Buch korrespondierte. Ernst Reinhardt, dessen Verlag Mosers Okkultismus-Buch 1935 herausbrachte, war ebenfalls ein enger Freund von Ricarda Huch. Auf Marie Baum, die zur bürgerlichen Frauenbewegung gehörte und mit Marianne Weber befreundet war, ging vermutlich Mosers Kontakt mit dem *Verein Frauenbildung – Frauenstudium* zurück (Weber war Bundesvorsitzende). Als Vorsitzende des Berliner Zweigvereins wird Moser nach ihrer Promotion zumindest kurzzeitig zur Sprecherin bildungspolitischer Inhalte der bürgerlichen Frauenbewegung. Marie Baum wechselte nach ihrem naturwissenschaftlichen Studium in die Wohlfahrtspflege, war zeitlebens sozialarbeiterisch, aber auch publizistisch tätig. Im hohen Alter verfasste sie die Biografie von Ricarda Huch (Baum 1950), die Moser – dann ebenfalls bereits recht betagt – als Folie für ihre eigene Biografie in Betracht zog.[17]

In Zürich hatte Fanny Moser auch Margarete von Uexküll-Güldenbandt (1873–1970), genannt Uex, kennengelernt, eine Kommilitonin aus der Botanik und enge Freundin von Marie Baum. Uexküll wollte vor der Fertigstellung ihrer Dissertation für ein Jahr an der Münchner Universität studieren und überredete Fanny Moser, es ihr gleichzutun. Moser entschied, der Freundin zu folgen, und wechselte 1899 nach München, zumal dort mit Richard Hertwig einer der führenden Zoologen jener Zeit lehrte. Er sollte Mosers Doktorvater werden. Jahrzehnte später korrespondierten die beiden Frauen, und von Uexküll schickte Moser ihr kleines Manuskript mit dem Titel „Wie München die ersten Studentinnen empfing". Die Schilderungen der Reaktionen, mit denen die ersten Studentinnen konfrontiert wurden, sind eindrücklich. Hier ein Auszug aus Uexkülls Text:

[17] Abgesehen davon, wurde Fanny Moser in der Huch-Biografie erwähnt (Baum 1950: 163, 390).

> Als im Jahre 1899 [...] meine Dissertation bereits recht weit gefordert war, kam plötzlich der Wunsch in mir auf, meinen schweizerischen Studienkreis für eine Zeitlang zu verlassen [...] Ich wählte das anziehende München [...] Ermutigt durch meine erfolgreiche Zulassung, beschloss auch meine Studienfreundin Fanny Moser für einen Winter dorthin zu kommen. Sie hatte wie ich in Zürich alle Examina abgelegt und arbeitete an ihrer zoologischen Dissertation [...] Wir wollten uns nun auch einschreiben lassen und Kollegengeld bezahlen. Mit Pässen und Diplomen reich versehen zogen wir in die große Halle der Universität, wo ein Beamter an einem Schalter jedem Studenten sein Kollegenbuch überreichte [...] Unser Erscheinen weckte eine wahre Sensation [...] Endlich kamen auch wir vor. „Was wünschen Sie?“ fragt der dicke Bayer [...] „Wir kommen uns einschreiben zu lassen und Kollegengelder bezahlen“. „Des gibt's nit“ antwortet er auf sein Münchnerisch. „Wieso denn“, frage ich, „wir haben die Zustimmung der betreffenden Professoren... [und in] Heidelberg gibt es doch auch bereits Hörerinnen!“ „Heidelberg! [...] Solche Zustände erhalten wir hier niemals!“ Der obstinate Mann konnte nicht ahnen, dass meine Freundin bereits ein Jahr später an derselben Münchener Universität in der naturwissenschaftlichen Fakultät promovieren würde und zwar mit der gehaltvollsten Dissertation des ganzen Jahres.[18]

Formal schien die Immatrikulation in München tatsächlich nicht möglich gewesen zu sein – in Bayern erhielten erst 1903 Frauen die Zulassung zum Studium. Zuvor war es ihnen nur mit Ausnahmegenehmigungen gestattet, am Universitätsstudium teilzunehmen. Folgerichtig enthält das „Amtliche Verzeichnis des Personals der Lehrer, Beamten und Studierenden an der königlich bayerischen Ludwig-Maximilians-Universität zu München“ in den betreffenden Semestern zwischen 1899 und 1901 auch keinerlei Einträge über Fanny Moser (auch nicht von Margarete von Uexküll oder irgendwelchen anderen Frauen).[19] Diesen Umstand benannte Moser sogar in ihrem Promotionsantrag. Als sie sich beim zuständigen Dekanat offiziell um ihre Zulassung zum Doktorexamen bewarb, verwies sie darauf, dass sie zwar „Collegienhefte“ der Universitäten Freiburg und Zürich vorlegen konnte, aber nur „3 Briefe des Universitäts-Rektorats München mit Quittung für bezahlte Vorlesungen als einzigen Ausweis über meinen Universitätsbesuch in München.“[20]

Dessen ungeachtet geriet Moser mit Richard Hertwig am Zoologischen Institut an einen fortschrittlichen Münchner Professor, einer, der sie uneingeschränkt förderte und später auch auf die Quallen als Forschungsthema stoßen wird. Zunächst promovierte sie unter seiner Aufsicht zu einem entwicklungsgeschichtlichen Thema. Der Titel ihrer Dissertationsschrift lautete „Beiträge zur vergleichenden Entwicklungsgeschichte der Wirbeltierlunge (Amphibien, Reptilien, Vögel, Säuger)“, und nach Erbringung der formalen Voraussetzungen wurde im November 1901 das Promotionsverfahren für Moser beantragt.[21] Die im Münchner Universitätsarchiv bewahrte Promotionsakte Mosers enthält ein ent-

---

18 Archiv des IGPP, 10/3, Korrespondenz mit M. Nieuwenhuis von Uexküll, 9.2.1952.

19 Digitales Archiv „Ludovico-Maximilianea“ des Universitätsarchivs München https://epub.ub.uni-muenchen.de/9649/1/pvz_lmu_1900_01_wise.pdf.

20 Universitätsarchiv München (UAM), OC-I-28p, Schreiben Mosers vom 21.11.1901.

21 Moser Dissertationsschrift wurde 1902 veröffentlicht und gilt als ihre erste Publikation (Moser 1902).

sprechendes Anschreiben des damaligen Dekans „an die sämtlichen Herren der Section" mit der Bitte um ihr „Votum Informativum", also ihre Stellungnahme hinsichtlich der Qualität der Promotionsschrift und Promotionswürdigkeit der Kandidatin. Nachdem Hertwigs Gutachten ausgenommen positiv ausfiel, er Mosers Schrift als „eine ganz vortreffliche wissenschaftliche Leistung" beurteilte und schließlich „für Zulassung der Verfasserin zum Examen" stimmte, unterstützten dies 11 der 12 Professoren der Fakultät mit ihrer Unterschrift. Die Meinung einer Lehrperson war konträr: „Ich stimme gegen die Zulassung", so der schriftliche Zusatz über der Unterschrift Hugo von Seeligers (1849–1924), seinerzeit Professor für Astronomie und Direktor der Münchner Sternwarte.[22] Seeliger galt als einer der bedeutendsten Astronomen seiner Zeit, genoss einen hervorragenden Ruf und war aufgrund seiner ungemein lebendigen und anregenden Vorlesungen auch als akademischer Lehrer geschätzt. Weshalb er gegen Mosers Doktorat stimmte, ist unklar; es kann aber vermutet werden, dass es keine persönliche Sache, sondern seine prinzipielle Meinung war.[23] Immerhin schien es nur eine Formalie gewesen zu sein, denn Mosers Examen Rigorosum fand am 14. Dezember 1901 statt, und sie konnte ihren Studienabschluss in München feiern.

Frau Doktor

Man kann es nicht genug betonen: Die ersten Frauen, die an Universitäten studierten und promovierten, unterwanderten eine reine Männerdomäne. Moser gehörte zu dieser Avantgarde, entschied sich obendrein für ein Studienfach, das noch nicht einmal auf „naturgemäß" weibliche Aufgabenbereiche wie Erziehungs- und Pflegeberufe hinführte und den Bruch mit den Konventionen nochmals deutlicher werden lässt. Die Durchsetzung ihres Studienwunsches, die Absolvierung des Studiums inklusive Universitätswechseln, die erfolgreiche Promotion in einem naturwissenschaftlichen Fach – all dies waren ohne Frage gleichermaßen große wie moderne Schritte und eine Entwicklung, die an althergebrachten Frauenrollen und patriarchalen Strukturen kratzte. Was die Erwerbsaussichten der ersten Akademikerinnen betraf, war die Situation freilich schwierig. Zwar hatte mit der Öffnung der Universitäten in Deutschland seit 1900 die Anzahl an Studentinnen angezogen, doch kann von einem schnellen oder großzügigen Wandel keine Rede sein: Bis zum Ausbruch des Ersten Weltkriegs waren gerade einmal sechs Prozent aller Studierenden an deutschen

---

22 UAM, OC-I-p28.

23 In Kutschera (2016: 155) ist eine Selbstaussage Seeligers aus dem Jahr 1897 zitiert: „Ich bin ein entschiedener Gegner der jetzigen Frauenbewegung mit all ihren Extravaganzen und könnte mich höchstens damit befreunden, dass den Frauen in Ausnahmefällen die Möglichkeit der wissenschaftlichen Ausbildung an öffentlichen Anstalten gewährt werde."

Universitäten Frauen (Mertens 2006: 38). Zudem stellte sich der Übergang vom Studium zum Beruf nicht unproblematisch dar, studierte Frauen hatten selten akademische Karriereaussichten und geringe Chancen auf eine qualifizierte Anstellung. Lehrbefugnisse, (Privat-)Dozenturen- und Professorenstellen waren an Habilitationen gebunden, doch auf nur wenige Frauen traf dies damals zu. In den meisten deutschen Staaten galt für Frauenhabilitationen sogar ein offizielles Verbot.[24] Etwas mehr Chancen boten Anstellungen im Staatsdienst, allerdings galt dies primär für studierte Lehrerinnen und Juristinnen. Diesen schwierigen Rahmenbedingungen im Wissenschaftsbetrieb und der nicht minder problematischen berufsrechtlichen Situation der Frauen im Allgemeinen entsprechend, waren die konkreten Berufsaussichten, die sich der frisch promovierten Biologin Fanny Moser boten, also wenig aussichtsreich.

Womöglich könnte dies auch ein Grund sein, weshalb sie sich 1903 verheiratete, hatte sie ihr Studium schließlich nicht in die Lage versetzt, künftig für ihren Lebensunterhalt sorgen zu können. Diese Vermutung ist allerdings rein spekulativ, denn angesichts ihrer besitzbürgerlichen (zumal durchaus reichen) Herkunft dürfte ein ausschließlich finanzieller Aspekt vordergründig keine große Rolle für eine Eheschließung gespielt haben. Wir können eher davon ausgehen, dass sie (wie viele ihrer Studienfreundinnen) ein Eheleben - zumal aus echter Zuneigung - grundsätzlich befürwortete. Ihren künftigen Ehemann Jaroslav Hoppe (1878–1926) lernte Moser um 1900 in München kennen. Hoppe kam zu dieser Zeit aus seinem Mährischen Heimatort Kremsier (Kroměříž; heute Tschechische Republik) nach München, um (wie Moser) am Zoologischen Institut bei Richard Hertwig zu studieren. Seine eigentliche Leidenschaft galt jedoch der Musik, und es war das gemeinsame Musizieren, das die beiden als Paar näherbrachte.[25] Ursprünglich Zoologie, aber auch Literatur und Philosophie in Prag studierend, entschloss sich Hoppe, der aus „einer sehr angesehenen und kultivierten Familie“[26] stammte (der Vater und die Brüder waren Juristen und Politiker), sein Berufsleben fortan der Musik zu widmen. Aus diesem Grund promovierte er 1902 in Prag mit Literatur als Haupt- und Musik als Nebenfach. Im Oktober 1903 fand die Hochzeit auf Schloss Au statt, gefolgt von einer längeren Hochzeitsreise, die das Paar per Schiff und Zug von der Schweiz über Italien bis nach Ägypten und Indien führte.[27]

[24] So untersagte etwa das preußische Kultusministerium zeitgleich mit der offiziellen Öffnung seiner Universitäten für das Frauenstudium weiblichen Absolventen die Habilitation und unterband somit die Zulassung von Frauen zur akademischen Laufbahn. Erst 1920 wurde das Habilitationsverbot für Frauen in den letzten Bundesstaaten aufgehoben, darunter Preußen (vgl. Vogt 2007).

[25] Hoppes Biografie, seine tschechische Familie, sein Wirken als Komponist und die Ehejahre sind Themen eines Briefes an den Musiker Ota Fric, den Fanny Moser im Dezember 1940 verfasste: Archiv des IGPP, 10/3, Moser an Fric, 3.12.1949.

[26] Vgl. ebd.

[27] Moser wird die religiösen Riten, die sie in Indien beobachtete, später in ihrem Okkultismus-Buch erwähnen.

Abb. 3: Hochzeitsfeier der Hoppe-Mosers auf Schloss Au, Oktober 1903.

Nach der Heirat zog das Ehepaar nach Berlin.[28] Der Ort war nicht zufällig, denn es finden sich Hinweise, dass beide berufliche Aufgaben in Berlin hatten: „Nach Verheiratung liessen wir uns in Berlin nieder, wo mein Mann seine Musikstudien beenden und einen entsprechenden Wirkungskreis suchen wollte. Ich arbeitete am Naturhistorischen Museum...", heißt es in einem von Moser verfassten Schreiben.[29] Mit dem Ziel, sich als Komponist zu etablieren, nahm Jaroslav Hoppe Musikunterricht, übte Klavier und Oboe, gab teilweise selbst (Privat-)Unterricht und komponierte bald eigene Werke: Klavierstücke, Chöre, Lieder, Sonaten – einige davon kamen zur Aufführung, und Hoppe wird

28 Nach der Heirat hieß Moser offiziell Dr. Fanny Hoppe-Moser. Dabei verwendete sie das Hoppe-Moser in privaten und juristischen Angelegenheiten, etwa in Briefen und offiziellen Korrespondenzen (und dies auch nach dem Tod des Ehemannes). Sämtliche ihrer wissenschaftlichen Publikationen, seien es sowohl die zoologischen als auch die späteren parapsychologischen, veröffentlichte sie hingegen unter ihrem Mädchennamen Fanny Moser. Da es hier vorrangig um die Wissenschaftlerin Moser geht, verwende auch ich zumeist diesen kürzeren Namen.

29 Archiv des IGPP, 10/3, „Curriculum Vitae. Zur Wiedererlangung meines Schweizer Heimatrechts" [ca. 1940].

später in musikwissenschaftlichen Kompendien Erwähnung finden.[30] Auch Fanny Mosers wissenschaftliche Berufsbiografie nahm Fahrt auf – zumindest im Rahmen der strukturellen Möglichkeiten ihrer Zeit. Dabei ist zunächst festzuhalten, dass ein Verzicht auf Berufstätigkeit mit (oder wegen) der Heirat für Moser offensichtlich kein Thema war. Hier ist vermutlich von Belang, dass die Ehe kinderlos war (und blieb), so dass Mosers Bindung an häusliche Mutterpflichten keine Rolle spielte, sie von potentiellen Gewissensentscheidungen und Vereinbarkeitsproblemen befreit war und sich ohne Unterbrechung ihrer wissenschaftlichen Arbeit widmen konnte.[31]

Quallen

Was die Möglichkeit einer Universitäts- oder vergleichbaren wissenschaftlichen Anstellung betraf, stießen Mosers Ansprüche freilich an Grenzen. Bezahlte Stellen gab es nur für männliche Absolventen, und selbst bei unbezahlten Volontariaten oder Assistenzen waren Frauen auf die Akzeptanz und das Wohlwollen von Professoren und Universitätsbehörden angewiesen. Immerhin spielten auch Protektion und „Beziehungen" eine Rolle. Nach Mosers Promotion war es ihr Doktorvater Hertwig, der ihre beruflichen Ambitionen als Zoologin unterstützte, indem er ihr zu wissenschaftlichen Kontakten, Forschungs- und Publikationsaufträgen verhalf. Tatsächlich arbeitete Moser bereits kurz nach Drucklegung ihrer Promotion (und noch in München) an ihrer zweiten zoologischen Schrift, einer Arbeit über Quallen. Diese legte zugleich den Grundstein für ein Forschungsthema, das zu Mosers Spezialgebiet werden und mit dem sie sich über die nächsten Jahre eine beachtliche Stellung als wissenschaftliche Expertin für Meereszoologie, insbesondere für sogenannte Rippen- und Staatsquallen, erarbeiten sollte.[32] Hertwig, der Moser diesen ersten Auftrag organisiert hatte, hatte bereits Ende des 19. Jahrhunderts über die Rippenquallen geforscht und war als renommierter Zoologe und gut vernetzter Professor über die laufenden Arbeiten zoologischer Beobachtungs- und Untersuchungsstationen informiert. Das meereszoologische Material, das Moser für ihre erste Publikation untersucht hatte, stammte aus einer großen wissenschaftlichen Expedition, ein Format, das sich als besonders förderlich erwies, da es auch qualifizierten Wissenschaftler*innen* ein außeruniversitäres Arbeitsfeld bei gleichzeitiger fachlicher Anerkennung bot. Die mit solchen Großprojekten anvisierten Ziele und Projekte waren nämlich meistens zu umfangreich, um

---

30 Vgl. z. B. den Eintrag zu Hoppe im „Tonkünstler-Lexikon" (Altmann 1936: 263).

31 Wenngleich das Thema Kinderlosigkeit bei ihr durchaus Emotionen auslöste und auch das Thema Karriereverzicht noch große Bedeutung bekommen sollte; vgl. dazu Archiv des IGPP, 10/3, Tagebuch 1943–1947, 16.12.1945.

32 Vgl. dazu den Beitrag von Michael Nahm in diesem Band.

nur von wenigen Personen bewältigt werden zu können, zeichneten sich zudem durch Spezialisierungen und Differenzierungen aus, denen jedoch eine Art „Fachkräftemangel" gegenüberstand. Zudem war – bis auf wenige Ausnahmen – eine institutionalisierte Förderungslandschaft kaum vorhanden, so dass vermögende Privatgelehrte in solchen Wissenschaftsprojekten durchaus nachgefragt waren. Bei Moser schien diese Konstellation zuzutreffen; mindestens sieben solcher Forschungsaufträge können anhand ihrer Publikationen rekonstruiert werden.[33] Neben solchen Auswertungsaufträgen bekam Moser im Laufe der Zeit zudem Gelegenheit, selbst Versuche durchzuführen. Zwei Forschungsaufenthalte in meeresbiologischen Stationen am Mittelmeer ermöglichten ihr, die Untersuchungsobjekte vor Ort zu studieren, und zumindest in Einzelfällen war es ihr gelungen, finanzielle Beihilfen von der *Preußischen Akademie der Wissenschaften* (PAW) zu erhalten. Als „freie" Wissenschaftlerin, das heißt ohne reguläre Festanstellung an universitären oder außeruniversitären Institutionen, war sie durchaus auf solcherart Unterstützung angewiesen, wenngleich die eingeworbenen 800 Mark ihre Reise- und sonstigen Unkosten höchstens in einem kleinen Rahmen ausglichen. Ungeklärt bleibt, ob es überhaupt eine Art offizielles Angestelltenverhältnis oder sonstige Arbeitsverträge zwischen Moser und der PAW oder dem erwähnten Museum gab. Die Quellen ihres wissenschaftlichen Nachlasses geben hier leider keine konkrete Auskunft.

Die erste der erwähnten Exkursionen führte Moser (in Begleitung ihres Ehemannes) im Frühjahr 1913 für zwei Monate auf die zoologische Forschungsstation in Villefranche bei Nizza, wo sie sogar selbst an Bord war, wenn für die Station Schleppnetze herabgelassen wurden. Aus den knappen Einträgen ihres Forschungstagebuchs lässt sich ablesen, dass die Erfahrungen vor Ort allerdings recht ernüchternd waren. An vielen Tagen, so schrieb sie, wurde kaum brauchbares Material gefischt, und ganz am Ende hielt sie fest: „Abschied vom Institut, von dem ich sehr unbefriedigt scheide – das Ergebnis der 2 Monate Arbeit ist ein äusserst mageres."[34] Der zweite (ebenfalls von der PAW geförderte) Forschungsaufenthalt führte sie von März bis Mai 1914 nach Neapel. Diesmal war Moser ohne Begleitung ihres Ehemannes unterwegs und konnte sich, wie sie betonte, voll und ganz auf ihre Arbeit konzentrieren. Vor Ort konservierte sie immerhin 250 Fläschchen mit seltenem Untersuchungsmaterial und sicherte sich zudem den dazugehörigen Publikationsauftrag. Letztlich hielt sie aber auch für diese Exkursion ein recht belangloses Resümee fest: „Der Abschied von Neapel wurde mir nicht schwer. Im Ganzen genommen war es doch eine recht

---

33 Vielen Dank an Michael Nahm für die systematische Zusammenstellung und Analyse der zoologischen Publikationen und seine hilfreichen Korrekturen in diesem Kapitel.

34 Archiv des IGPP, 10/3, Tagebuch Zoologische Stationen in Villefranche 1913 und Neapel 1914, 19.5.1913.

trübselige, einsame Zeit, in der so gänzlich alle Freude fehlte und das Resultat meiner Arbeit hat mich nur halb befriedigt.“[35]

In jener gesamten Arbeitsphase bestanden Mosers Zuständigkeiten und ihr wissenschaftliches Vorgehen in klassischen zoologischen Forschungstätigkeiten: sammeln, sezieren, mikroskopieren, züchten, auswerten, veröffentlichen. Sie legten das Fundament für mehrere Forschungs- und Folgeaufträge sowie zahlreiche zoologische Publikationen. Deren Inhalte bezogen sich (wie bei Michael Nahm in diesem Band nachzulesen ist) auf die Identifikation, Beschreibung und Taxonomie von *Ctenophorae* (Rippenquallen) und *Siphonophorae* (Staatsquallen), die Rekonstruktion ihrer geografischen Verbreitung sowie die Bereinigung und Aktualisierung der bestehenden zoologischen Systematik der Arten – darunter nicht selten Erstbeschreibungen bislang unbekannter Arten sowie gleichermaßen ästhetisch formvollendete wie naturgetreue Zeichnungen der Tiere. In den Jahren zwischen 1902 und 1925 veröffentlichte Moser mehr als dreißig zoologische Publikationen, die durchweg in angesehenen Fachzeitschriften erschienen. Ihre Arbeit brachte ihr mehr und mehr die Anerkennung von Forscherkollegen ein, und ebenso fleißig wie eigenständig hatte sich Moser den Ruf einer renommierten Naturwissenschaftlerin und ausgewiesenen Quallen-Expertin erarbeitet, deren Publikationen in der Fachliteratur zitiert und besprochen wurden. Offensichtlich recht selbstbewusst schreckte sie auch vor wissenschaftlichen Auseinandersetzungen nicht zurück, stellte tradierte Klassifikationsordnungen und Benennungssystematiken ihrer eigenen Disziplin infrage und provozierte selbst ihren Förderer und Mentor Hertwig, dem sie eine Fehleinschätzung hinsichtlich der entwicklungsgeschichtlichen Bedeutung der Nesseltiere entgegenhielt. Nach Hertwig galt, dass die vielfältigen Nesseltiere sich im Laufe der Evolution aus einer festsitzenden Polypenform entwickelt haben, wobei erst in einem späteren Evolutionsstadium auch frei im Wasser schwimmende Quallen (Medusen) entstanden sind. Moser postulierte hingegen, dass die Nesseltiere sich aus primitiven freischwimmenden Medusenformen entwickelt haben und dass die festsitzenden Polypen spätere Entwicklungsstadien darstellen würden. Die Richtigkeit dieser (durchaus umstrittenen) These schien für Moser zeitlebens von größter Bedeutung, selbst dann noch, als sie die Quallen-Forschung zugunsten der Parapsychologie längst aufgegeben hatte (in einzelnen Tagebucheinträgen Mosers kommt das Thema jedenfalls immer wieder einmal vor). Darüber hinaus schien auch der allegorische Gehalt des Medusa-Mythos, der in der zoologischen Bezeichnung vieler Quallen als „Meduse“ durchschimmert, auf Moser und ihre Umwelt eine gewisse Faszination ausgeübt zu haben.[36] So wurde sie beispielsweise in Briefen ihrer Freundin

---

35 Vgl. ebd., 17.5.1914.

36 Medusa ist eine bekannte Figur aus der griechischen Mythologie. Einstmals eine sehr schöne Frau, wurde sie durch Athene in ein hässliches Ungeheuer mit Schlangenhaaren verwandelt.

Oda Schottmüller (1909–1943) mit „Meine liebe Meduse!“ angeredet.[37] Und als Mosers parapsychologische Bücher über Okkultismus (1935) und Spuk (1950) erschienen, bestimmte sie jeweils als Umschlagbild den abgeschlagenen Kopf der Medusa.

Emanzipation und Fortschritt

Waren die historischen Bedingungen für eine berufliche Entfaltung Mosers nach ihrer Promotion scheinbar ungünstig, zeigen die Resultate eine durchaus respektable Karriere. Dies ist beachtlich, gehörte Moser doch zu der Generation von Wissenschaftlerinnen, deren akademischer Abschluss ihnen nicht automatisch den Weg in eine akademische Berufstätigkeit und noch seltener in eine wissenschaftliche Laufbahn ermöglichte. Die beharrlichen Widerstände gegen Mädchen an höheren Schulen, Frauen an Universitäten und Wissenschaftlerinnen in Berufen hatte Moser persönlich erlebt. Gut möglich, dass es ihre eigenen Erfahrungen und die damit einhergehende Reflexion der ungerechten Verhältnisse waren, die Moser veranlassten, sich den Ideen der bürgerlichen Frauenbewegung zuzuwenden. Diese hatte sich seit Ende des 19. Jahrhunderts stark für eine bessere Mädchen- und Frauenbildung eingesetzt, vor allem für höhere Schulbildung und den Kampf um Anerkennung der Frauen an Universitäten im deutschen Kaiserreich. Ob Moser für eine zielgerichtete Beteiligung und Unterstützung entsprechender Initiativen und Netzwerke von ihren Studienfreundinnen Marie Baum und Ricarda Huch angestoßen, von Kolleginnen aus dem Forschungsumfeld überredet oder eigenständig aktiv wurde, wissen wir nicht. Fakt ist, dass Moser (ab?) 1908 Vorsitzende des Berliner Zweigvereins *Frauenbildung – Frauenstudium* war.[38] Der Verein gehörte zum *Verband Fortschrittlicher Frauenvereine*, kümmerte sich insbesondere um die Freigabe aller Bildungsmöglichkeiten für Mädchen, um die Gründung von Mädchengymnasien und die Zulassung zur Abiturprüfung. Er hatte in der Vergangenheit

---

Wegen der vermeintlichen Ähnlichkeit der Tentakel, die wie Schlangen vom Körper vieler Quallenarten herabhängen, werden diese auch als Medusen bezeichnet.

37 Archiv des IGPP, 10/3, Korrespondenz mit Dora und Oda Schottmüller, 20.12.1940. Oda Schottmüller war eine Berliner Tänzerin und Bildhauerin sowie antifaschistische Widerstandskämpferin im Kontext der Roten Kapelle. Sie kannten sich vermutlich über Odas Tante Frida Schottmüller (1872–1936), eine Berliner Kunsthistorikerin, mit der Moser befreundet war und die sie auch in der Einleitung ihres Okkultismus-Buches erwähnt (Moser 1935: 43). Das Verhältnis zwischen Fanny Moser und der deutlich jüngeren Oda schien sehr vertraut. Schottmüller wurde 1943 durch die Nazis hingerichtet.

38 Der „Verein Frauenbildung – Frauenstudium“ hatte in etlichen Universitätsstädten des Kaiserreichs Zweigvereine. Von 1907 bis 1914 war Marianne Weber Vorsitzende des Gesamtvereins. Marie Baum war mit Weber befreundet und Moser mit Marie Baum... Weshalb Moser (erst) 1908 aktiv war, als Preußen endlich Frauenimmatrikulationen zugelassen hatte, ist eine andere offene Frage. Zur Rolle des Vereins an der Freiburger Universität vgl. Scherb 2002: 24–30.

auch Einfluss darauf genommen, dass die ersten Frauen in Freiburg studieren konnten. Nachvollziehbar, dass Moser sich als einigermaßen etablierte Wissenschaftlerin dem Verein verbunden fühlte und seine Arbeit aktiv unterstützte, wenngleich nicht dauerhaft.[39]

Mosers sozialreformerisches Engagement zeigt sich darüber hinaus in sozialhygienischen Einlassungen, die gut zu den Zielen der bürgerlichen Frauenbewegung passten, insbesondere wenn diese die Gesundheit von Frauen tangierten. Angesprochen wurden dann etwa Hygiene-, Sittlichkeits- und Alkoholfragen, und wie bereits angedeutet beteiligte sich auch Moser an dieser Debatte. 1903 erschien im Reinhardt Verlag eine von ihr verfasste Schrift mit dem Titel „Eine Kulturaufgabe der Frau“ (Moser 1903). In dieser thematisiert sie die schädlichen Wirkungen des Alkohols für den einzelnen und die Gesellschaft, zählt dafür – ganz Biologin – körperliche und psychische Auswirkungen maßlosen Alkoholkonsums auf, nennt Herz-Kreislauf-Erkrankungen, Hirnschäden, geringere Lebenserwartung, Gewaltexzesse, Sittlichkeitsverbrechen, Armut, Kindersterblichkeit, Stillprobleme und vieles mehr. Auch wenn es vermehrt Männer seien, die alkoholkrank werden, hätten Frauen, so Moser, unter den wirtschaftlichen und sozialen Auswirkungen der Trunksucht am meisten zu leiden und könnten sich der „Alkoholfrage“ nicht entziehen. Vielmehr seien es die in der natürlichen Ausstattung der Frauen angelegte soziale Kompetenz und Fürsorgepflicht, die ihnen eine Sonderstellung auf diesem gesellschaftlich relevanten Problemfeld zuweisen würden. Die Beteiligung der Frauen an der Lösung der Alkoholfrage sei also in gewisser Weise deren „Kulturaufgabe“. Konkrete Handlungsanweisungen bleibt Mosers Aufsatz zwar schuldig, aber ihr Vorschlag verweist auf eine zeitgenössische Bewegung, deren Forderungen Moser sehr vertraut waren. Wenn nämlich die Frauen mit einer strengen Abstinenzhaltung vorangingen, würden sie „ganz Bedeutendes zum Fortschritt der Menschheit“ beitragen (Moser 1903: 2). Entsprechende Appelle hatten ihren Ursprung in der vorrangig bürgerlich dominierten Mäßigungs- und Antialkoholbewegung, die seit Ende des 19. Jahrhunderts auch in der Schweiz aktiv und zuerst von Mosers Mutter unterstützt worden war. In deren Haus am Zürichsee fanden mehr oder weniger regelmäßig Treffen der *Guttempler* statt, einer in lokalen Logen organisierten Vereinigung, die die Enthaltsamkeit von Alkohol propagierte. Die Mosers unterstützten auch den *Schweizerischen Bund abstinenter Frauen*, der 1902 gegründet worden war und gezielt Frauen für die Abstinenzbewegung anwarb, was vermuten lässt, dass Mosers Schrift – womöglich als Auftragsarbeit – durchaus in diesem Kontext verortet ist. Hinzu kommt, dass uns einzelne Namen der Verbandsaktivistinnen bereits begegnet sind. Zu

[39] Anfang und Ende von Mosers ehrenamtlichem Engagement liegen im Dunkeln. Der Hinweis auf Mosers Funktion stammt aus der Sekundärliteratur, namentlich Kampmann (2018: 458) sowie Verein Frauenbildung – Frauenstudium (1910). Soweit ersichtlich, finden sich in Mosers Nachlass keine persönlichen Einlassungen zu ihrer Funktion.

seinen Gründerinnen gehörte etwa Marie Heim-Vögtlin (1845–1916), erste praktizierende Ärztin der Schweiz und Freundin der Moser-Frauen. Unterstützt wurde sie von Hedwig Bleuler-Waser (1869–1940), Freundin von Ricarda Huch und Ehefrau von Eugen Bleuler, der als Psychiater in der psychiatrischen Landesanstalt *Burghölzli* wiederum mit Auguste Forel zusammengearbeitet hatte und sich ebenfalls für die Abstinenz-Frage interessierte. (Bleuler wird übrigens Jahre später von Moser zum Urheber ihrer Spukforschung erklärt werden.) Die personellen Verkettungen verweisen nicht nur auf bemerkenswerte Überschneidungen in Mosers Bekanntenkreis. Sie lassen darüber hinaus thematische Verflechtungen und ein grundsätzliches sozialreformerisches Commitment bei Moser erkennen. Zur Jahrhundertwende waren bürgerliche Frauen- und Abstinenzbewegung gleichermaßen wichtige wie neue soziale Bewegungen, für die weitreichende Ideen wie Wandel, Fortschritt und Innovation in Anschlag gebracht werden können. Während die Frauenbewegung für gleiche politische und soziale Rechte für Frauen und für Gleichstellung bei Bildungs- und Berufschancen kämpfte, wollten die Abstinenzlerinnen in erster Linie sozialhygienische Missstände verbessern. Grundsätzlich ging es wohl auch Moser um eine Verbesserung der Lebensumstände durch Veränderung der gesellschaftlichen Verhältnisse – oder zumindest in einem ersten Schritt um die Benennung von Benachteiligungen und das Reagieren auf soziale Problemlagen. Elementares Thema dabei waren Frauenrechte und deren Durchsetzung, seien es nun Bildungschancen, berufliche Teilhabe oder die allgemeinen Lebensumstände als Ehefrauen, und mithin stehen Mosers Frauenvereinsvorsitz ebenso wie ihre Darlegungen zur Alkoholfrage für gleichermaßen sozialreformerische wie emanzipatorische und fraglos auch fortschrittliche Ideen. Anders formuliert: Moser war eine den Fortschrittsthemen der Moderne zugewandte moderne Frau. Zwar deutlich weniger revolutionär, utopisch und radikal als ihre jüngere Schwester Mentona Moser (1874–1971), die mit ihrer dezidiert feministischen und kommunistischen Überzeugung weder unpopuläre Strategien noch negative Konsequenzen scheute. Zunächst sozialdemokratisch aktiv, wurde Mentona Anfang der 1920er Jahre Gründungsmitglied der Kommunistischen Partei der Schweiz, leitete deren Frauengruppe und unterstützte die Ideen der russischen Revolution. Ein Kinderheim, das sie Ende der 1920er Jahre südlich von Moskau errichten ließ und für dessen Bau sie im Grunde genommen ihr gesamtes Erbe einsetzte, sollte eine Art Wiedergutmachung an die russischen Arbeiter darstellen, auf deren Ausbeutung das Vermögen ihres Vaters bzw. der Moser-Familie in ihren Augen gründete.[40] (Mitnichten wird Fanny Mentona bei deren politischem Aktivismus unterstützen.)

---

40 Weitere Hinweise auf das Leben Mentona Mosers enthält der Beitrag von Balsiger in diesem Band. Vgl. auch Balsiger 1986; Hasler 2019; Schmelz 2021 und nicht zuletzt bei Mentona selbst (Moser 1986, 1987).

Ein Vergleich der Schwestern ist interessant, zeigen sich doch bei allen Differenzen auch Parallelen und Strukturähnlichkeiten. Diese betreffen die jeweils selbstermächtigende Lebensgestaltung im Hinblick auf die aktive Überwindung vorgegebener Erwartungshaltungen. Beide lehnten sich gegen die Vorstellungen und Vorgaben der Mutter auf, machten das Gegenteil dessen, was diese von ihnen erwartete – da half auch kein Mädchenpensionat. Beide suchten und fanden ihren eigenen, unabhängigen Berufsweg, die eine als Naturwissenschaftlerin und Verfasserin zoologischer Referenzwerke, die andere als Sozialfürsorgerin und kommunistisch organisierte Kämpferin für die Arbeiterklasse – die eine angepasster, die andere radikaler. Das, was für Mentona der Kommunismus darstellte – seine ideologische Radikalität, zumal in Diskrepanz zur bürgerlich-adeligen Herkunft, die Möglichkeit zur Selbstermächtigung und nicht zuletzt die Chance, sich der Allgemeinheit nützlich zu erweisen –, sollte für Fanny Moser schließlich der Okkultismus werden. Auslöser war ein persönliches Schlüsselerlebnis, das sie auf unerwartete Weise mit den Unzulänglichkeiten ihres naturwissenschaftlichen Weltbilds konfrontierte und Mosers wissenschaftliches Werk in ein Davor und ein Danach einteilt.

Séance

Das Erlebnis, das Mosers Forschungsbiografie – bezeichnenderweise in der Mitte ihres Lebens – spaltete, geschah im Frühjahr 1914. Für Moser schlug das Ereignis ein „wie eine Bombe“ (Moser 1935: 37) und wird sie kurz darauf von ihrem meereszoologischen Forschungsgebiet zum wissenschaftlichen Okkultismus führen. Als „Geburtsstunde“ ihrer „neuen Einstellung“ (Moser 1936: 30) definierte Moser eine spiritistische Séance in Berlin, bei der sie Zeugin einer spektakulären Tischlevitation wurde. Später schilderte sie das Geschehen an mehreren Stellen als tiefgreifendes Konversionserlebnis und erklärte das Ereignis und die mit ihm zusammenhängenden Entwicklungen gar zu „Vorbedingungen und Anlass“ ihres Okkultismus-Buches (Moser 1935: 33–47; vgl. auch Moser 1936). Wir wollen ihren Erinnerungen folgen und zunächst lesen, wie es überhaupt dazu kam: „Herbst 1913 lernten wir in Berlin zufällig eine Handleserin kennen, eine waschechte Spiritistin [...] Sie erzählte von einem fabelhaften Privatmedium, Fr. Fischer, bei der sich die Tische nicht nur drehten, sondern oft in die Luft erhoben“ (Moser 1935: 37).

Mosers Neugier war geweckt, und nach etlichen Überredungsversuchen wurde sie mit zwei anderen Personen in der Charlottenburger Wohnung des Privatmediums empfangen.[41] Der Ablauf, den Moser später in aller Ausführlichkeit und Bewegtheit festhielt (Moser 1935, 1936, 1950b), folgte augenscheinlich

[41] Zu Hintergründen über das „Privatmedium“ Frau Fischer siehe Schellinger 2017.

den üblichen Inszenierungen des sogenannten Tischrückens, eine bereits lange vor der Jahrhundertwende populär gewordene Praxis, die aufs Engste mit einem spiritistischen Deutungshorizont verknüpft ist, im wissenschaftlichen Okkultismus aber auch als Experimental- und Forschungspraxis Bedeutung erlangte.[42] Auch in Mosers Schilderungen finden sich charakteristische Kennzeichen solcher Séancen: ein abgedunkelter Salon, Teilnehmende, die um einen Tisch sitzen und mit den Händen eine sogenannte „Kette" (Moser 1935: 39) bilden, um sowohl die Bewegungen des Tischs als auch die der Teilnehmer/innen zu kontrollieren, ein (in diesem Falle weibliches) Medium, das in einen Trancezustand fällt und Erscheinungen produziert, darüber hinaus Sitzungsleiter und Protokollführer (hier der Ehemann des Mediums). Tatsächlich traten nach einer längeren Wartezeit erste Phänomene auf, zunächst „ein leises Schwanken des Tisches, das rasch zu einem ausgesprochenen Schaukeln von rechts nach links wurde" (Moser 1935: 39), gefolgt von einer Lichterscheinung unter Mosers Stuhl, danach Klopflaute („Schlag auf Schlag, schwer und dröhnend im Holz der Tischplatte"), die als wiederkehrende Botschaft eines Klopfgeists namens August Bebel identifiziert werden, in Mosers Darstellung aber wenig Beachtung finden. Als die Sitzung schon fast beendet werden sollte, geschah, so Moser,

> das Unglaubliche! Noch heute steht mir der Verstand still: ein leises, aber deutliches Krachen im Tisch, und plötzlich hob er sich mit solcher Gewalt und Schnelligkeit, daß wir alle erschrocken aufsprangen und die Stühle zurückstießen, wobei meiner in der Hast umfiel. Wie von einer Riesenfaust oder einem eisernen, aus dem Boden gewachsenen Bolzen gehoben, schoß der Tisch ungefähr einen halben Meter senkrecht in die Höhe, blieb kurze Zeit dort schweben und sank dann langsam zurück. (Moser 1935: 40)

Der Tisch erhob sich anschließend ein zweites Mal, diesmal noch etwas länger und noch etwas höher („die Platte schwebte in Augenhöhe ... dicht unter der Hängelampe"), bis er ebenso plötzlich und mit einer solchen Wucht zurück zum Boden krachte, dass einer seiner Füße abbrach. Eine dritte und eine vierte Levitation folgten, die letzte so hoch und so lange, dass Moser währenddessen den Teppich unterhalb des Tisches untersuchte, jedoch nichts Verdächtiges entdeckte. Vielmehr blieb sie fassungslos zurück:

> War alles Täuschung? Eine Halluzination? Ich musterte den zerbrochenen, schiefstehenden Tisch, den abgebrochenen Fuß bei der Gangtüre, unwiderlegliche Beweise der objektiven Realität des Vorgefallenen. Ich suchte noch einmal nach irgendeiner Handhabe für eine Erklärung – vergebens [...] Ich war vollständig aus dem Geleise geworfen und tappte im Finstern. (Moser 1935: 41)

[42] Zur Tradition und Praxis des Tischrückens: Sawicki 2002; zur kulturwissenschaftlichen Diskussion von Spiritismus, Trancemedien und mediumistischen Séancen: Hahn/Schüttpelz 2009; zu den Spielarten des Okkultismus im 19. und 20. Jahrhundert: Sawicki 2003.

Das Weltbild der Naturwissenschaftlerin war aus den Fugen geraten:

> Was war überhaupt noch als sicher und feststehend zu erachten nach dieser ungeheuerlichen Erfahrung? Blieb noch ein fester Punkt, auf den man sich stützen konnte? [...] Vergeblich rufst du Vernunft, Erfahrung und Wissenschaft um Schutz, sie alle haben versagt! [...] Dieses Bewußtsein warf mich fast zu Boden. (Moser 1935: 42)

Auch an anderen Stellen schilderte Moser das Charlottenburger Geschehen als dramatischen Wendepunkt, wenngleich nicht das Tischerlebnis allein ihre Weltsicht von jetzt auf nachher infrage stellte. Vielmehr ist es Teil einer „größeren“ Erzählung, die sie der Form nach als tiefgreifendes Konversionserlebnis verfasste (vgl. Moser 1935: 33–47, dies. 1936, 1950b). Wir kennen solche Schilderungen vorrangig aus religiösen bzw. konfessionellen Kontexten, aber nicht nur. Auch in weltlicheren Zusammenhängen stößt man auf vergleichbare Berichte, deren formale Struktur und emotionales Pathos den religiösen Vorher-Nachher-Geschichten aber in nichts nachstehen. Wie die meisten Konversionserzählungen weisen auch Mosers Darstellungen eine typische Dreigliedrigkeit auf, deren zentrales Motiv immer eine Abkehr (oder Umkehr) ist: bei Moser ihr wissenschaftliches Leben mit einer skeptischen Einstellung *vor* dem Ereignis, das Evidenzerlebnis selbst (und eine damit verbundene Wissens- bzw. Wissenschaftskrise) und schließlich ein neues, lebensveränderndes Glaubenssystem oder zumindest eine revidierte wissenschaftliche Weltsicht. In der Tat beginnen Mosers Texte, die sich auf ihre Hinwendung zum Okkultismus beziehen, mit dem Narrativ der vormals überzeugten (und am Ende bekehrten) Skeptikerin, indem sie ihre extrem kritische und zweifelnde Grundhaltung betont, und zwar nicht nur als studierte Naturwissenschaftlerin. Explizit formuliert sie, dass ihr bereits in der Kindheit der Ruf eines „ungläubigen Thomas“ (Moser 1935: 35) anhaftete, der sprichwörtliche Ungläubige und starrköpfige Zweifler, wie sie die religiöse Figur des Apostels Thomas aus dem Johannesevangelium verkörpert. Vor diesem Hintergrund formuliert sie die (rhetorische) Frage, wie es überhaupt möglich war,

> dass ich, mit dem Spitznamen eines ungläubigen Thomas, und als Zoologe ganz auf dem Boden der modernen Natur- und Weltanschauung stehend, zu diesem überraschenden Ergebnis gelangen konnte, das im schroffen Gegensatz zur heiligen Dreiheit: Wissenschaft, Vernunft und gesunder Menschenverstand zu stehen scheint? (Moser 1936: 30)

Es ist nicht nur das konkret datierbare Tischereignis, das Moser zum Auslöser ihres Sinneswandels erklärt. In ihren Erzählungen integriert sie es vielmehr in eine ganze Reihe anderer, weniger konkreter und zudem weiter zurückliegender Lebensereignisse mit okkulten Bezügen. Hierfür bemüht sie insbesondere drei Themenkomplexe – Wünschelruten, Hypnotismus sowie spiritistische Medien – und verbindet diese jeweils mit den Namen erfahrener Wissenschaftler und Ärzte als glaubwürdige Gewährsmänner: Albert Heim, Eugen Bleuler, Otto Wetterstrand, August Forel. Manche dieser Personen wurden bereits erwähnt, Albert Heim beispielsweise. Aufgrund seines Interesses für die „Alkoholfrage“

war Heim häufig Gast auf Schloss Au. Als studierter Geologe wurde er dort zudem in „Wasserfragen" hinzugezogen, sollte für das Anwesen nach unterirdischen Quellen fahnden. Heim war erfolgreich und bekannte sich in diesem Zusammenhang als überzeugter Rutengänger, eine Technik, die Fanny Moser zuvor ins Reich des Aberglaubens verwiesen hatte. Heims Darlegungen beeindruckten sie nachhaltig, zumal sie sich die Wirkungen zeitlebens nicht zu erklären vermochte. (In den 1930er und -40er Jahren wird Moser selbst bei Versuchen mit Wünschelruten beteiligt sein.)

Auch Mosers Bekanntschaft mit dem Thema Hypnose wurde bereits erwähnt. Als Therapieform und klinische Praxis war sie Ende des 19. Jahrhunderts gleichermaßen populär wie umstritten, wurde auch von Mosers Mutter und deren Ärzten (Forel, Freud) favorisiert. Nicht nur weil sie die Erlaubnis erhalten hatte, bei mancher dieser Sitzungen anwesend zu sein, war Fanny Moser vertraut mit den dazugehörigen somnambulen und tranceartigen Zuständen, in denen nicht selten paranormale Informationen aufschienen. Entsprechende Schilderungen – für Moser dienen sie später als Indizien für Gedankenübertragung bzw. Telepathie – kannte sie beispielsweise von Otto Wetterstrand (1845–1907), ein schwedischer Arzt, Hypnotiseur und Therapeut im Hause Moser, der Mosers Mutter teilweise stunden- und tagelang in einen hypnotischen Schlaf versetzte. Hinzu kommt, dass Fanny Moser eigene Hypnoseerfahrungen mitbrachte. Kurz vor ihrer Freiburger Studienzeit (1896) war sie in stationärer Behandlung bei Oskar Vogt (1870–1959). Vogt galt neben Forel als einer der bedeutendsten medizinischen Hypnosevertreter der Jahrhundertwende. Nach dreimonatigem Aufenthalt in Vogts Klinik in Alexandersbad war Moser, die offenbar seit ihrer Kindheit an Krämpfen und Verspannungen litt, durch hypnotische Behandlung geheilt worden.[43] Das Verhältnis zwischen dem fast gleichaltrigen Arzt und seiner Patientin schien sehr eng gewesen zu sein, denn Moser fungierte in dieser Zeit auch als Vogts Studienobjekt, stellte sich für introspektive Selbstbeobachtungen und experimentelle Beeinflussungsversuche während der Hypnosesitzungen zur Verfügung. Die Ergebnisse veröffentlichte Vogt unter Verwendung des Pseudonyms „stud. phil. M...r" in der *Zeitschrift für Hypnotismus* (Vogt 1897) und referierte sie zuvor auf dem „Dritten Internationalen Congress für Psychologie" in München.[44] Auch Moser nahm von Alexandersbad aus und vermutlich in Begleitung Vogts an diesem Kongress

[43] Die Information stammt aus einem älteren und rückblickenden Tagebucheintrag Mosers, wo es heißt: „Ich war ja doch fast mein ganzes Leben ein kranker Mensch [...] Vom 6. Jahr an ca. als ich den ersten Genickkrampf bekam [...] bis zu meinem 20. Jahr, als ich von dieser Pein erlöst wurde durch die hypnotische Behandlung von Dr. Oskar Vogt in Alexandersbad bei Nürnberg, zu dem mich meine Mutter auf Rat von Prof. Aug. Forel gebracht hatte. 3 Monate war ich dort." (Archiv des IGPP, 10/3, Tagebuch 1943–1947, 23.1.1945)

[44] Zur Dokumentation des Kongresses siehe N.N. 1897.

teil.[45] Von den Themen, Referaten und Teilnehmenden konnte sie nicht unbeeindruckt gewesen sein, denn unter diesen waren die zweifellos bekanntesten Philosophen, Psychiater und Parapsychologen dieser Zeit: Charles Richet, Pierre Janet, Theodor Flournoy, Otto Wetterstrand, Auguste Forel, das Ehepaar Sidgwick und Albert von Schrenck-Notzing (1862–1929). Jahre später (1924) wird Moser in Schrencks Laboratorium an einer bedeutungsvollen Sitzung mit dem Medium Rudi Schneider teilnehmen und aus der Untersuchung mit Trancemedien weitreichende Schlussfolgerungen für den Okkultismus ziehen. Zusammengenommen standen entsprechende Themen also bereits früh auf der Tagesordnung, ließen Fanny Moser peu à peu in ihrem Urteil über „okkulte Monstrositäten schwankend werden“ und hatten ihren Weg wie „von langer Hand“ vorbereitet (Moser 1935: 31).

Krise

Als Fanny Moser im Februar 1914 ihr okkultes Tischerlebnis hatte, war sie knapp zweiundvierzig Jahre alt und als Zoologin in der (Berliner) Wissenschaftsgemeinschaft etabliert. Doch von heute auf morgen hatte das Ereignis, so hielt sie zwanzig Jahre später fest, ihre naturwissenschaftliche Anschauung auf den Kopf gestellt und ihr weltanschauliches Lebensgerüst ins Wanken gebracht. Betrachtet man Mosers konkrete Lebensumstände, stellt sich das Geschehen allerdings etwas weniger kategorisch dar. Dabei ist zunächst auffällig, dass sich in Mosers Tagebuchaufzeichnungen jener Zeit kein einziges Wort über die Séance und ihre Folgen findet. Dies ist bemerkenswert, denn wenngleich Fanny Moser keine regelmäßige (und schon gar nicht tägliche) Tagebuchschreiberin war, hatte sie doch die typische Angewohnheit, bei Bedrängnissen und Krisen (privater, beruflicher oder familiärer Natur) ihre Gedanken, Gefühle und Ängste aufzuschreiben und entsprechende Problemlagen zu reflektieren. Nicht so in dieser Situation. Eine vergleichbare Leerstelle bildet das Ereignis zur gleichen Zeit in Mosers Korrespondenzen mit Freund/innen, Angehörigen oder Wissenschaftskollegen (zumindest bei den im IGPP-Nachlass überlieferten Briefen). Das änderte sich, als Moser den Entschluss gefasst hatte, mit ihrem Buch über Okkultismus zu beginnen, also spätestens 1920. Seit dieser Zeit thematisierte sie ihren Plan und manchmal auch inhaltliche Überlegungen, beispielsweise in den Briefen an ihre tschechische Freundin Noemi Jirečeková (1874–1963), eine erfolgreiche Konzertpianistin, und ebenso in der Korrespondenz mit Eugen Bleuler. Im Übrigen wissen wir leider nichts über die Haltung ihres Ehemanns Jaroslav Hoppe, weder ob er von Mosers grundsätzlicher Bedrängnis wusste,

45 Im alphabetischen „Verzeichnis der Mitglieder“ (N.N. 1897: XXXIII) ist sie aufgeführt als „Moser, Frl. Fanny, Alexandersbad bei Wunsiedel (Deutschland)“.

ihrem neuen Forschungsinteresse beipflichtete oder ob er das Thema Okkultismus irgendwie sonst kommentierte.[46]

Zumindest unmittelbar folgten auch keine konkret ablesbaren Veränderungen, Mosers wissenschaftliches Arbeitsgebiet betreffend. Als solches, so lässt sich aus Tagebucheinträgen und Korrespondenzen rekonstruieren, benannte Moser den Okkultismus nämlich erst zwischen 1917 und 1920. Zunächst kehrte sie zum naturwissenschaftlichen Tagesgeschäft der ehrgeizigen Quallen-Forscherin zurück. Anfang März 1914, also nur kurze Zeit nach der Séance, brach Moser für einen dreimonatigen Forschungsaufenthalt an die meereszoologische Station nach Neapel auf. Erst in ihrer retrospektiven Erzählung charakterisierte sie die Reise als regelrechte Flucht vor dem Erlebten und verknüpfte mit ihr die Hoffnung, den „schrecklichen Okkultismus" und ganzen „Tischunfug" zu verdrängen oder zumindest weit hinter sich zu lassen (Moser 1935: 43). Ganz in diesem Sinne enthält ihr Tagebuch während dieses Aufenthalts keinerlei Erwähnung des Berliner Erlebnisses, obwohl Moser darin durchaus private Sorgen thematisierte.[47] Ausgehend von Veröffentlichungsdatum und Anzahl an Publikationen muss davon ausgegangen werden, dass Moser sich nach ihrer Rückkehr aus Neapel in ihre zoologische Arbeit regelrecht hineinstürzte. Im Zeitraum 1915 bis 1925 erschienen von ihr mindestens sechzehn Publikationen, darunter die Auswertungen des französischen und italienischen Expeditionsmaterials (Moser 1915, 1917), ein zentraler Handbuchartikel in einem zoologischen Grundlagenwerk (Moser 1923–1925) und ihr großes, umfangreiches und abschließendes Werk über die Quallen der Südpolarexpedition (Moser 1925). In Rechnung gestellt werden muss, dass viele ihrer Aufsätze bereits zu einem früheren Zeitpunkt fertiggestellt waren, wegen der Wirren des Ersten Weltkriegs aber erst Anfang/Mitte der 1920er Jahre gedruckt werden konnten.[48]

Etwa ab 1915 kommen zu Mosers persönlicher Wissenskrise weitaus existenziellere Krisenerfahrungen hinzu, natürlich auch politische. So hatte der Erste Weltkrieg – abgesehen von seiner welthistorischen Bedeutung und kollektiven Zäsur – selbstverständlich auch für Moser und ihren Mann Auswirkungen. Diese hatten unter anderem mit dem Modus der Staatenlosigkeit zu tun, in die Hoppe-Mosers aus komplizierten Gründen nach ihrer Heirat geraten wa-

---

46 Hoppes Neffe und einige andere Mitglieder der tschechischen Familie werden in Mosers Okkultismus-Buch als Zeugen paranormaler Erlebnisse angeführt, ebenso Jaroslav Hoppes eigene Todesahnung (vgl. Moser 1935: 570, 598–599).

47 Etwa ihre Zerrissenheit zwischen ihren anvisierten Zielen als Zoologin und den an sie gerichteten privaten Ansprüchen ihres zu Hause gebliebenen Ehemannes; vgl. Archiv des IGPP, 10/3, Tagebuch Zoologische Stationen in Villefranche 1913 und Neapel 1914, 15.4.1914.

48 Vgl. dazu auch den Beitrag von Nahm in diesem Band. Moser (1935: 44) selbst verwies auf die nachträgliche Unterstützung der *Notgemeinschaft der deutschen Wissenschaft*. Den entsprechenden Auftrag für das renommierte *Handbuch der Zoologie* (Moser 1923–1925) hatte sie bereits 1913 erhalten (Archiv des IGPP, 10/3, Schreiben vom Leipziger Veit Verlag an Moser, 18.7.1913).

ren.[49] Aufgrund „tiefgreifender Differenzen“ mit Fannys Mutter konnten die Hoppe-Mosers keinerlei Bürgschaft für die Rückgewinnung des angestrebten Schweizer Bürgerrechts erwarten.[50] Die konkreten Gründe für das Zerwürfnis, dessen Ursprung etwa auf 1905 datiert werden kann, liegen im Dunkeln, waren für Moser aber folgenreich. Spätestens 1917, als Moser ihre Mutter unter Vormundschaft stellen wollte, weil diese zu unkontrollierten Geldausgaben neigte, war das Band zwischen den beiden dauerhaft zerschnitten.[51] Selbst für ihre eigene Beerdigung hatte die Mutter verfügt, Fanny keinen Zutritt zu gewähren.[52] Vor allem aber hatte die Zwietracht Auswirkungen auf die finanzielle Lage des Ehepaares, denn offensichtlich unterband die Mutter ihre bisherigen Alimente, wenngleich Fanny Mosers (künftiger?) Pflichtanteil vom väterlichen Erbe beträchtlich gewesen sein durfte.[53]

Ein wirklich harter Schicksalsschlag sollte die Hoppe-Mosers unabhängig vom Kriegsgeschehen ereilen. Zwischen 1915 und 1916 wurde bei Jaroslav Hoppe eine unheilbare Krankheit festgestellt. Die genaue Diagnose (vielleicht eine Multiple Sklerose) wurde von Moser an keiner Stelle explizit benannt, doch der körperliche Zerfall des 43-jährigen Ehemanns war besiegelt und erwiesen unaufhaltsam. Hoppe verlor nach und nach die Kontrolle über seinen Bewegungsapparat, hatte Sehstörungen, saß bald darauf im Rollstuhl und musste über kurz oder lang vollständig gepflegt werden – in Kriegszeiten und mit Geldsorgen eine doppelte Herausforderung. Wohl auch weil die Zahlungen der Mutter ausblieben, übersiedelte 1917 das Paar zu Hoppes Familie nach Kroměříž in die ostmährische Provinz, was mit sich brachte, dass Moser mitten aus ihren wissenschaftlichen Arbeiten herausgerissen wurde: eine massive Zäsur und Krisenerfahrung im Privaten, vor allem aber eine Verhinderung ihrer akademischen Karriere, beruflichen Unabhängigkeit und intellektuellen Verwirklichung. Die Pflege ihres todkranken Mannes am Rand der Welt, abgeschnitten von Freude und Freunden – so hatte sich Moser ihr Leben nicht vorgestellt. In ihrem Tagebuch aus jener Zeit (insbesondere nachdem sie im Herbst 1919 die Berliner Wohnung endgültig aufgeben musste) finden sich etliche Einträge, die Mosers Dilemma thematisieren und ihre verzweifelte, deutlich depressive Grundstimmung erkennen lassen:

---

49 Archiv des IGPP, 10/3, „Curriculum Vitae“ [ca. 1940].

50 Vgl. ebd.

51 Moser hatte Kontakt zu Sigmund Freud aufgenommen und diesen als ehemaligen behandelnden Nervenarzt ihrer Mutter um Unterstützung in der Angelegenheit gebeten. Freud antwortete Moser am 13.7.1918. Mosers Anschreiben ist leider nicht überliefert (vgl. Bauer 1986).

52 Archiv des IGPP, 10/3, Tagebuch 1883–1942.

53 Konkrete Angaben zur finanziellen Situation Mosers (in dieser Zeit und darüber hinaus) sind schwierig und ihre eigenen Hinweise ambivalent. An mehreren Stellen deutete sie gewisse finanzielle Engpässe an, etwa in einem Tagebucheintrag vom 28.1.1920, Archiv des IGPP, 10/3, Tagebuch 1883–1943. Andererseits leistete sich das Paar ein Ferienhaus in Böhmen, Reisen, Pflegepersonal und Kuraufenthalte.

> Das Leben wächst über meine Kräfte - - ich kann bald nicht mehr, und sehe keinen Ausweg -- keinen Hoffnungsstrahl - keinen Silberblick. In fremdes Land, mit fremder Sprache, ohne Freunde, versetzt, ein schwer kranker Mann, Geldsorgen, aus meiner Arbeit und allen Interessenssphären in dieser Zeit herausgerissen, bin ich wie ein Baum im Sturm, dem man die Wurzeln abgeschnitten hat. Wo wird mir Hilfe? Ich bin müde und flügellahm - -[54]

Und an einer anderen Stelle:

> Reise nach Joachimsthal wo Jara Kur braucht. Er musste überall getragen werden -- sein Zustand und meine Situation wird immer trostloser [...] Mein Leben ist ein Trümmerhaufen -- ich komme mir wie ein Schiffbrüchiger vor, der sucht was sich noch retten lässt -- zur Arbeit komme ich fast gar nicht - und stecke so voll von unbezwinglicher Arbeitslust und Arbeitssehnsucht. Nicht einmal dieser Trost wird mir vom Schicksal gegönnt -- und alle meine Pläne und Aspirationen sind zerstört. Ich bin in eine schreckliche, aussichtslose Sackgasse geraten -- nirgends scheint ein Ausweg möglich -- soll mein Leben wirklich so im Sande verrinnen???[55]

Abb. 4: Das Ehepaar Hoppe-Moser in Begleitung einer Freundin (rechts) in Böhmen. Jaroslav Hoppe benötigte bereits einen Gehstock.

[54] Archiv des IGPP, 10/3, Tagebuch 1883–1942, 28.1.1920.
[55] Ebd., 5.9.1920.

Häufig formulierte sie ihre Zerrissenheit zwischen ihren eigenen (nicht zuletzt akademischen) Ansprüchen und Jaras krankheitsbedingten Bedürfnissen:

> Mein Leben krankt an einem Zwiespalt -- einem Zwiespalt zwischen einem eigenen Wesen und Karakter [sic] und den Rechten und Ansprüchen J[aras]. Ein Mittelweg, der beiden Teilen gerecht wird, scheint unmöglich [...] Mein Leitstern, mein Halt und mein Glück muss jetzt meine Arbeit sein -- damit muss ich mich trösten, zufriedengeben u. das stürmische Herz bezwingen.[56]

Ohne Frage befand sich Moser mit knapp fünfzig Jahren in einer echten Lebenskrise. Als Bewältigungsstrategie spielte ihre wissenschaftliche Arbeit eine große Rolle, war für sie Mittel zum Zweck für Autonomie, Selbstbestimmtheit, Anerkennung und nicht zuletzt Ablenkung. Die weiter oben erwähnte, äußerst produktive Schaffensphase nach 1914 muss demnach auch vor diesem Hintergrund interpretiert werden. Andererseits war Moser in Mähren von meereszoologischem Untersuchungsmaterial und entsprechenden Auftragsarbeiten abgeschnitten, ebenso von Laboratorien, Bibliotheken, von Kollegen, Mitstreitern, Unterstützern oder akademischen Netzwerken. Und genau hier, so Moser (1935: 45), kam „als Lückenbüßer der Okkultismus aus der Versenkung herauf“.

Tatsächlich kann der Beginn von Mosers Okkultismusforschung auf jene Jahre im tschechischen Exil zurückdatiert werden.[57] Die Verschränkung ist offensichtlich: Als der Erste Weltkrieg und die Pflege des kranken Ehemannes Fanny Moser zur Aufgabe ihrer zoologischen Arbeiten zwangen, sie aus ihrer recht erfolgreichen und befriedigenden Wissenschaftskarriere herausgerissen wurde und es sie vom pulsierenden Berlin der 1920er Jahre in die mährische Provinz verschlug, verhalf ihr der Okkultismus zu einem willkommenen Forschungsthema in einer ohnehin schwierigen Zeit privater und gesellschaftlicher Krisenerfahrungen. Übersehen werden darf dabei nicht, dass der Okkultismus für Moser nicht einfach zu irgendeinem verfügbaren Forschungsersatz wurde, sondern von da an zu einem Lebensthema gerann, eines mit quasi religiösem Charakter, dessen utopische Verheißungen und erkenntnistheoretische Konsequenzen weit über die bisherigen wissenschaftlichen Prämissen der Zoologin hinausreichten. Sie schrieb:

> Das grosse Ziel im Leben ist meine occulte Arbeit – eine Arbeit für die Zukunft – ich weiss, dass hier ein grosses, unendlich verheissungsvolles Forschungsfeld liegt, das unser ganzes Denken und Wissen umwälzen wird [...] – wenn es mir gelingen sollte ihm zum wissenschaftlichen Durchbruch zu verhelfen – dann hätte mein Leben all seine Kämpfe gelohnt. Vielleicht ist die Stille von Kremsier der richtige Boden um mein Buch zu schreiben – Gott gebe es.[58]

Den Eintrag verfasste Moser im Mai 1920, und sie hinterlässt uns damit zugleich einen konkreten Hinweis auf die Entstehungsgeschichte ihres Okkul-

---

56 Ebd., 20.5.1920.

57 Vgl. dazu auch meine Ausführungen in Schmied-Knittel 2021, 2022.

58 Archiv des IGPP, 10/3, Tagebuch 1883–1942, 20.5.1920

tismus-Bandes. Gleichwohl sollte Fanny Moser von hier an weitere fünfzehn Jahre benötigen, bis das Buch erschien, nicht zuletzt, weil ihre private Situation noch eine ganze Weile schwierig blieb. Ende 1919 hatte sie die gemeinsame Wohnung in Berlin endgültig aufgeben müssen und war seither wegen Hoppes Krankheit an Kremsier gebunden. Hoppe war kaum noch mobil und später völlig bettlägerig, was Pflege-, Wohnungs- und vor allem Geldsorgen verschärfte. Zwar bekamen die beiden familiäre Unterstützung und freundschaftliche Hilfsangebote, aber die Abhängigkeit kränkte Moser, vermehrte ihre Verzweiflung und brachte sie in die Zwickmühle. Einerseits wollte sie Jara helfen, andererseits ihr eigenes Leben leben. „Das Vernünftigste wäre es, aber - ich habe das Vernünftige immer gehasst", vertraute sie ihrer Freundin Noemi an, als es beispielsweise darum ging, das geliebte Ferienhaus in Vinice (bei Vysoké Mýto in Böhmen) aus Kostengründen aufzugeben.[59] Jaroslav Hoppe starb im Februar 1926 an den Folgen seiner Krankheit. Noch im selben Jahr übersiedelte Fanny Moser, nun 54-jährige Witwe, nach München.

Okkultismus

Dass sie München als neuen Wohnsitz wählte, hatte wohl nicht zuletzt praktische Gründe. Ein Jahr vor Jaroslav Hoppe war Mosers Mutter verstorben, und zu ihrem Erbanspruch gehörten zwei Immobilien in München. Die Häuser waren vermietet und sicherten Moser regelmäßige Einnahmen. In eine dieser Wohnungen zog sie Ende 1926 selbst ein und lebte dort bis zu ihrer kriegsbedingten Ausreise in die Schweiz 1943. Abgesehen von den positiven Erinnerungen Mosers an ihre Studienzeit (immerhin hatte sie hier ihren Ehemann kennengelernt) mag ein weiterer Grund ausschlaggebend gewesen sein: München galt seit der Jahrhundertwende als Zentrum für Spiritismus und Okkultismus (vgl. z. B. Pytlik 2005). Ähnlich wie in Berlin und Leipzig hatten sich im großstädtischen Milieu Münchens ein soziales Feld wissenschaftlich und künstlerisch interessierter Persönlichkeiten sowie verschiedene Institutionen und Zirkel etabliert. Sie widerspiegeln die große Breitenwirkung und Modeerscheinung, zu der okkulte Phänomene und Praktiken seit Ende des 19. Jahrhunderts avanciert waren. Zudem erhoben gerade akademische Akteure vermehrt Anspruch auf Wissenschaftlichkeit des Gebiets, häufig in wechselseitiger Bezugnahme zu zeitgemäßen psychologischen Konzepten (Hypnose, Bewusstsein, Seele, das Unbewusste, Trance usw.). Vor allem Albert von Schrenck-Notzing, der bis zu seinem Tod 1929 aufsehenerregende Sitzungen

[59] Archiv des IGPP, 10/3, Korrespondenz mit Noemi Jireček, 1.11.1921. Jaroslav Hoppe hatte das Grundstück ca. 1908 gekauft und dort ein Sommerhäuschen errichtet. Moser nannte das Haus in Vinice ihre „Märcheninsel". Bis 1923 verbrachte das Paar dort viele Ferien. Schweren Herzens verkaufte Moser das Haus 1924.

mit Trancemedien abhielt und als Koryphäe des physikalischen Mediumismus galt, spielte für die Münchner Szene eine große Rolle. Schrencks Medien (Eva C., Magdeleine G., Eusapia Palladino, Willi und Rudi Schneider, Oskar Schlag) produzierten auf spektakuläre Weise Teleplasma aus Körperöffnungen, ließen Taschentücher und Trompeten schweben, und als Untersuchungsleiter dokumentierte Schrenck diese „Materialisationsphänomene“ mittels der modernen Fotografie (Schrenck-Notzing 1914). Indem er hochrangigen Wissenschaftlern und namhaften Persönlichkeiten die Möglichkeit gab, die Medien bei echten Séancen zu beobachten und selbst zu kontrollieren, schaffte er zudem eine Art öffentliche Untersuchungsplattform. Eugen Bleuler, Carl Gustav Jung, Thomas Mann und viele andere waren Teilnehmer von Schrenck-Notzings Sitzungen, und auch Fanny Moser besuchte im November 1924 (noch von Kremsier aus) eine solche Séance mit dem Medium Rudi Schneider. Ihre Beobachtungen gingen ein in ihr bereits mehrfach erwähntes Buch über den Okkultismus, den Moser zu ihrem „verheissungsvollen“ Forschungsgebiet bestimmt hatte (Moser 1935: 715). Etwa ab 1917, also seit ihrem Umzug nach Tschechien, hatte sie angefangen, entsprechende Literatur zu sammeln und zu sichten. Entschlossen und beharrlich verfolgte Moser seither dieses Thema, arbeitete sich in die Materie ein, rezipierte alles an Schriften, Büchern und Berichten über spiritistische und okkulte Phänomene, die zugänglich waren, und beschaffte sich auch seltene historische und ausländische Quellen. Mehr als fünfzehn Jahre schrieb sie an dem Werk und erklärte vor allem eine „Hauptaufgabe“ zu ihrem Ziel: „die echten okkulten Erscheinungen, soweit es solche gibt, aus den vielen Täuschungen herauszuschälen und möglichst über jeden Zweifel sicherzustellen“ (Moser 1935: 142-143). Die entsprechende Programmatik widerspiegelt sich nicht nur im Buchtitel *Der Okkultismus. Täuschungen und Tatsachen*, sondern folgte auch Mosers evidenzbasierter Grundannahme, die sie thesenartig an den Anfang setzte: „Der Okkultismus ist ein Gemisch von Täuschungen u n d T a t s a c h e n – a u c h T a t s a c h e n. Das ist ein Ergebnis, zu dem wir, trotz allem Skeptizismus, gezwungen wurden“ (Moser 1935: 137; Hervorh. im Original).

Anders als beispielsweise Schrenck-Notzing arbeitete Moser jedoch nicht in Laboratorien oder mit Trancemedien, sondern am Schreibtisch, entschied sich für eine Art Literatur- und Metaanalyse, für die sie mit andauerndem Fleiß und akribischer Mühe die historischen und zeitgenössischen Quellen des Okkultismus zusammentrug, systematisierte und kritisch sichtete. Ihre Ergebnisse – im Mai 1935 auf immerhin fast tausend Seiten und an die sechshundert Literaturangaben veröffentlicht – ordnete sie in zwei Bänden. Im ersten Teil (und nach einer umfassenden Darstellung berühmter parapsychologischer Untersuchungen und Forscher) behandelte sie die parapsychischen Erscheinungen – Telepathie, Hellsehen bzw. „Telästhesie“ und „Hylomantie“ – und im zweiten Teil die physikalischen Phänomene bzw. „Telephysik“, insbesondere

Trancemedien und die Themen Magnetismus und Wünschelruten. Ganz die Zoologin, legte Moser dabei großen Wert auf Systematisierungen und Begriffsbestimmungen, wählte nicht selten sperrige Neubezeichnungen, widersetzte sich damit aber auch – nicht nur aus heutiger Sicht – einer (ein)gängigen Terminologie (vgl. Bauer 1974: 3–4). Zugleich trat sie hinter ihre naturwissenschaftlich sozialisierten Publikationsansprüche zurück. Dies betrifft nicht nur stilistische Eigenheiten wie etwa ein mitunter kapriziöser Satzbau und eine teils überbordende Verwendung von Frage- und Ausrufezeichen, sondern auch formalere Aspekte wie unvollständige bibliografische Angaben oder fehlerhafte Zitationen. Hinzu kommen zahlreiche Druck- und andere Fehler bezüglich Eigennamen und bibliografischen Angaben, die offensichtlich einem mangelnden Lektorat des Druckwerks geschuldet sind. Allerdings gilt es hier, Mosers persönliche Forschungssituation zu berücksichtigen: selbstmotiviert, selbstorganisiert, selbstfinanziert – eine Privatgelehrte im wahrsten Sinne des Wortes. Immerhin 14.000 Mark zahlte Moser dem Ernst Reinhardt Verlag, der ihr Buch druckte und vertrieb.

Abb. 5: Schutzumschlag von Mosers Okkultismus, erschienen 1935 im Reinhardt Verlag.

Einen zunächst zugesagten Druckkostenzuschuss nahm der Verleger aufgrund von Streitigkeiten mit Moser und langwierigen (auch juristischen) Auseinandersetzungen mit ihr zurück, woraufhin sich Moser verpflichtete, „alle Herstellungskosten zu tragen.“[60] Nachträglich schimpfte Moser über den Reinhardt-Deal, warf dem Verleger Betrug und Verrat vor und fühlte sich zeitlebens übervorteilt.[61]

Schließlich hatte Moser das Manuskript im März 1934 beim Verlag abgegeben, dieses landete in der Druckerei, wurde korrigiert und gesetzt, was das wiederholte Insistieren Mosers und zahlreiche Schriftwechsel mit dem Verleger nach sich zog. „Ich fange langsam an irre an Ihnen zu werden“, ließ Reinhardt sie wissen, nicht nur genervt von Mosers Umständlichkeit, sondern auch von deren fortlaufenden Verzögerungen.[62] Kurz vor Druckvollendung bestand Moser plötzlich auf einem weiteren Kapitel, das sie endlich im Dezember 1934 ablieferte. Es wurde dem zweiten Band hinzugefügt, von Moser als „Nachtrag. Am Wendepunkt?“ (Moser 1935: 892–910) überschrieben und sein Inhalt von ihr als „Markstein in der Geschichte des Okkultismus“ betont (ebd.: 896). Zuvor hatte sich Moser – differenziert nach parapsychischen und paraphysikalischen Phänomenen und jeweiligen Pro- und Contra-Argumenten – an einer Gesamtübersicht des Okkultismus hinsichtlich seiner „Täuschungen und Tatsachen“ versucht. Viel davon blieb in ihren Augen nicht übrig. Nicht einmal „2%“ der Phänomene, so Mosers Fazit (ebd.: 755), konnten nach ihrer Ansicht Anspruch auf Echtheit erheben, der Rest wurde ihrem scharf ablehnenden Urteil zugeführt. Vor allem bei der Einschätzung von zeitgenössischen Untersuchungen mit sogenannten Dunkelmedien (also Trancemedien, die in völlig abgedunkelten und insofern wenig kontrollierbaren Settings agieren) hielt sie nicht hinterm Berg:

> Was ist von allen geblieben? Eine Entlarvung nach der anderen [...]! Nicht eines dieser berühmten Medien der modernen Forschungsära, das nicht belastet ist zumindest mit dem

60 Archiv des IGPP, 10/3, „Acten Reinhardt und Orell Füssli“, Vertrag v. 2.7.1935. Der Ladenpreis des Buches war von Reinhardt festgesetzt worden: 19,40 Mark für die kartonierte Version und 24 Mark für den Leineneinband. Von jedem verkauften Exemplar erhielt Moser laut Vertrag zwischen 35 und 40 Prozent des Ladenpreises als Honorar. Bei einem kalkulierten Durchschnitt von 7,50 Mark und vereinbarten 1.500 Exemplaren wären Mosers Druckkosten also einigermaßen gedeckt gewesen. Dies erklärt wohl auch die Vehemenz, mit der sie die monatlichen Abrechnungen von Reinhardt einforderte. Weil sie es Reinhardt nicht zutraute, hatte Moser übrigens verfügt, dass der Orell Füssli Verlag den Vertrieb in der Schweiz übernehmen sollte.

61 Dass Mosers „Okkultismus“ bei *Reinhardt* erschien, war kein Zufall. Der 1899 gegründete Verlag hatte gerade in seiner Anfangszeit zahlreiche spiritistische Bücher und Schriften publiziert, es gab also thematische Anknüpfungspunkte. Zudem hatte Moser dort bereits ihre weiter vorne erwähnte Schrift „Eine Kulturaufgabe der Frau“ veröffentlicht (Moser 1903). Und nicht zuletzt war Mosers Freundin Ricarda Huch eine enge Freundin von Ernst Reinhardt, hatte den Kontakt womöglich sogar vermittelt.

62 Archiv des IGPP, 10/3, „Acten Reinhardt und Orell Füssli“, hier Reinhardt an Moser, 5.5.1934.

> stärksten Betrugsverdacht, auch wo der Betrug infolge der aufgezwungenen Bedingungen nicht direkt nachweisbar ist [...]: alle umgibt Finsternis in des Wortes vollster Bedeutung. Die Behauptung ist wahr: „Die Geschichte des physikalischen Mediumismus ist im wesentlichen eine Geschichte der Entlarvungen", eine Tatsache, die rückwirkend auch die klassische Forschungsära und damit H o m e, S l a d e und E u s a p i a überschattet. (Moser 1935: 749–750; Hervorheb. im Original)

Doch sind es nicht nur die Medien, sondern auch die Experimentatoren, denen Moser unwissenschaftliches Vorgehen vorhielt. Hierfür verwies sie auch auf persönliche Erfahrungen, namentlich ihre Sitzung mit Rudi Schneider (1908–1957) bei Schrenck-Notzing in München. Während Rudis Vorführungen im Dunkelkabinett bei Rotlicht und mit Kniekontakt bei Moser einen „unauslöschlichen Eindruck" (ebd.: 717) in Richtung Evidenz hinterließen (und dabei u. a. ein Taschentuch und eine Violine eine Rolle spielten), sah sie den eigentlichen Streitpunkt in den Protokollen Schrenck-Notzings. Als sie dessen Sitzungsbericht übersendet bekam, fehlten Informationen, zudem standen ihre Beobachtungen in Widerspruch zu Art und Stärke der von Schrenck dokumentierten Phänomene, und auch die Rolle von Rudis anwesendem Vater war dubios. Moser warf dem Untersuchungsleiter „Protokollfabrikation" (ebd.: 718) vor, verweigerte die Unterzeichnung und befürchtete, dass die weithin verbreitete Ablehnung zahlreicher Okkultismus-Gegner womöglich durchaus angebracht sei.[63]

Jener harschen Kritik stehen Mosers Bemühungen um die okkulten Tatsachen gegenüber. Vor allem die positiven Befunde von Telepathie-Experimenten – hier verweist sie insbesondere auf ihre eigenen Experimente mit Hanussen – legt Moser in die Pro-Schale. Als der berühmt-berüchtigte Hellseher und Illusionist Erik Jan Hanussen (1889–1933) im September 1930 in München gastierte, buchte sich Moser zwei Privatsitzungen, um seine telepathischen Fähigkeiten zu testen (vgl. Moser 1935: 619–621). Die Ergebnisse ihrer Experimente charakterisierte sie im Buch als „absolut beweisend" (ebd.: 619).[64] Eine wichtige Rolle in Richtung Tatsachen spielten für Moser einige der populärsten Medien aus dem 19. Jahrhundert: D.D. Home (1883–1886), Henry Slade (1836–1905) und Eusapia Palladino (1854–1918) sowie in diesem Kontext auch die klassischen spiritistischen Untersuchungen der britischen *Society of Psychical Research* (gegr. 1882). Der hohe Stellenwert, den Moser diesen (schon zu ihrer Zeit) jahrzehntealten und zum Teil öffentlich entlarvten Protagonisten und Experimenten beimisst, irritiert allerdings. Im Vergleich zum scharf ablehnenden Urteil zeitgenössischer Untersuchungen lassen Mosers Darstellungen jener historischen Fälle ihre prägnante Kritik vermissen und

63 Dass sich Moser und Schrenck-Notzing spätestens seit diesem Austausch wenig freundschaftlich verbunden fühlten, liegt auf der Hand und zeigt sich auch in der – sowieso gering überlieferten – Korrespondenz.

64 Im „Nachlass Fanny Moser" befinden sich Mosers Protokolle dieser Treffen; vgl. auch Kugel 1998: 133.

sich ihre positiven Urteile (damals wie heute) nicht unbedingt nachvollziehen, scheinen Widersprüche und Inkonsistenzen auf. Gerade das nachgeschobene Kapitel „Am Wendepunkt?“ kann als Beispiel für Mosers unkritische Haltung angeführt werden und zeigt die Ambivalenz ihrer wissenschaftlichen Position. In diesem Kapitel stellt Moser einige Studien vor, von denen sie erst kurz vor Drucklegung erfahren hatte, die in ihren Augen aber einen dermaßen wichtigen Beitrag in Richtung „Tatsachen“ darstellten, dass sie die Veröffentlichung kurzerhand verschob. Als ein solcher Tatsachenbeleg diente Moser beispielsweise ein Glasfläschchen, dessen kristalliner Bodenbelag für sie die sichtbare Existenz von Teleplasma belegte. Das Fläschchen wurde Moser 1934 von E. K. Müller überlassen, doch sein Inhalt stammte aus einer bereits 1931 in Zürich stattgefundenen Versuchsreihe mit dem Trancemedium Oskar Schlag (1907–1990). Bei einer dieser Sitzungen, an denen neben Müller übrigens auch Eugen Bleuler und C. G. Jung teilgenommen hatten, soll Schlag deutlich sichtbar eine Hand oder zumindest einzelne Finger materialisiert haben, aus deren Hautoberfläche jener teleplastische Stoff ins Fläschchen gelangt war.[65] Müller, der sich als Ingenieur viel mit Elektrotherapie beschäftigte, betrachtete den Belag als Ursache paraphysischer Vorgänge, zumal sich bei ihm selbst dramatische Gesundheitsstörungen infolge des Kontakts mit dem Medium gezeigt hatten: Fieber, Schwindel, Erbrechen und gefährliche Hautveränderungen im Anschluss an die Sitzung mit Schlag. Moser war von Müllers Beobachtungen (und Schlags medialen Fähigkeiten) unzweifelhaft überzeugt und sah in Müllers Konzept der sogenannten Emanation – eine Art elektromagnetische Ausstrahlungsfähigkeit des menschlichen Körpers – „ganz neuartige Erklärungsmöglichkeiten für verschiedene okkulte Phänomene“ (Moser 1935: 906), wobei sie vermutete, dass sich dies vorerst nur bei besonders begabten Materialisationsmedien und sensitiv veranlagten Personen nachweisen ließe. (Müller behauptete, mit Hilfe eines von ihm konstruierten Geräts die Stärke von Emanationen messen zu können.)

In den gleichen Erklärungskontext – nämlich biologisch wirksame Strahlungen – stellte Moser auch das Wünschelrutenphänomen. Ein ihr bekannter Physiker und Wünschelrutengänger (Joseph Wüst) hatte physikalische, chemische und biologische Messungen vorgenommen und die Ergebnisse als wegweisend publiziert. Moser folgte Wüsts Einschätzung und sah in den Kräften, die dem Ausschlag der Wünschelrute jeweils zugrunde liegen, nicht nur einfach „auf elektrische Spannungen zurückführbare Entladungsvorgänge“ (ebd.: 904), sondern die Fernwirkung unsichtbarer biologischer Strahlen und „Mitwirkung magnetoider Energie“ (ebd.: 907). Zusammengenommen (und auch an anderen Stellen in ihrem Okkultismus-Buch) rekurriert sie damit unverkennbar auf den Mesmerismus des 18. Jahrhunderts und dessen Grundidee, wonach eine universelle (magnetische) Kraft existiere, die unsichtbar in allen lebenden

65 Das Gefäß (es scheint heute übrigens leer zu sein) gehört zum Bestand des Moser-Nachlasses am IGPP.

Körpern zirkuliere und deren Reichweite und Wirkung wesentlich größer sei als die herkömmlichen Sinne. Als vermeintliches Bindeglied zwischen (unsichtbarer) innermenschlicher Verursachung und (beobachtbaren) physikalischen Wirkungen diente ein so verstandener „animalischer Magnetismus“ der Naturwissenschaftlerin Moser schließlich als „solide[r] physikalische[r] Unterbau“ und Erklärungsmöglichkeit für vieles bislang Nichterklärbares – auch wenn sie im Grunde Nichtwissen durch wissenschaftliches Spekulieren ersetzte und mit solcherart Schlussfolgerung den kritischen Gesamtanspruch ihres Werkes aufgab. Im Übrigen ist generell bemerkenswert, wie wenig Moser darauf abzielte, eine Brücke zwischen ihrer Ursprungsdisziplin Biologie und der Parapsychologie zu schlagen, obwohl zeitgenössische Kollegen in theoretischen und methodologischen Fragen durchaus Stellung dazu genommen und sogar eine Art neo-vitalistisches Paradigma etabliert hatten.[66]

Jenen Lücken und Ambivalenzen entsprechend, fielen auch die Rezensionsurteile für Mosers *„Okkultismus“* nicht ganz eindeutig aus. Wenngleich der monumentale Charakter des Werkes wiederholt als (historische und zeitgenössische) Materialsammlung und Nachschlagewerk sowie zuvorderst die Fleißleistung seiner Autorin positiv hervorgehoben wurden, finden sich zugleich kritische Stimmen. Diese bemängelten nicht nur (die bereits erwähnten) Druck-, Schreib- und Zitationsfehler, sondern deuteten auch inhaltliche Zweifel an einer Autorin an, die als anerkannte Naturwissenschaftlerin die Lanze für die mediumistische Forschung brach, während seinerzeit längst modernere parapsychologische Ansätze die Runde gemacht hatten.[67]

Insbesondere J.B. Rhine in den USA steht für dieses neue Paradigma. Rhine gründete 1935 gemeinsam mit William McDougall an der Duke University in Durham (North Carolina) das weltweit erste parapsychologische Laboratorium, wo (im Gegensatz zu den Experimentalsitzungen mit vermeintlich besonders

[66] Hans Driesch (1867–1941), wie Moser ebenfalls Zoologe und zudem Inhaber eines philosophischen Lehrstuhls an der Universität Leipzig, stand beispielsweise in dieser Tradition und beschäftigte sich intensiv mit Parapsychologie. Vgl. dazu den Beitrag von M. Nahm in diesem Band.

[67] Rudolf Tischner (1976: 89–90) beispielsweise verwies explizit auf über 400 falsch wiedergegebene Eigennamen und Fremdwörter. Benders Mitarbeiter Eberhard Bauer übernahm Jahre später die Redaktion für eine Neuauflage des „Okkultismus“ (Moser 1974) und erstellte eine über 30-seitige Errata-Liste (Bauer 1974). Tischner (1976: 151) verwies übrigens auch auf den Umstand, dass der von Moser (1935) als echt beurteilte Oskar Schlag bereits in den 1920er Jahren „gründlich entlarvt“ wurde, was Moser aber offenbar entgangen war oder von ihr ignoriert wurde. Beispielhaft für eine zeitgenössische Kritik hinsichtlich Mosers Ambivalenz hier eine Rezension in der Zeitschrift *Medizinische Welt* von Januar 1936: „Das Werk ist gefährlich, weil es in seiner Art gut ist, teilweise sogar kritisch erscheint, aufrichtig ist und doch immer wieder, halb unbewußt, für den Okkultismus wirbt.“ Archiv des IGPP, 10/3, Mappe „XII Okkultismus Besprechungen u. Kritiken mit wichtigen Briefen“. Moser bewahrte übrigens alle ihr verfügbaren Rezensionen auf, und der Reinhardt-Verlag warb mit einem Einlagezettel, auf dem – als Verkaufsargument – „einige Urteile über das Buch“ abgedruckt waren, vor allem von namhaften Professoren, z. B. Eugen Bleuler.

begabten Medien) mit naturwissenschaftlich-statistischen Methoden geforscht und die quantitative parapsychologische Forschung begründet wurde. Mit groß angelegten Teststudien – Forschungsschwerpunkte waren Kartenlegeexperimente – versuchte Rhine als Erster, außersinnliche Wahrnehmungen und Psychokinese mit Hilfe von statistischen Wahrscheinlichkeiten zu erforschen.

Nationalsozialismus

Überhaupt waren, als Mosers *„Okkultismus"* 1935 endlich herauskam, die Rezeptionsbedingungen alles andere als günstig. Das Erscheinungsjahr war auch das Jahr der Nürnberger Gesetze, und diese Atmosphäre sollte sich mehr als einmal auf Moser und ihr Buch auswirken. Das erste Mal wurde sie bereits kurz nach Veröffentlichung mit einer einstweiligen Verfügung konfrontiert – und der Verleumdung, Moser sei Jüdin. Die Denunziation stammte von Christoph Schröder (1871–1952), Herausgeber der *Zeitschrift für metapsychische Forschung* und in seinem eigenen Berliner Institut Experimentator mit einem Medium namens Maria Vollhart (alias Maria Rudloff) und „zufällig" auch Schwiegermutter von Christoph Schröder. Moser hatte in ihrem Okkultismus-Buch Schröders Versuche in kein gutes Licht gerückt. Diese würden nur „im Finstern" stattfinden, seien wissenschaftlich belanglos, und Schröders private Rolle als Schwiegersohn mache ihn zu einem gleichermaßen typischen, der parapsychischen Forschung aber Schaden zufügenden „Mediumpächter" (Moser 1935: 741). Schröder, der sich persönlich angegriffen fühlte, klagte im November 1935 beim Landgericht Berlin und beantragte eine einstweilige Verfügung gegen die Publikation der Passage.[68] Zwar wurde Schröders Antrag abgewiesen, weil er aber Mosers Buch als das „Werk einer Jüdin" denunziert hatte, verklagte Moser nun ihrerseits Schröder wegen Verleumdung.[69] Moser (die übrigens nach ihrer Geburt in Badenweiler evangelisch getauft worden war) gewann auch diesen Prozess, musste aber vor Gericht eine eidesstattliche Erklärung abgegeben, „dass sie keine Jüdin sei, vielmehr arischer Abkunft, aus einer alten schweizerischen Familie".[70]

Dessen ungeachtet gelangte Mosers Name auf ein Verzeichnis von Büchern, die unter das antisemitische Verbreitungsverbot der Nazis fielen. Grundlage

---

[68] Nebenbei: Schröder hatte bereits 1925 den Parapsychologen Albert Moll wegen Verleumdung verklagt, weil dieser in seinem Buch *„Der Spiritismus"* (Moll 1924) die Phänomene von Schröders Medium als unecht charakterisiert hatte.

[69] „Hoppe-Moser ist (geb.) Jüdin", hieß es bei Schröder (1936: 88). In einer vorangegangenen Ausgabe seiner Zeitschrift hatte er sich bereits vergleichbar ausgelassen: „[...] bin ich schon bei der ersten Prüfung auf so gehässige Unsachlichkeiten gestoßen, daß ich etwas Aehnliches nur aus den suffisanten Schriften und Presseerzeugnissen der jüdisch-marxistischen Negativisten-‚Clique' der Systemzeit kenne" (Schröder 1935: 280).

[70] Archiv des IGPP, 10/3, Material zum „Okkultismus", hier Schriftsatz v. 2.1.1936.

war ein Erlass der *Reichsschrifttumskammer* zwecks „Freihaltung arischen Schrifttums“. Im Dezember 1940 erhielt auch der Reinhardt Verlag ein Schreiben, auf dem (gemeinsam mit sechs anderen Autoren) Mosers „*Okkultismus*“ aufgelistet und mit einem Werbe- und Verkaufsverbot belegt worden war.[71] Als Moser darüber informiert wurde, protestierte sie umgehend und verwies auf die gerichtliche Auseinandersetzung mit Schröder, wo ihr „Ariernachweis“ bereits schon einmal eingefordert und juristisch geprüft worden war. Dass das konkrete Verkaufsverbot kurz darauf tatsächlich aufgehoben wurde, beruhte jedoch eher auf Mosers persönlicher Beziehung zum NS-Funktionär Ernst Schulte Strathaus (1881–1968). Strathaus war zunächst Amtsleiter im sogenannten *Braunen Haus* in München, später Mitarbeiter im Stab von Rudolf Heß, und unterhielt privat Kontakte in astrologische und okkultistische Kreise.[72] Woher genau sich Moser und Schulte Strathaus kannten, ist unklar, aber Moser erwähnte ihn in den 1930er Jahren mehrfach in Korrespondenzen, vor allem mit dem Münchner Bibliothekar Hans Ludwig Held (1885–1954), als es ihr um die Gründung einer staatlich oder anderweitig institutionalisierten parapsychologischen Forschungsstelle ging und sie dabei auf die Unterstützung der Nazi-Regierung setzte.[73] Als das Propagandaministerium den *Reinhardt Verlag* informierte, dass Fanny Moser „durch ein technisches Versehen“ als jüdische Autorin aufgezählt wurde, aber nach „inzwischen getroffenen Feststellungen ... arisch zu sein scheint“, hatte Moser später an der entsprechenden Stelle für sich handschriftlich ergänzt: „durch Schulte Strathaus in Berlin“.[74]

Dass sie trotz dieser Intervention kurz darauf erneut in Schwierigkeiten geriet, konnte sie nicht ahnen. Schon im August 1941 wird der „*Okkultismus*“ erneut beschlagnahmt, und zwar im Zusammenhang mit Maßnahmen der sogenannten Heß-Aktion. Rudolf Heß galt nach seinem ominösen Englandflug als Hochverräter, und seine allseits bekannte Nähe zum esoterisch-anthroposophischen Milieu, sein Faible für Homöopathie und Astrologie wurden von

[71] Vgl. ebd., 31.12.1940. Das Schreiben liegt als Abschrift vor und trägt das Geschäftszeichen S 8230/15.11.40/1117 2/13.

[72] Schulte Strathaus war in den 1920er Jahren häufig Teilnehmer bei Schrenck-Notzings Séancen. Gerda Walther (1897–1977), seinerzeit Assistentin von Schrenck, beschrieb Schulte Strathaus als „begeisterte[n] Anhänger Schrencks, den ich oft bei den Rudi-[Schneider]Sitzungen getroffen hatte“ (Walther 1960: 473) und charakterisierte dessen Funktion im Stab von Rudolf Heß „als eine Art Sachverständiger für Okkultes (Parapsychologie, Astrologie), wenn auch offiziell für anderes“ (ebd.: 474).

[73] Münchner Stadtbibliothek / Monacensia, Nachlass Hans Ludwig Held (HLH), Brief von Moser an HLH, 11.6. (o.J.).

[74] Archiv des IGPP, 10/3, Material zum „Okkultismus“, Schreiben vom Reichsministerium für Volksaufklärung und Propaganda an den Reinhardt Verlag München, 4.4.1941. In einem von Moser verfassten Gedächtnisprotokoll „Zur Orientierung“ (ebd., o. D.) rekapitulierte sie die Vorgänge und äußerte dabei den Verdacht, dass der Reinhardt Verlag womöglich nicht ganz unschuldig war, was die Übermittlung ihres Namens ans Propagandaministerium betraf.

den Nazis im Nachhinein als Ursache seiner geistigen Verirrung erklärt.[75] In der Folge kam es zu einer von Hitler angeordneten reichsweiten Aktion, bei der zahlreiche Akteure und Vertreter/innen von Esoterik, Naturheilkunde, Okkultismus und Astrologie verhört und verhaftet sowie Schriften und Bücher beschlagnahmt oder unter Verbot gesetzt wurden. Zwar wurde Moser nicht direkt belangt (und wie manch andere Parapsychologen und Okkultismusforscherinnen auch nicht verhört oder verhaftet), aber alle Exemplare ihres Buches sollten, wie aus einem Schreiben hervorgeht, „von der Geheimen Staatspolizei eingezogen und in Besitz genommen“ werden.[76] Auch wurde Reinhardt erneut angehalten, keinerlei Exemplare mehr auszuliefern.

Ohne Frage hatte Moser unter den Nazis Nachteile erfahren, wurde denunziert, gelangte mit ihrem Okkultismus-Buch „aus Versehen“ auf die unrühmliche Liste „unerwünschten Schrifttums“, erhielt zeitweise Werbe- und Verkaufsverbot. Immerhin blieb sie bei der Heß-Aktion von härteren Repressionen verschont, einer Aktion, bei der so gut wie jede Person im Deutschen Reich, die sich mit sogenannten Geheimwissenschaften beschäftigt hatte, verfolgt wurde. Andererseits (und zumindest mit historischem Abstand) verfestigt sich der Eindruck, dass Moser ein bisschen zu wenig auf Distanz ging zur nationalsozialistischen Ideologie und, wo notwendig, sogar in Kauf nahm, antisemitische Vorstellungen zu bedienen. Als sie unter Rückgriff auf widerliche Rassendiskurse beleidigt wurde, wusste sie natürlich, welche Folgen das haben konnte, wollte mit dem Makel des „Jüdischseins“ keinesfalls in Verbindung gebracht werden und formulierte flugs einen opportunen Nachweis ihrer arischen Abstammung als deutschtümelnde Familiengeschichte. Davon abgesehen hatte Moser offenbar auch wenig Bedenken, sich Unterstützung von NSDAP-Funktionären zu besorgen, namentlich in Person von Schulte Strathaus. Diesen gebrauchte Moser ohne Not ebenso als privaten Fürsprecher wie für ihre grenzwissenschaftlichen Anliegen bei den NS-Behörden. Ohne erkennbare Distanz zum Naziregime wurde Moser 1936 persönlich beim Propagandaministerium in Berlin vorstellig. Sie wollte die Behörde für ihr Ziel, die Gründung einer parapsychologischen Forschungsstelle, gewinnen und „fand auf dem Propagandaministerium alles Entgegenkommen und Verständnis, in einer Weise, die ich kaum zu träumen gewagt hätte.“[77] Anders als ihre Schwester Mentona, die zur gleichen Zeit

[75] Mosers Kontaktmann Schulte Strathaus war als unmittelbarer Mitarbeiter von Heß und als sein Mitwisser sofort wegen Hochverrats verurteilt worden. Es hieß, dass er Heß ein Horoskop mit dem bestgeeigneten Zeitpunkt für dessen Englandmission erstellt hatte (Meinl/Hechelhammer 2014: 55).

[76] Archiv des IGPP, 10/3, Material zum „Okkultismus“, hier Schreiben des Reinhardt Verlags an Moser, 15.10.1941. Was das Vertriebsverbot betrifft, waren beim Verlag nur noch wenige Exemplare vorrätig, und auch Moser hatte nur noch einzelne Bücher in ihrem privaten Besitz. Ein geplanter Nachdruck bzw. eine von Moser erwünschte Neuauflage war damit aber hinfällig.

[77] Münchner Stadtbibliothek / Monacensia, Nachlass HLH, 11.6. [o.J.].

aktiv im kommunistischen Untergrund agierte, hatte sich Fanny Moser trotz aller Schikanen zumindest bis zu einem gewissen Grad mit dem Naziregime arrangiert. Erst Mitte 1943 verließ sie Deutschland, und dann auch weniger der geschilderten Repressalien wegen, sondern aufgrund der allgemeinen Kriegswirren, schlechten Versorgungslage und mehrfachen Bombardierung Münchens, die die mittlerweile über 70-Jährige verständlicherweise ängstigten.

Spuk

Als Fanny Moser im Sommer 1943 in Richtung Schweiz aufbrach, musste sie ihren Haushalt, ihren Schreibtisch und ihre Bibliothek in München lassen.[78] Das für sie wertvollste Gepäckstück konnte sie allerdings über die Grenze schmuggeln: ihr neues Buchmanuskript zum Thema Spuk. Moser hatte gleich nach Vollendung ihres „*Okkultismus*" mit Recherchieren und Schreiben angefangen, doch ihre Beschäftigung mit der Thematik reicht weitaus länger zurück. Schon 1919, so geht aus Mosers Korrespondenzen hervor, hatte sie den Schweizer Psychiater Eugen Bleuler um Recherchehilfe in Sachen Spuk gebeten. Es ging um den Joller-Fall, ein historischer Spukfall aus der Schweiz Ende des 19. Jahrhunderts. Melchior Joller (1818–1865), ein angesehener Politiker und Familienvater, hatte seinerzeit mysteriöse Spukerscheinungen in seinem Haus erlebt und die Phänomene in einem Tagebuch festgehalten, das seinerzeit auch publiziert worden war. Moser war auf der Suche nach jenem Dokument, das sie bis dato nur aus der Sekundärliteratur kannte. Bleuler konnte die Quelle und dazu eine noch lebende Tochter Jollers ausfindig machen, die er zu ihren Erinnerungen an die Geschehnisse befragte.[79] Doch das Vorhaben blieb irgendwie liegen, und Moser ließ ihren ursprünglichen Plan, das Thema Spuk als Kapitel in den „*Okkultismus*" aufzunehmen, fallen. Als dieser 1935 endlich veröffentlicht worden war, so schrieb sie später im Vorwort ihres Spuk-Buches, kam „der Stein wieder ins Rollen", und sie beschloss, „alles daran zu setzen, um den Fall [Joller] zu klären" (Moser 1950a: 104). Zu diesem Zweck bereiste Moser 1936 die Schweiz, besichtigte Originalschauplätze, suchte nach Quellen, Zeugen und Hinweisen und nahm erneut Kontakt zu Bleuler auf. Allerdings berichtete sie ihm jetzt von ihrer „Seelennot", fragte, ob sie sich überhaupt auf das Thema Spuk einlassen solle und wie sie die Forschung strukturieren könnte. Bleuler versuchte sie zu beruhigen. Am besten mache sie erst mal eine Pause

[78] Ihre deutsche Haushälterin Betty Suttner hütete die Münchner Wohnung und das Inventar, bis sie Moser Ende der 1940er Jahre nach Zürich folgen durfte. Für die Forschung ist es ein großes Glück, dass Mosers Occulta-Sammlung – ihre Bibliothek, Akten, Korrespondenzen – nicht den Kriegswirren zum Opfer fiel und trotz mehrfacher Umzüge erhalten werden konnte; vgl. dazu den Beitrag von U. Schellinger in diesem Band.

[79] Die Familie, in deren Haus sich die heftigsten Spukphänomene abgespielt hatten, war seinerzeit nach Rom ausgewandert und Vater Joller längst verstorben.

vom Okkultismus – und wenn nicht, solle sie wenigstens diesmal von den Objektivierungsversuchen lassen und „sich nicht in der Sichtung des Chaos in ‚Wirklichkeit und Täuschung‘ verlieren“, sondern phänomenologisch vorgehen, etwa nach Gemeinsamkeiten und Charakteristika suchen.[80] Mosers Antwort zeigt, dass sie eigentlich längst entschieden hatte, denn: „Um der Wahrheit willen, denn die Wahrheit über alles [...] sind nun die Würfel gefallen: in Gottes Namen die Spuckhäuser“ [sic!].[81] Bereits zwei Jahre später hatte sie Bleuler ein von ihr zusammengestelltes erstes Manuskript geschickt und diesen um ein Vorwort und Empfehlungsschreiben gebeten, das sie bei der Verlagssuche verwenden wollte. Unklar ist, was die Verzögerungen erklärt, mit denen Moser offensichtlich zu kämpfen hatte, denn ihr Spuk-Buch erschien erst viele Jahre später, nämlich 1950. Und dann auch nicht mit einem Vorwort von Mosers Mentor und Weggefährten Bleuler (dieser starb 1939), sondern von C. G. Jung (1875–1961), ein nicht weniger berühmter Psychiater.[82]

Überhaupt schien sich die Fertigstellung des Buches nicht so schnell realisieren zu lassen wie geplant. Vor allem die Kriegssituation behinderte Mosers Arbeit, zumal sie von Nazideutschland aus Schwierigkeiten hatte, in der Schweiz zu recherchieren, mit ausländischen Kollegen zu kooperieren oder thematisch relevante Literatur zu beschaffen – von den Folgen der Abwertung ihres Schweizer Vermögens einmal abgesehen.[83] Für die eigentliche Verzögerung sorgten jedoch inhaltliche Herausforderungen. Wie besessen sammelte Moser einen Spukbericht nach dem anderen, ließ sich Material schicken und Geschichten erzählen, dokumentierte und ordnete ihre Quellen und Korrespondenzen in zahlreichen Mappen. Abgesehen von der Überlassung ganzer Serien, erwähnt sie im Vorwort ihres Spuk-Buches auch drei eigene Erlebnisse: „1916, gemeinsam mit andern, in Neustrelitz (Mecklenburg), 20 Jahre später in meinem Schreibzimmer in München und 11 Jahre später in Zürich in einer

80 Archiv des IGPP, 10/3, Bleuler an Moser, 12.11.1936.

81 Archiv des IGPP, 10/3, Moser an Bleuler, 5.12.1936.

82 Moser hatte C. G. Jung wohl über Empfehlung Bleulers kennengelernt. Vermutlich von Bleuler erfuhr sie auch, dass Jung ein eigenes Spukerlebnis hatte, und sie konnte diesen überzeugen, seinen Fall – ein klassischer Spukhaus-Fall während eines Forschungsaufenthalts in England – in ihrem Buch zu veröffentlichen (Moser 1950a: 253–261). Im Übrigen hatte sie Jung bereits 1941 über ihr fertiges Spuk-Manuskript informiert und ihn gebeten, bei einer Verlagsangelegenheit ihr Fürsprecher zu sein; vgl. Hochschularchiv der ETH Zürich, Carl Gustav Jung, wissenschaftliche Korrespondenz 1899–1961, Hs 1056: 9513, 17.11.1941.

83 Als Moser 1943 in Zürich ankam, hatte sie deshalb Unterstützung beim Schweizer Schriftstellerverband beantragt. Allerdings sollte es nicht dazu kommen, denn ein Teil ihres Manuskripts, das Moser einem seiner Vertreter überlassen hatte, war nicht mehr auffindbar, und Moser verklagte den Verband. Die 500 Franken Schadensersatz, die Moser erstritt, konnten die Schwere des geistigen Verlustes allerdings nicht ersetzen, zumal in München liegendes Material betroffen und eine Reise nach Deutschland ausgeschlossen war.

Fremdenpension“ (Moser 1950a: 31).[84] Anders als bei ihrem mediumistischen Tischerlebnis in Berlin finden sich allerdings weder in ihren Spukmappen noch Tagebüchern oder Korrespondenzen irgendwelche nähergehenden Beschreibungen oder inhaltliche Einlassungen über diese Spukerfahrungen. Dies ist bedauerlich (und hier sind unbedingt weiterführende Recherchen notwendig), denn Mosers Grundfragen – Welche Phänomene sind wirklich im Sinne von objektiv, und wie gelingt es, den Spuk ins wissenschaftliche Weltbild einzuordnen? – sind vom evidenten Überzeugungscharakter ihrer eigenen Spukerlebnisse sicherlich nicht zu trennen. Über die Jahre sammelte sie schließlich mehr als dreihundert Spukfälle, davon „über hundert aus erster Hand, also von Zeugen selbst“ (ebd.). Den Joller-Fall als Vorbild, recherchierte Moser jeden einzelnen Spukbericht bis in die kleinsten Details, orientierte sich über Umfeld, Geografie und Klimabedingungen, befragte Zeugen und Zeuginnen, sichtete historische Dokumente, spekulierte über Ursachen und Bedingungen, legte unzählige Akten und Mappen an. Den Joller-Fall selbst charakterisierte Moser als einen der „außerordentlichsten Fälle der Weltliteratur“ und erklärte seine empirischen Befunde zu „Grundlage und Ausgangspunkt“ ihrer Untersuchung (Moser 1950a: 43). Vor allem die folgenden Punkte machten den Fall in ihren Augen bedeutsam und würden zugleich auf strukturelle Merkmale von Spuk im Allgemeinen hinweisen: a) die lückenlose und sorgfältige Berichterstattung des Hauptzeugen und vieler weiterer Beobachter, abgesehen davon, dass eine ganze Familie betroffen war; b) dass trotz aller Versuche keine natürliche Ursache zu finden, die Phänomene in jeder Hinsicht also unerklärlich waren und blieben; c) ein psychohygienischer Aspekt, wonach die Betroffenen in der Regel schwer unter dem Spuk zu leiden haben, häufig nicht ernst genommen werden und deshalb entsprechende Aufklärung der Bevölkerung notwendig sei.[85]

Doch sowohl die Menge der Quellen als auch das Material als solches überforderten Moser schließlich. Entsprechende Schwierigkeiten thematisierte sie vor allem in ihren letzten Lebensjahren in vielen ihrer Korrespondenzen mit Bekannten, Freundinnen oder Kollegen, beklagte sich immer wieder, wie langsam es mit dem Buch voranging und welche Mühen ihr die theoretische Erklärung der Spukfrage bereitete. Nach mindestens fünfzehn Jahren Arbeit am Spuk-Manuskript dann die Notlösung: Theoretische Erklärungsmöglichkeiten mehr oder weniger außen vor lassend, veröffentlichte sie 1950 eine kommentierte Auswahl von gut zwanzig Spukfällen, die sie kurzerhand zur Materialsammlung und damit zum ersten Band einer zweiteiligen Anthologie mit dem Titel *Spuk. Irrglaube oder Wahrglaube? Eine Frage der Menschheit* deklarierte

---

[84] Beispielsweise übernahm Moser die Sammlung von Professor Ludwig (1863–1948), katholischer Theologe an der philosophisch-theologischen Hochschule Freising bei München, der jahrzehntelang Spukfälle untersucht und als Pfarrer selbst in einem Spukhaus gelebt hatte.

[85] Zur Vertiefung von Mosers Spukverständnis siehe ihren Aufsatz „Spuk in neuer Sicht“ als Nachdruck in diesem Band.

(Moser 1950a). Im Gegenzug verschob sie die im Vorfeld angekündigte theoretische Diskussion der Spukfrage – Was ist der Spuk? Was seine Ursache? Wie lässt er sich erklären? – kurzerhand auf den zweiten Band, dessen Fertigstellung ihr bis zu ihrem Tod allerdings nicht mehr gelang.

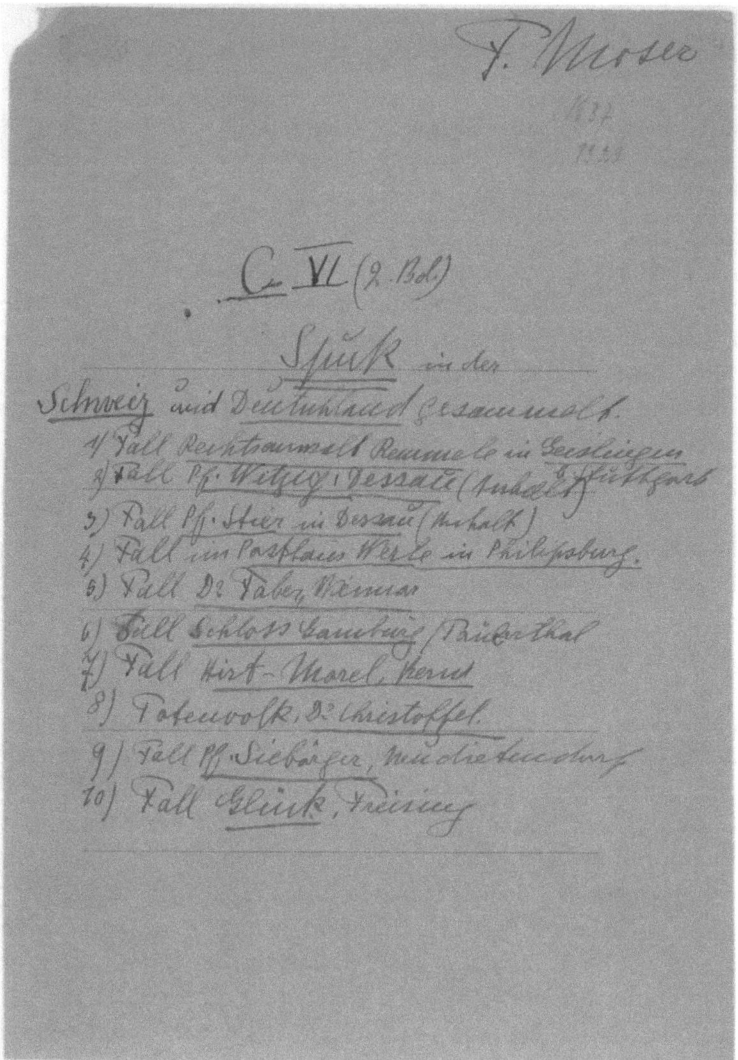

F. Moser

C. VI (2. Bd.)

Spuk in der Schweiz und Deutschland gesammelt.

1) Fall Rechtsanwalt Remmele in Geislingen
2) Fall Pf. Witzig, Dessau (Anhalt) Stuttgart
3) Fall Pf. Stier in Dessau (Anhalt)
4) Fall im Pfarrhaus Werle in Philippsburg.
5) Fall Dr. Faber, Weimar
6) Fall Schloss Gamburg / Taubertal
7) Fall Hirt-Morel, Bern
8) Totenvolk, Dr. Christoffel.
9) Fall Pf. Sieberger, Neudietendorf
10) Fall Glück, Freising

Abb. 6: Typische Mappe aus Mosers Dokumentation und Sammlung zum Thema Spuk.

Wirft man einen Blick in Mosers *„Spuk"*, steht die ausführliche Darlegung von Fällen tatsächlich in deutlicher Diskrepanz zu theoretischen Erklärungsversuchen, vor allem im unmittelbaren Vergleich mit C. G. Jung, der bereits in seinem kurzen Vorwort auf die Notwendigkeit der Einbeziehung psychologischer

Theorien, die Rolle des Unbewussten und sein synchronistisches Prinzip über bedeutungsvolle Zufälle einging. Zwar verwies auch Moser auf phänomenologische Gemeinsamkeiten und Unterschiede sowie auf eine quasi anthropologische Grundkonstante der Spukphänomene – im Übrigen auch und vor allem in Schweizer Gegenden –, doch kommt sie über deskriptive Urteile kaum hinaus, plagt sich mit Ordnungsversuchen und Echtheitsbeweisen. Dabei hatte sie ihre Ziele im Vorfeld hochgesteckt, wie sie C. G. Jung mitteilte:

> Sie werden sehen, dass es sich um weit mehr als eine fleissige Materialsammlung handelt. Ich suche den Spuk in die grossen Zusammenhänge einzuordnen und seine Bedeutung in der Menschheitsgeschichte aufzuzeigen, um dann, im II. Bd., an die Erklärungsmöglichkeiten heranzutreten und zwar auch in einer Weise, die m. W. noch nie versucht wurde.[86]

Betrachtet man das zu diesem Zweck von Moser vorbereitete und in ihrem wissenschaftlichen Nachlass überlassene Material – immerhin elf Mappen mit mehreren Entwürfen für ein Inhaltsverzeichnis sowie etliche Manuskriptteile für den zweiten Band –, stellt man allerdings fest, dass sie jenen selbst auferlegten Erwartungen nicht wirklich gerecht wurde. Zwar finden sich konkrete Ausarbeitungen für eine inhaltliche Struktur, aber nur wenige Teile wurden von Moser final realisiert. Auffallend tonangebend hingegen sind zahlreiche weitere Spukfälle (und Mosers dazugehörige Recherchen), und so verfestigt sich der Eindruck, dass Moser sich mit theoretischen Erklärungen äußerst schwertat und deshalb auf Kasuistik setzte.

Die wohl übersichtlichste Darstellung über Spuk enthält ihr letzter Artikel, der 1952 (ein Jahr vor ihrem Tod) in einem Themenheft der Schweizer Kulturzeitschrift *Du* erschien (Moser 1952).[87] Darin hält Moser drei Hauptformen von Spuk fest – a) personengebundener Spuk, unterscheidbar nach mediumistischen und spukbefallenen Akteuren, b) ortsgebundener Spuk, wobei Schlösser und Pfarrhäuser besonders häufig betroffen seien, und c) Geistererscheinungen –, geht auf Verbreitung und Erklärungshypothesen ein, nennt Erinnerungsfälschungen und Halluzinationen als Quellen, die Spukerscheinungen vortäuschen können, und verweist schließlich auf einen objektiven Anteil von Spukfällen, deren Ursachen sie „außerhalb des Bereichs der uns bekannten Sinnesorgane" verortet (Moser 1952: 13). In diesem Kontext thematisiert sie auch einen strukturellen Zusammenhang mit den von ihr bereits im „*Okkultismus*" untersuchten Trancemedien. Beide, Spukbefallene und Medien, würden Erscheinungen auf der Grundlage einer (unbekannten) Kraft „produzieren", deren Sitz Moser im Körper der Akteure verortet und die „aus ihnen strömt oder strahlt und dadurch wirksam wird" (ebd.: 62). Wie bei den Trancemedien bzw. deren häufige Abhängigkeit vom Dunkelkabinett trete auch der Spuk bevorzugt bei Dunkelheit auf. Zudem hinterließen die Wirkungen bei

---

[86] Archiv des IGPP, 10/3, Korrespondenz mit C. G. Jung, 19.3.1950.

[87] Zu finden als Nachdruck in diesem Band.

den Betroffenen jeweils ähnliche Erschöpfungszustände, und ohnehin würden die gemeinten okkulten bzw. spukartigen Erscheinungen nicht selten „in ursächlichem Zusammenhang mit mehr oder weniger krankhaften Störungen des psycho-physischen Gleichgewichts“ stehen, was erklären würde, weshalb der Spuk vermehrt bei jugendlichen Personen vorkommt. Beobachtbar und feststellbar seien allerdings immer nur die Wirkungen – „beim Spuk in außerordentlichem Maße“ –, wohingegen die verursachenden Kräfte gleichermaßen unsichtbar wie unbekannt blieben (ebd.). „Haben wir es mit ‚neuen‘ Wirkungen bekannter Kräfte zu tun oder einer noch unbekannten Kraft?“, lautete schließlich Mosers grundsätzliche Frage, doch wie bereits im *„Okkultismus“* überließ sie die Antwort am Ende anderen, hoffte auf den Erfolg naturwissenschaftlichen Fortschritts (insbesondere auf die Physik) und zählte auf eine künftige Generation von Wissenschaftlern und Wissenschaftlerinnen, denen sie wohl auch aus diesem optimistischen Grund ihre Bücher gewidmet hatte. „Dieses Buch ist der Jugend gewidmet“, heißt es beispielsweise in der Titelei von Mosers *„Okkultismus“* und an anderen Stellen: „Die Physiker und Physiologen haben das Wort“ (Moser 1952: 64) oder „Die Zukunft hat das Wort“ (Moser 1950a: 320).

In ihren letzten Arbeitsjahren waren es vor allem der Hamburger Quantenphysiker Pascual Jordan (1902–1980) sowie der Freiburger Parapsychologe Hans Bender (1907–1991), die von Moser wiederkehrend zu Fragen der Erklärbarkeit von Spukphänomenen konsultiert wurden und mit denen sie sich bis zuletzt über diese Fragen austauschte. Vor dem skizzierten Hintergrund ihrer eigenen Deutung, wonach (noch) unbekannte Strahlen, Energien oder biomagnetische Kräfte die Ursache der okkulten Erscheinungen seien, baute sie vor allem auf die Physik und setzte große Hoffnung darauf, paranormale Phänomene vor dem Hintergrund moderner physikalischer Theorien zu erklären, etwa durch Modelle über elektromagnetische Wellen, Biomagnetismus oder quantenmechanische Teilchenbewegungen. In diesem Sinne betrachtete Moser den Spuk als ein naturwissenschaftlich beschreibbares Phänomen, eines, das prinzipiell nicht im Widerspruch zu den Gesetzen der Physik steht, zog aber, ebenfalls wie bereits im *„Okkultismus“*, einen eher laienhaften Analogieschluss hinsichtlich zumeist auf Spekulationen beruhenden inhaltlichen Beziehungen zwischen Physik und okkulten Phänomenen – ein Verhältnis, das im Übrigen bis heute ungeklärt ist. Dass die dahinterliegenden Theorien für Laien gleichermaßen umfangreich wie undurchdringbar sind, liegt auf der Hand, und aus Mosers letzten Korrespondenzen und Tagebucheinträgen geht hervor, wie regelrecht verzweifelt und schließlich erfolglos sie sich um entsprechende Antworten und den Abschluss ihres Manuskripts bemühte. Einerseits innerlich angetrieben, mit dem zweiten Spuk-Band unbedingt noch fertig zu werden, wurde sie andererseits von Krankheiten und Altersschwäche immer wieder zurückgeworfen, fielen ihr Konzentration und innere Ruhe, Aufmerksamkeitsfokussierung und das wissenschaftliche Arbeiten an sich zunehmend schwerer. Und so kam es dann: Im Februar 1953 verstarb Fanny Moser mit achtzig Jahren in ihrer Zürcher Wohnung – und ihr „*Spuk*“ blieb für immer unvollendet.[88]

Vermächtnis

Für Fanny Moser stand außer Frage, dass ihre Forschungsarbeit weitergeführt werden muss. Dabei ging es ihr nicht nur um das unerledigte Spukmanuskript, sondern um die Realisierung eines größeren wissenschaftlichen Programms – ein Programm, das sie schon in ihrem „*Okkultismus*“ visioniert und als „Wissenschaft der Zukunft“ (Moser 1935: 962) proklamiert hatte. Damals hatte sie als wichtigstes Ergebnis festgehalten, dass es bei allen Möglichkeiten der Täuschung, des Betrugs und von Alternativerklärungen einen unbestreitbaren Rest an okkulten Tatsachen gibt, der die Wissenschaft nicht nur zu Überprüfungen und Erklärungen herausfordert, sondern der bei aller kritischen Überprüfung sogar beweist, „dass der Okkultismus mehr ist als Irrglauben“ (Moser 1950a: 21). Die okkulten Erscheinungen seien, so Mosers Fazit, also „keineswegs übernatürlich“, sondern „unterliegen der Gesetzmäßigkeit, eine Grundvoraussetzung aller Wissenschaft“ (Moser 1935: 962). Insofern habe die Wissenschaft kein Recht, die okkulten Berichte zu verspotten, abzulehnen oder zu ignorieren, sondern stehe vielmehr in der Pflicht, sie „nach allen Seiten wissenschaftlich zu untersuchen“ (Moser 1952: 13). Davon abgesehen, so Moser, berührt der Okkultismus auch ganz grundsätzliche Forschungsthemen und Theorien: Sinnestäuschungen, Halluzinationen, Wahrnehmungsprozesse und die Rolle des Unbewussten etwa seitens der Psychologie oder, was die Frage der Unterscheidbarkeit objektiver von subjektiven Sachverhalten und Wahrheitszuschreibungen betrifft, erkenntnistheoretische Fragen der Philosophie. Mit diesem gleichermaßen innovativen wie fortschrittlichen Potenzial ist der Okkultismus in Mosers Augen „eine Wissenschaft der Zukunft“ (Moser 1935: 962). Seinen utopischen Charakter leitete sie nicht zuletzt vom beachtlichen wissenschaftlichen Fortschritt ab, den die naturwissenschaftliche Forschung zu ihren Lebzeiten ausgelöst hatte und ständig fortzuschreiben schien. Röntgenstrahlen, Radioaktivität, Relativitätstheorie, Quantenmechanik und viele andere Entdeckungen hatten mit Beginn des 20. Jahrhunderts zu einem neuen (physikalischen) Weltbild geführt und zugleich das bislang primär mechanistische Wissenschaftsparadigma herausgefordert. Moser betrachtete Letzteres als unvollkommen und überholt und erkannte im Okkultismus, respektive in

[88] Mosers genauer Todestag war der 24. Februar 1953. Anfang März wurde ihre Urne im Waldfriedhof in Schaffhausen beigesetzt, und zwar so, wie sie testamentarisch verfügt hatte: im Familiengrab ihres Vaters; vgl. dazu Ranneberg 2022.

der Parapsychologie und Spukforschung einen spezifischen Zugang zu einer *alternativen* Welterklärung, wie sie in einem Brief an Hans Bender formulierte:

> Wir befinden uns jedenfalls [...] in einem wissenschaftlichen Umbruch, nicht nur auf dem Gebiet der Physik, „Physik im Vordringen“, sondern ebenso sehr auf anderen Gebieten, wie denen der Physiologie und der Psychologie, und das heute Unmögliche ist die Wahrheit von morgen.[89]

Zur konkreten Umsetzung ihrer Vision hatte Moser schon seit den 1940er Jahren geplant, eine Stiftung zu gründen, an die sie mehrere Bedingungen knüpfte. Inhaltlich sollte sie sich um die Erforschung okkulter Phänomene, insbesondere um das Thema Spuk kümmern, die Stiftung sollte von akademischen Fachleuten und einer etablierten wissenschaftlichen Institution getragen sein – und zwar idealerweise in der Schweiz, – und sie sollte Mosers Namen tragen.[90] Mehrere Anläufe in ihrer Schweizer Heimat blieben allerdings erfolglos. Zuerst hatte sie C. G. Jung bzw. dessen Zürcher Institut (gegr. 1948) vorgesehen. Moser wusste, dass Jung (gemeinsam mit Bleuler, der den Kontakt zu Jung hergestellt hatte) in München und Zürich mit Trancemedien experimentiert hatte und insofern dem Okkultismus generell offen und wissenschaftlich interessiert gegenüberstand. Zudem hatte Jung bereits in seiner Dissertation und in anderen frühen Schriften über Okkultismus sowie über das Unbewusste und dessen psychophysikalische Realität publiziert. Moser hatte bereits seit Mitte der 1930er Jahre anlässlich ihres Okkultismus-Buches mit Jung korrespondiert, und als sie in Zürich lebte, nahm sie persönlichen Kontakt mit ihm auf, besuchte sein damals gerade entstandenes Institut und wurde daraufhin selbst eingeladen, dort über Spuk vorzutragen. Offenkundig gab es bereits gegen Ende der 1940er Jahre zwischen beiden eine Art Vereinbarung, wonach Mosers Spezialbibliothek und anderes Inventar nach ihrem Tod an Jungs Institut übergehen sollte. Diesbezüglich existierte wohl auch ein anwaltlich hinterlegter „Fascikel“, also eine Akte, die Moser später allerdings zurückforderte. In dieser war festgehalten, dass Mosers Stiftung der „Stiftung C. G. Jung Institut in Zürich

---

89 Archiv des IGPP, 10/3, Korrespondenz mit Hans Bender, 3.6.1949. „Physik im Vordringen“ ist übrigens ein Buchtitel von Pascual Jordan (1902–1980), ein theoretischer Physiker, der maßgeblich an der Entwicklung der Quantenmechanik mitwirkte und mit dem sich Moser in den Nachkriegsjahren über das Thema Spuk, insbesondere ihren „Fall Kornitzky“ (Moser 1950: 283–290), austauschte. Vgl. dazu auch den Beitrag von E. Bauer in diesem Band.

90 Unabhängig von dieser Stiftungsidee hatte Moser bereits in den 1930er Jahren eine institutionalisierte Organisationsform für die Okkultismus- und Spukforschung in Deutschland forciert. Neben Ideen für eine wissenschaftliche Zeitschrift ging es vor allem um die Gründung einer wissenschaftlichen Gesellschaft, möglichst unter dem Dach von Universitäten, Forschungsinstituten o. ä. akademischen Institutionen, etwa der „Kaiser Wilhelm Gesellschaft“. Entsprechende Vorschläge ventilierte sie insbesondere gegenüber Hans Ludwig Held, Direktor der Münchner Stadtbibliothek, sowie dem Parapsychologen Hans Bender, den sie in den 1930er Jahren kennengelernt hatte. Beide wollte sie nicht nur für die Idee als solche, sondern auch als zuständige „Führungskräfte“ gewinnen und unternahm diesbezüglich Vorsprachen bei Nazibehörden.

in geeigneter Form angegliedert und zur bestmöglichen Erreichung des Zwecks unter deren Verwaltung gestellt werden [soll].“[91] Einige Zeit später beklagte sie sich jedoch bei ihrem Anwalt über die mangelnde Wertschätzung ihres Legats und eine gewisse Unprofessionalität des Instituts, zeigte sich enttäuscht: „Prof. Jung hat es noch nicht mal zu einem eigenen Zimmer gebracht“, monierte sie in dem Schreiben an den Nachlassverwalter und gab ihm die Anweisung, die ursprüngliche Vereinbarung zu annullieren.[92] Anfang der 1950er Jahre startete Moser einen zweiten Versuch, diesmal an der Universität Zürich, wo sie Verbindung zu Wilhelm Keller (1909–1987) hatte, Lehrstuhlinhaber für Systematische Philosophie und Psychologie.[93] Keller reichte ein von Moser verfasstes Exposé an drei Universitätskollegen weiter, doch die Auswahl der kontaktierten Professoren passte Moser nicht, und sie zog erneut ihr Angebot zurück.[94] Letztlich hatte Moser ein wenig gepokert, denn parallel hatte sie die Überlassung ihres Legats bereits Hans Benders Parapsychologischem Institut in Freiburg angekündigt. Dass sie allerdings bis zuletzt zögerte, hängt damit zusammen, dass sie – das Vermächtnis ihres in Schaffhausen hochangesehenen Vaters idealisierend (und imitierend?) – einer entsprechenden Stiftung in der Schweiz vermutlich immer den Vorzug gegeben hätte. Doch die wenig euphorischen und entgegenkommenden Reaktionen der Schweizer frustrierten sie, und so verkündete sie am 3. Oktober 1952: „Lieber Bender! Ich freue mich Ihnen mitteilen zu können: die Würfel sind gefallen und (leider) so, wie ich vorausgesehen. Sie, bezweck Ihr Institut erhält meine Stiftung.“[95]

Moser und der 35 Jahre jüngere Hans Bender (1907–1991) kannten sich seit Mitte der 1930er Jahre, als der junge Universitätspsychologe Bender als einer der Ersten in Deutschland zu einem parapsychologischen Thema promoviert hatte (und zeitgleich Mosers *„Okkultismus“* erschienen war). Über die Jahre standen sie in regelmäßigem, durchaus freundschaftlichem Austausch, informierten sich gegenseitig über den Stand ihrer Arbeit, versicherten sich der jeweiligen Unterstützung und der Notwendigkeit der akademischen Etablierung der Parapsychologie, diskutierten über mögliche Gründungen parapsychologischer Zeitschriften und wissenschaftlicher Gesellschaften. Von Anfang an war Moser von Bender, einem jungen dynamischen Akademiker und durchaus charmant-charismatischen Typ, eingenommen, zumal dieser einen betont wissenschaftlichen Ansatz gegenüber den okkulten Phänomenen vertrat. Spätestens als Bender 1950 in Freiburg mit dem IGPP sein eigenständiges parapsychologisches Forschungsinstitut gegründet hatte, akademisch außerdem bestens vernetzt war, war für Moser die Sache klar. Sie verfügte testamentarisch,

91 Archiv des IGPP, 10/3, „Stiftung Fanny Moser“, Moser an Advokatbüro von Arx, 7.7.1952.
92 Ebd.
93 Woher Keller und Moser sich kannten, ist ungeklärt.
94 Zu näheren Fragen der Nachlassübertragung vgl. den Beitrag von U. Schellinger in diesem Band.
95 Archiv des IGPP, 10/3, „Stiftung Fanny Moser“.

dass die Fanny-Moser-Stiftung an Benders Institut für Grenzgebiete gehen soll, und hinterließ diesem ihren wissenschaftlichen Nachlass inklusive ihrer wertvollen Forschungsbibliothek, sämtliche Manuskripte, Verlagsrechte und Falldokumentationen und schließlich (als pekuniäre Mittel) die Liegenschaftsanteile an ihren beiden Münchner Immobilien einschließlich Mieteinnahmen zur Finanzierung der Stiftung. Die Testamentseröffnung erfolgte im März 1953 und basierte auf einer anwaltlich hinterlegten Urkunde.[96] Zu dieser Urkunde gehörte eine Erbbescheinigung, aus der hervorgeht, dass Mosers letztwillige Verfügung vom 17.2.1953 stammte, also nur eine Woche vor ihrem Tod. Darin verfügte sie, dass ihr Vermächtnis in Form einer Stiftung ausgesetzt und diese durch das Institut für Grenzgebiete der Psychologie und Psychohygiene verwaltet werden soll. Darüber hinaus wurde ihre noch lebende Schwester Mentona „auf den Pflichtteil gesetzt“ und alle übrigen gesetzlichen Erben, bis auf einen Züricher Neffen namens Willi Naegeli, von der Erbfolge ausgeschlossen. Für viele Wegbegleiter/innen, beispielsweise ihre langjährige Haushälterin Betty Suttner, hatte Moser ebenfalls vorgesorgt. Laut einer Vermögensaufstellung des Kantonalen Steueramts Zürich, die im Zuge der Testamentsvollstreckung erstellt wurde, ergab sich ein insgesamter Vermögenswert von ca. 406.000 Schweizer Franken.[97]

Für Bender ermöglichte die Fanny-Moser-Stiftung die weitere Ausstattung seines Instituts, und spätestens mit seiner Ernennung zum außerordentlichen Professor für Grenzgebiete der Psychologie 1954 an der Freiburger Universität begründete er dort die Basis für die parapsychologische Forschung in Freiburg. Die akademische Etablierung der Parapsychologie sicherte Bender, als er 1967 an der Universität Freiburg seinen eigenen Lehrstuhl erhielt und bis zu seiner Emeritierung Ordinarius für Psychologie und Grenzgebiete der Psychologie war.[98] Benders akademischer Habitus sowie sein Talent, die kontrovers diskutierten okkulten Forschungsthemen in der Öffentlichkeit gleichermaßen seriös wie unterhaltsam zu präsentieren, brachten ihm den Ruf als führender Vertreter der deutschen Parapsychologie ein – und in der Bevölkerung den populären Beinamen „Gespensterprofessor“. Tatsächlich waren es insbesondere die Spukfälle und Benders Vor-Ort-Untersuchungen, die große öffentliche Resonanz erfuhren und das Freiburger Institut und seinen Direktor berühmt machten.[99] Zumeist fuhr Bender in Begleitung von Experten (häufig auch Medienvertreter) zu den Betroffenen, ließ sich die gleichermaßen faszinierenden wie verstörenden Vorgänge schildern, dokumentierte seine Arbeit auf modernste Weise mittels Ton- und Bandaufnahmen und führte nicht zuletzt psychodiagnostische

96 Archiv des IGPP, E/20_10 „Stiftung und Erbschaft Fanny Hoppe-Moser (1956–1957)“, Urkunde des Notariats München II, 16.11.56.

97 Vgl. ebd.

98 Zur Rolle Benders in der akademischen Parapsychologie sowie an der Universität Freiburg und als Direktor des IGPP siehe Lux 2021.

99 Zuletzt dokumentiert in Fischer/Vaitl 2021.

Abb. 7: Hans Bender vor Mosers Portrait in seinem Freiburger Institut.

Tests durch, die ihn als ernsthaften Vertreter der akademischen Psychologie markierten, deren wissenschaftlicher Methoden er sich bei den Spukuntersuchungen bediente. Ganz in Mosers Sinne war es ihm gelungen, das Spukthema und die von Moser vorbereiteten Überlegungen voranzutreiben. Wie Moser war auch Bender prinzipiell von der Realität okkulter Phänomene überzeugt; was die wissenschaftlichen Methodenzugänge, Rekonstruktionen und Analysen betrifft, war Bender allerdings konsequenter. Gleichwohl übernahm und intensivierte er auch zentrale Annahmen, wie sie in Mosers Publikationen über Spuk bereits vorbereitet worden waren. Das Konzept von sogenannten Fokuspersonen (nicht selten pubertierende Jugendliche), deren krisenhafte Konstitution Spukerscheinungen forcieren würde, kann hier beispielhaft genannt werden, wenngleich Bender die entsprechenden Vorstellungen deutlicher als Moser mit dezidiert wissenschaftlichen (etwa tiefenpsychologischen) Theorien zu begründen vermochte. (Ebenso teilte Bender Mosers Interesse an physikalischen, insbesondere quantenmechanischen Erklärungsansätzen.)

Mosers Wunsch, wonach Bender ihr unvollständiges Spukmanuskript beenden möge, erfüllte sich nicht. Zu fragmentarisch, zu vage, zu fallorientiert waren ihre Vorarbeiten und die Deutungsversuche, ihre Fragen zudem geprägt von persönlichen Erlebnissen und das Werk insgesamt nicht frei von weltanschaulichen Auslegungen. Davon abgesehen wurde Bender als Direktor, Professor und Forschender immer mehr mit anderen Aufgaben konfrontiert, war aufgrund geringer personeller und finanzieller Ressourcen des kleinen Instituts immens eingespannt und verfolgte inhaltlich natürlich seine eigene Agenda. Nichtsdestotrotz fühlte er sich Mosers Legat gegenüber dankbar und verbunden und sorgte schließlich in den 1970er Jahren – jeweils mit einer ausführlichen Einleitung und Würdigung – für eine Neuauflage von Mosers *„Okkultismus“* (Moser 1974) und *„Spuk“* (Moser 1977). War Fanny Moser zu Lebzeiten vielleicht nicht die volle Aufmerksamkeit als Spukforscherin gegönnt, sicherte sie sich spätestens mit Benders Referenz ihre Stellung als Verfasserin von zwei wesentlichen Standardwerken der deutschen Parapsychologie des 20. Jahrhunderts.

Es soll schließlich nicht unerwähnt bleiben, dass es Bender gelang, für sein privat finanziertes Forschungsinstitut das Legat einer zweiten Mäzenin einzuwerben. Seit Mitte der 1990er Jahre wird die Arbeit des IGPP (neben Spenden und Drittmitteln) vorrangig von der Holler-Stiftung finanziert. Die großzügige Mäzenin Asta Holler war – ähnlich wie Fanny Moser – von den okkulten Phänomenen fasziniert, wenngleich sie damit eher Fragen der privaten Lebens- und Entscheidungshilfe (etwa mittels Horoskopen und spiritueller Praktiken) und – anders als Moser – kein eigenes wissenschaftliches Vermächtnis verband.[100] Die Arbeiten Hans Benders und seines parapsychologischen Instituts, insbesondere den Informations- und Aufklärungsaspekt, empfand Holler dennoch als gleichermaßen notwendig wie gesellschaftlich relevant und bestimmte das IGPP deshalb als Begünstigten ihrer ansehnlichen Stiftung. Auf der Grundlage dieser Stiftung konnte das bis dato regelmäßig unterfinanzierte Institut wegweisende strukturelle und personelle Änderungen vornehmen, die Grenzgebietsforschung auch nach Benders Tod auf eine interdisziplinäre und innovative Basis stellen sowie fortlaufend verstetigen – eine Entwicklung, die wohl ganz fraglos in Mosers Sinne sein dürfte und deren wissenschaftliches Vermächtnis hinsichtlich einer „Wissenschaft der Zukunft“ sicherstellt.

Literatur

Altmann, W. (1936). *Kurzgefaßtes Tonkünstler-Lexikon. Für Musiker und Freunde der Musik.* Gustav Bosse.

Appignanesi, L./Forrester, J. (2000). *Die Frauen Sigmund Freuds.* Econ.

Balsiger, R. N. (1986). Nachwort. In M. Moser, *Ich habe gelebt* (S. 259–298). Limmat.

Bauer, E. (1974). *Das große Buch des Okkultismus, Supplement zum Reprint 1974 der Ausgabe von 1935.* Walter.

[100] Zu Asta Holler vgl. Lux (2021: 165–167) sowie Edelmann (2011).

Bauer, E. (1986). Ein noch nicht publizierter Brief Sigmund Freuds über Mesmerismus. *Freiburger Universitätsblätter, 93*, 93–110.

Baum, M. (1950). *Leuchtende Spur. Das Leben Ricarda Huchs*. Wunderlich.

Birn, M. (2015). *Die Anfänge des Frauenstudiums in Deutschland*. Universitätsverlag Winter.

Blosser, U./Gerster, F. (1985). *Töchter der guten Gesellschaft. Frauenrolle und Mädchenerziehung im schweizerischen Grossbürgertum um 1900*. Chronos.

Breuer, J./Freud, S. (1895). *Studien über Hysterie*. F. Deuticke.

Bugmann, M. (2015). *Hypnosepolitik. Der Psychiater August Forel, das Gehirn und die Gesellschaft (1870–1920)*. Böhlau.

Edelmann, H. (2011). *Vermögen und Vermächtnis. Leben und Werk der Stifter Christian und Asta Holler*. Oldenbourg.

Ellenberger, H. F. (1985). *Die Entdeckung des Unbewußten. Geschichte und Entwicklung der dynamischen Psychiatrie von den Anfängen bis zu Janet, Freud, Adler und Jung*. Diogenes.

Fischer, A./Vaitl, D. (2021) (Hrsg.). *Spuk! Die Fotografien von Leif Geiges*. Michael Imhof.

Hahn, M./Schüttpelz, E. (Hrsg.) (2009). *Trancemedien und neue Medien um 1900. Ein anderer Blick auf die Moderne*. transcript.

Hasler, E. (2019). *Tochter des Geldes. Mentona Moser – die reichste Revolutionärin Europas*. Nagel & Kimche.

Kampmann, C. (2018). *Adolf Harnack zur „Frauenfrage". Eine kirchengeschichtliche Studie*. Evangelische Verlagsanstalt.

Kugel, W. (1998). *Hanussen. Die wahre Geschichte des Hermann Steinschneider*. Grupello.

Kutschera, U. (2016). *Das Gender-Paradoxon. Mann und Frau als evolvierte Menschentypen*. LIT.

Lux, A. (2021). *Wissenschaft als Grenzwissenschaft. Hans Bender (1907–1991) und die deutsche Parapsychologie*. De Gruyter.

Meinl, S./Hechelhammer, B. (2014). *Geheimobjekt Pullach. Von der NS-Mustersiedlung zur Zentrale des BND*. Links.

Mertens, L. (2006). Die Anfänge des Frauenstudiums in Deutschland im 20. Jahrhundert. In I. Nagelschmidt (Hrsg.), *100 Jahre Frauenstudium an der Alma Mater Lipsienis* (S. 33–55). Leipziger Universitätsverlag.

Moll, A. (1924). *Der Spiritismus*. Franckh.

Moser, F. (1902). *Beiträge zur vergleichenden Entwicklungsgeschichte der Wirbeltierlunge (Amphibien, Reptilien, Vögel, Säuger)*. Friedrich Cohen.

Moser, F. (1903). *Eine Kulturaufgabe der Frau. Ein Wort an die Frauen*. Reinhardt.

Moser, F. (1915). Neue Beobachtungen über Siphonophoren. *Sitzungsberichte der Königlich Preussischen Akademie der Wissenschaften, Physikalisch-Mathematische Klasse, 40*, 652–660.

Moser, F. (1917). Die Siphonophoren der Adria und ihre Beziehungen zu denen des Weltmeeres. *Sitzungsberichte der Kaiserlichen Akademie der Wissenschaften in Wien, Mathematisch-naturwissenschaftliche Klasse, Abteilung 1, 126*, 703–763.

Moser, F. (1923–1925). Siphonophora. In W. Kükenthal/T. Krumbach (Hrsg.), *Handbuch der Zoologie* (S. 1–52). De Gruyter.

Moser, F. (1925). *Die Siphonophoren der deutschen Südpolar-Expedition 1901–1903. Zugleich eine neue Darstellung der ontogenetischen und phylogenetischen Entwickelung dieser Klasse.* Deutsche Südpolar-Expedition, Bd. 17, Zoologie Bd. 9. De Gruyter.

Moser, F. (1935). *Der Okkultismus. Täuschungen und Tatsachen* [2 Bde.]. Ernst Reinhardt.

Moser, F. (1936). Wie ich zum Okkultismus kam. *Schweizer Spiegel, 12*, Okt. 1936, 30–38.

Moser, F. (1950a). *Spuk. Irrglaube oder Wahrglaube? Eine Frage der Menschheit.* Gyr.

Moser, F. (1950b). Mein Weg zum Okkultismus. *Neue Wissenschaft, 1*, 3–8.

Moser, F. (1952). Spuk in neuer Sicht. *Du, 11*, November 1952, 11–14, 62–64.

Moser, F. (1974). *Das grosse Buch des Okkultismus. Originalgetreue Wiedergabe des zweibändigen Werkes Okkultismus – Täuschungen – Tatsachen.* Walter.

Moser, F. (1977). *Spuk. Ein Rätsel der Menschheit.* Walter.

Moser, M. (1986). *Ich habe gelebt.* Limmat.

Moser, M. (1987). *Unter den Dächern von Morcote. Meine Lebensgeschichte.* Dietz.

N.N. (1897). *Dritter Internationaler Congress für Psychologie in München vom 4. bis 7. August 1896.* Lehmann.

Pytlik, P. (2005). *Okkultismus und Moderne. Ein kulturhistorisches Phänomen und seine Bedeutung für die Literatur um 1900.* Schöningh.

Ranneberg, M. (2022). Fanny Hoppe-Moser (1872–1953) und ihre „Vaterstadt“. In Historischer Verein des Kantons Schaffhausen (Hrsg.), *Schaffhauser Geschichte im Fokus. Festschrift für Hans Ulrich Wipf* (S. 205–220). Chronos.

Rogger, F./Bankowski, M. (2010). *Ganz Europa blickt auf uns! Das schweizerische Frauenstudium und seine russischen Pionierinnen.* Hier und Jetzt.

Sawicki, D. (2002). *Leben mit den Toten. Geisterglauben und die Entstehung des Spiritismus in Deutschland 1770–1900.* Schöningh.

Sawicki, D. (2003). Spiritismus und das Okkulte in Deutschland, 1880–1930. *Österreichische Zeitschrift für Geschichtswissenschaften, 14*(4), 53–71.

Schellinger, U. (2017). „Das Wunder in konzentrierter Form“, Fanny Moser und das Charlottenburger Medium Martha Fischer (1866–1943). *Zeitschrift für Anomalistik, 17*, 338–349.

Scherb, U. (1999). „Principielle Bedenken“: Akademische und staatliche Willensbildung auf dem Wege zum Frauenstudium an der Universität Freiburg. *Freiburger Universitätsblätter, 145*, 109–118.

Scherb, U. (2002). *„Ich stehe in der Sonne und fühle, wie meine Flügel wachsen“. Studentinnen und Wissenschaftlerinnen an der Freiburger Universität von 1900 bis in die Gegenwart.* Ulrike Helmer.

Schmelz, A. (2021). Rebellin gegen Klassenverhältnisse. Mentona Moser (1874–1971), Eine Pionierin der internationalen Sozialen Arbeit. *Soziale Arbeit, 70*(9), 337–349.

Schmied-Knittel, I. (2021). Zwischen Science und Séance. Die Biologin und Parapsychologin Fanny Moser (1872–1953). In M. Lessau/P. Redl/H.-C. Riechers (Hrsg.), *Heterodoxe Wissenschaft in der Moderne* (S. 69–90). Wilhelm Fink.

Schmied-Knittel, I. (2022). Occultism as a Ressource. The Parapsychologist Fanny Moser (1872–1953). *Journal for Anomalistics 22*, 286–307.

Schrenck-Notzing, A. von (1914). *Materialisationsphänomene. Ein Beitrag zur Erforschung der mediumistischen Teleplastie.* Reinhardt.

Schröder, C. (1935). Beantwortung von Anfragen und kurze Stellungnahme allgemeinen Interesses zu Briefeingängen. *Zeitschrift für metapsychische Forschung, 6*, 280.

Schröder, C. (1936). Beantwortung von Anfragen und kurze Stellungnahme allgemeinen Interesses zu Briefeingängen. *Zeitschrift für metapsychische Forschung, 7*, 87–88.

Tanner, J. (1986). Die „Alkoholfrage" in der Schweiz im 19. und 20. Jahrhundert. In H. Fahrenkrug (Hrsg.), *Zur Sozialgeschichte des Alkohols in der Neuzeit Europas* (S. 147–168). Fachstelle für Alkoholprobleme.

Tischner, R. (1976). *Ergebnisse okkulter Forschung. Eine Einführung in die Parapsychologie.* Wissenschaftliche Buchgesellschaft.

Verein Frauenbildung – Frauenstudium (1910). *Der Verein Frauenbildung – Frauenstudium. Sein Vorstand, Seine Abteilungen, Seine Zwecke.* N.N.

Vogt, A. (2007). Wissenschaftlerinnen an deutschen Universitäten (1900–1945). Von der Ausnahme zur Normalität. In R. C. Schwinges (Hrsg.), *Examen, Titel, Promotionen: Akademisches und staatliches Qualifikationswesen vom 13. bis zum 21. Jahrhundert* (S. 707–729). Veröffentlichungen der Gesellschaft für Universitäts- und Wissenschaftsgeschichte.

Vogt, O. (1897). Die directe psychologische Experimentalmethode in hypnotischen Bewusstseinszuständen. *Zeitschrift für Hypnotismus, 5*, 180–218.

Walther, G. (1960). *Zum anderen Ufer. Vom Marxismus und Atheismus zum Christentum.* Reichl.

Wanner, O. (1981). Fanny Moser. In Historischer Verein des Kantons Schaffhausen (Hrsg.), *Schaffhauser Biographien, Vierter Teil* (S. 163–172). Karl Augustin.

Wecker, R. (2007). Die Schweiz, das europäische Land des Frauenstudiums. In I. Nagelschmidt (Hrsg.), *100 Jahre Frauenstudium an der Alma Mater Lipsiensis* (S. 233–252). Leipziger Universitätsverlag.

Bildnachweise

Abb. 1: Archiv des IGPP, Bestand 10/3 (Nachlass Fanny Moser)

Abb. 2: Archiv des IGPP, Bestand 10/3

Abb. 3: Archiv des IGPP, Bestand 10/3

Abb. 4: Archiv des IGPP, Bestand 10/3

Abb. 5: Archiv des IGPP, Bestand 10/3

Abb. 6: Archiv des IGPP, Bestand 10/3

Abb. 7: Institut für Grenzgebiete der Psychologie und Psychohygiene e.V.

Fanny Hoppe-Mosers „Cassandra“. Annäherung an eine Fragment gebliebene Selbstvorstellung

Mandy Ranneberg

Kurz nachdem im Juni 1940 die Sirenen die Bevölkerung der damaligen „Hauptstadt der Bewegung“ erneut in die Luftschutzkeller riefen, begann die damals schon betagte Fanny Hoppe-Moser (1872–1953) in ihrem Münchner Zuhause mit dem Abfassen ihrer Memoiren. Später betitelte sie die unvollendet gebliebene Arbeit mit „Cassandra, Ein Frauenleben in drei Generationen 1805–195?“ und übergab das Fragment einer Autorin, die auf Grundlage dieser und anderer Selbstzeugnisse Hoppe-Mosers eine Biografie erstellen sollte.[1] Grob unterteilt umfasst das „Cassandra“-Fragment erzählende Ausführungen zum Leben von Familienmitgliedern sowie Textstellen, in denen Hoppe-Moser auf bestimmte Ereignisse Bezug nimmt und ihre Gefühle thematisiert. Darüber hinaus finden sich Reflexionen, in denen die Autobiografin Aspekte ihres Lebens einer Deutung unterzieht. Dies macht das Manuskript trotz seines fragmentarischen Status zu einem interessanten Zeugnis ihrer Selbstauffassung und einer Quelle für all jene, die sich mit ihrem Leben und Wirken auseinandersetzen.

Das Dokument umfasst eine Fotografie, den Titelblatt-Entwurf, vier Seiten Einleitung und sechs Seiten Haupttext. Die um Anrede und Widmung ergänzte Einleitung und der unter die Überschrift „Ein Frauenleben in drei Zeitwenden mit seinen Hintergründen“ gestellte Haupttext (im Original unterstrichen) wurden in einem ersten Schritt mit Maschine getippt und danach mehrfach handschriftlich überarbeitet. Dies wirkt sich auf die Lesbarkeit einzelner Wörter und Passagen aus und ist verantwortlich dafür, dass der Originaltext teils schwer zu entziffern ist. Da dieser Beitrag auf den Wortlaut des Manuskripts Bezug nimmt und weil davon auszugehen ist, dass das Fragment auch weiterhin als Quelle genutzt werden wird, habe ich eine Edition erarbeitet, die unter dem Titel „Edition Cassandra“ gesondert publiziert wurde und auf der Homepage des Moser Familienmuseums Charlottenfels eingesehen werden kann.[2]

---

1 [Anmerkung der Herausgeberin: Das Manuskript befindet sich heute im Archiv des Instituts für Grenzgebiete der Psychologie und Psychohygiene (IGPP) in Freiburg i.Br. (Archiv des IGPP, 10/3 „Nachlass Fanny Moser“, autobiografisches Manuskript „Cassandra“). Moser hatte dem IGPP ihren wissenschaftlichen Nachlass vermacht, und das Manuskript gelangte unter besonderen Umständen ans IGPP (s. unten). Die Erstellung der Edition und Veröffentlichung der Quelle erfolgen mit freundlicher Genehmigung des IGPP.]

2 https://charlottenfels-museum.ch/wp-content/uploads/edition-cassandra.pdf. Mit den nachfolgend in den Fußnoten verwendeten Angaben: „Seite.Zeile“ wird auf Textstellen dieser Ausgabe verwiesen.

Abb. 1: Porträt Hoppe-Mosers aus dem Jahre 1944 (Foto: Margarethe Fellerer).

Bedingt durch den fragmentarischen Status ist auch die Bedeutung manchen Inhalts nicht einfach zu erschließen: Was beispielsweise hat es mit dem Untertitel „Ein Frauenleben in drei Generationen"[3] auf sich, welche „Gewalten"[4] werden im Motto beschworen, und wieso bedient sich Hoppe-Moser einer Terminologie, die auf höhere Mächte verweist? Um sich der Bedeutung solcher Textstellen anzunähern und bestenfalls Deutungsangebote zu unterbreiten, werden in diesem Beitrag Streiflichter auf einzelne Lebensstationen geworfen und neben dem autobiografischen Fragment auch andere Selbstzeugnisse zu

[3] 1.b
[4] 1.d

Rate gezogen. Zu Beginn aber wird der Frage nachgegangen, was Hoppe-Moser veranlasste, sich über ihres Lebens Lauf zu äußern und in welchem Zeitrahmen das Manuskript entstanden ist.

Zur Datierung

Die Entstehung des im IGPP-Nachlass befindlichen Manuskripts umfasst zwei Phasen. Wie von der Autorin jeweils zu Beginn von Einleitung und Haupttext vermerkt, begann sie im „Juli 1940“[5] bzw. „Ende Juli 1940“[6] mit der Niederschrift. Auch die aufgeklebte Textpassage[7] kann auf das Jahr 1940 datiert werden: Dort nämlich erwähnt Hoppe-Moser das Ordnen und Registrieren der Kompositionen ihres verstorbenen Ehemannes Jaroslav „Jara“ Hoppe (1878–1926). Es liegt nahe, dass sie damit jene Aufarbeitung des künstlerischen Nachlasses meinte, über die sie rückblickend im Dezember 1940 ihren in Prag lebenden Schwager informierte.[8] Ob Hoppe-Moser an Einleitung und Haupttext nach 1940 nochmals intensiv arbeitete, lässt sich abschließend nicht feststellen. Folgende Textstellen deuten zumindest darauf hin, dass dies nicht der Fall war. So schrieb sie im Sommer 1940 von der letzten Ruhestätte ihres Vaters als dem „Ehrengrab seiner dankbaren Vaterstadt“[9], vermerkte später aber nicht, dass die Aufhebung des Grabes und die Anlage einer Familiengrabstätte in Planung war.[10] Ähnlich verhält es sich mit der Zueignung: 1940 widmete sie die Einleitung der „Freundin, Fr. H. Kornhardt in München“;[11] 1942 oder später ergänzte sie an entsprechender Stelle aber nicht, dass diese Freundin inzwischen verstorben war. Nachweisbar ist, dass Hoppe-Moser ihre Arbeit im Winter 1943/44 offenbar nicht mehr weiterverfolgte und mit den Worten „Sollte ich je meine Memoiren schreiben“ als eine noch zu erledigende Aufgabe einstufte.[12]

Zur zweiten Arbeitsphase führt der Entwurf des Titelblattes, der vom übrigen Manuskript abweicht, da er auf einem Papierbogen höherer Qualität und ausschließlich handschriftlich erstellt wurde. Auf dem Blatt findet sich kein direkter Hinweis auf den Zeitpunkt seiner Entstehung. Die Autorin stellte mit diesem Entwurf ihre Fragment gebliebene Arbeit aber unter einen neuen Titel – den Haupttext nämlich hatte sie 1940 mit „Ein Frauenleben in drei Zeitwenden

5 2.b
6 6.1
7 5.24–5.36
8 Archiv des IGPP, 10/3, Moser Hoppe an Viktor Hoppe, 28.12.1940.
9 6.35–36
10 An anderer Stelle hatte sie das getan: Archiv des IGPP, 10/3, Curriculum Vitae (o. D.) — Zur Geschichte der Grabstätten vgl. Ranneberg 2022.
11 2.a
12 Archiv des IGPP, 10/3, Tagebuch 1943–1947, o. D. [Ende 1943/Anfang 1944].

mit seinen Hintergründen"[13] bereits tituliert. Und die gleich darunter gesetzte Passage[14] zeigt, dass Hoppe-Moser seinerzeit auch schon einen Sinnspruch ausgewählt hatte, den sie zu Gunsten des Mottos[15] auf dem Titelblatt dann offenbar aufgab.

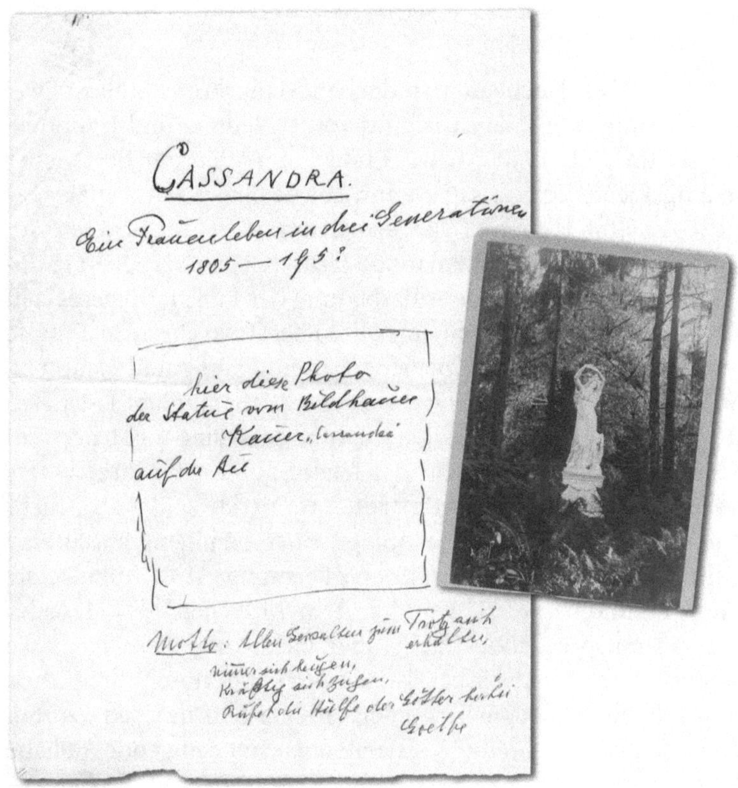

CASSANDRA.

Ein Frauenleben in drei Generationen
1805 – 195?

hier diese Photo
der Statue vom Bildhauer
Kauer „Cassandra"
auf der Art

Motto: Allen Gewalten zum Trotz sich erhalten,
nimmer sich beugen,
kräftig sich zeigen,
rufet die Hülfe der Götter herbei
Goethe

Abb. 2: Hoppe-Mosers Entwurf des Titelblattes mit der als Titelbild vorgesehenen Fotografie der „Cassandra".

Von dem Titel, den die Autorin im Sommer 1940 über den Haupttext platzierte, ist bekannt, dass er Ende Oktober desselben Jahres noch Gültigkeit besaß.[16] Angesichts der wörtlichen und inhaltlichen Nähe lässt sich schließen, dass der auf dem Titelblatt ergänzte Untertitel „Ein Frauenleben in drei Generationen 1805–195?"[17] eine Variante des Titels von 1940[18] darstellt. Das mit Blick auf

13 6.2–3; im Original unterstrichen.

14 6.5–19

15 1.d

16 Archiv des IGPP, 10/3, Tagebuch 1883–1942, 24.10.1940. In diesem Eintrag betitelte sie ihre „Erinnerungen" mit „Ein Leben in drei Zeitwenden".

17 1.b

18 6.2–3

den (eigenen) unbekannten Todeszeitpunkt in Frage gestellte Jahr „195?“ wiederum legt nahe, dass das Blatt in den frühen 1950er Jahren entstanden ist. Und tatsächlich lässt sich belegen, dass Hoppe-Moser das Manuskript seinerzeit wieder zur Hand nahm und die wesentlichen Bestandteile des Titelblattes spätestens 1952 feststanden. Diese Bearbeitung führte aber nicht zur Fertigstellung ihrer Autobiografie, sondern dazu, eine Biografie neu in Auftrag zu geben. Über ein solches Projekt hatte Hoppe-Moser 1951 mit Hans Bender (1907–1991) gesprochen, dem Leiter des ein Jahr zuvor gegründeten privaten Instituts für Grenzgebiete für Psychologie und Psychohygiene. Bender wiederum gelang es, den Zürcher Max Rascher (1883–1962) als Verleger dafür zu interessieren. Zunächst blieb aber unklar, wer die Biografie verfassen sollte.[19]

Im Mai 1952 lud Hoppe-Moser zur Feier ihres 80. Geburtstages nach Zürich. Der Einladung folgte auch Dr. Marie Baum (1874–1964), die die Jubilarin während ihrer Zürcher Studienzeit kennengelernt hatte.[20] Kurz danach erhielt Baum einen Brief, in dem Hoppe-Moser die Biografin der gemeinsamen Freundin Ricarda Huch (1864–1947) als Verfasserin auch ihrer Lebensgeschichte zu gewinnen suchte.[21] Als zugrunde liegendes Material sah sie Interviews, „allerhand Notizen u. Bilder“, „Tagebuchbruchstücke“ und ihr autobiografisches Fragment vor, das sie Baum wie folgt vorstellte: „ich [hatte] 2 mal an so einer Biographie etwas gearbeitet. Das kannst du haben. Titel: Cassandra, mit entsprechendem Bild dieser Statue v. Cauer im Haus m. Mutter [...], als Untertitel: ein Frauenleben in 3 Generationen“.[22] Spätestens zu diesem Zeitpunkt also war die neue Titelei festgelegt.

Die Widmung: „An meine Freundin, Fr. H. Kornhardt in München“

Ihre Arbeit widmete Hoppe-Moser ihrer Freundin Hildegard Kornhardt (1885–1942), an sie – die „Teure!“[23] – ist die Einleitung adressiert. Kornhardt ist als diejenige aufgeführt, die Hoppe-Moser zum Rückblick aufforderte.[24] Das von Kornhardt verfasste „Manuskript der Biographie“[25] Oswald Spenglers war es, das Hoppe-Moser einen Weg aufzeigte, mit der als große Last empfundenen Aufgabe der reflektierten Rückschau überhaupt beginnen zu können. Als die

19 Hinweise zum Biografie-Projekt: vgl. Archiv des IGPP, 10/3, Korrespondenz mit Marie Baum, 6./7.6.1952.

20 Moser Familienmuseum Charlottenfels [im Folgenden abgekürzt: MFMCh, Nachlass Barbara „Betty“ Suttner (1894–1978) [im Folgenden abgekürzt: NLBS], 0137, Baum an Suttner, 26.2.1953. Vgl. auch Archiv des IGPP, 10/3, Korrespondenz mit Marie Baum, 6./7.6.1952.

21 Baum (1950) hatte unter dem Titel „Leuchtende Spur“ Ricarda Huchs Biografie verfasst.

22 Archiv des IGPP, 10/3, Korrespondenz mit Marie Baum, 6./7.6.1952 sowie 28.6.1952.

23 2.3

24 4.3

25 4.16–17

damals frisch verwitwete Hoppe-Moser Ende 1926 nach München übersiedelte, lebte Kornhardt dort schon einige Zeit mit ihrer Tochter im Haushalt ihres Bruders Oswald Spengler (1880–1936). Ein Kontakt zu den Spengler-Kornhardts ist spätestens im Januar 1936 nachweisbar. Als Autorin des ein Jahr zuvor erschienenen Okkultismus-Buches freute sich Hoppe-Moser seinerzeit über die lobenden Worte des viel gelesenen und kontrovers diskutierten Philosophen und über sein Interesse an einem persönlichen Gespräch: „Kurz vor seinem plötzlichen Tod", schreibt sie in ihrem 1950 erschienenen Spuk-Buch, „hatte er mich [...] besucht", wobei sich herausstellte, „dass für ihn die Existenz des Spuks ausser Frage stand" (Moser 1950: 14).[26] Während ein weiterer Besuch aufgrund von Spenglers Ableben nicht mehr zustande kam, standen spätestens seit dieser Zeit Kornhardt und Hoppe-Moser in regelmäßigem Kontakt.[27]

Abb. 3: Hoppe-Mosers Freundin Hildegard Kornhardt (rechts) mit ihrer gleichnamigen Tochter.

[26] Zu Spenglers Interesse vgl. auch Münchner Stadtbibliothek / Monacensia, Nachlass Hans Ludwig Held, Hoppe-Moser an Held, o. D. [28.01.1936].

[27] Ebd., Hoppe-Moser an Held, 12.5.1936 sowie ebd. Hoppe-Moser an Held, o. D. [nach dem 19.5.1936]. — Mit dem Umzug von der Münchner Widenmayerstraße in ein Haus, das dem Hoppe-Mosers benachbart war, näherten sich ihr die Kornhardts Ende 1936 auch räumlich an.

Hildegard Kornhardt hatte im letzten Jahr des Ersten Weltkrieges ihren Ehemann verloren und sorgte seitdem allein für das gemeinsame Kind. Im Haushalt des Bruders war sie damit beschäftigt, seine Gespräche mit prominenten Gästen zu protokollieren, Diktate zu verschriftlichen und zusammen mit ihrer gleichnamigen Tochter, der späteren promovierten Philologin Hildegard Kornhardt (1910–1959), Spenglers Manuskripte und post mortem seine Hinterlassenschaft aufzuarbeiten. Die in Hoppe-Mosers Nachlass befindlichen Porträtfotos, die Korrespondenz und Kornhardts geistreich-witzige Karikaturen zeugen von einem herzlichen, vertrauten Umgang zwischen den drei Damen.[28] Zudem waren Kornhardt Senior und Hoppe-Moser Leidensgenossinnen, die „schmerzlichstes"[29] verband – sei es die als lieblos empfundene Mutter, die den „ungeratenen Töchter[n]" mit Enterbung gedroht hatte, oder die Erinnerung an ein „selten glückliches Zusammenleben" mit dem jeweils viel zu früh verstorbenen Ehemann.[30] Mit Blick auf den damals politisch umstrittenen Porträtierten zeugt aber auch der gewährte Einblick in das von Kornhardt Senior verfasste „Manuskript"[31] zu „Oswald Spenglers Jugend und Reife"[32] von Vertrauen. Dass die Freundin in dieser Lebensbetrachtung „schmerzlichstes nicht"[33] umging, sondern „Diskret und mit zarter Hand [...] im höheren Interesse das Nötigste"[34] aussprach, beeindruckte Hoppe-Moser derart, dass sie es – trotz resoluter „Abwendung von der Vergangenheit"[35] – überhaupt erst in Betracht zog, den Sprung ins lästige „Erinnerungsheu"[36] zu wagen.

So wie Kornhardts Herangehensweise Hoppe-Moser seinerzeit überzeugte, war sie ein Jahrzehnt später in Kenntnis der Art und Weise, mit der sich die Biografin Marie Baum dem Leben Ricarda Huchs genähert hatte, sicher, dass diese auch in ihrem Fall „das Schlimmste [...] entsprechend zu behandeln" wüsste.[37] Bei der Wahl spielte eben auch persönliche Vertrautheit eine große Rolle, denn – so Hoppe-Moser an Baum – „die Sache [ist] so, dass ich unmöglich einem Fremden [...] mein Leben, das doch ein tragisches ist, einfach erzählen könnte. Ihnen könnte ich es ohneweiteres."[38]

---

28 Vgl. Archiv des IGPP, 10/3 und MFMCh NLBS.

29 4.18

30 Die beiden letzten Zitate stammen aus Koktanek 1968: Anm. 3, S. 22f. sowie Spengler 1963: 95.

31 4.16

32 Koktanek 1968: XIII.

33 4.18

34 4.19–4.20

35 2.34

36 3.9

37 „[...] mit der Zuversicht, dass Sie das Schlimmste [...] entsprechend zu behandeln wüssten, nämlich meine schreckliche Mutter und die frühe Vergangenheit, die ja eine grosse Rolle im Verborgenen gespielt haben, und doch nicht ganz übergangen werden können." Archiv des IGPP, 10/3, Korrespondenz mit Marie Baum, 6./7.6.1952.

38 Ebd.

Hoppe-Mosers Schicksalsglaube

An der Entscheidung, „Cassandra" in Wort und Bild auf der Titelseite zu platzieren, wird deutlich, dass die Autorin sowohl der in Stein gemeißelten Figur wie ihrer mythologischen Bedeutung eine wichtige Rolle zuwies. Mit der auf dem Titelbild zu sehenden Statue führt Hoppe-Moser zu einer Episode im Leben ihrer Eltern Heinrich (1805–1874) und Fanny Moser (1848–1925). In Erwartung ihres ersten Kindes – der am 27. Mai 1872 geborenen Fanny – waren die zwei dabei, sich in Neuhausen am Rheinfall ein neues Zuhause einzurichten. Wie die Autobiografin vermerkte, gaben ihre Eltern dem neuen Heim den „ahnungsvollen Namen Cassandra"[39], benannt nach der von Bildhauer Carl Cauer (1828–1885) geschaffenen Statue.[40] Mit Heinrich Mosers Tod im Jahre 1874 kam dann alles anders: Das unvollendet gebliebene Anwesen wurde veräußert, und vom hoffnungsvollen Neubeginn übrig blieben zwei vaterlose Kleinkinder, eine enttäuschte junge Witwe und jenes steinerne Abbild der Cassandra, deren Los es ist, Unheil zu verkünden.[41]

Erneut aufstellen ließ die Witwe die Skulptur auf dem 1887 erworbenen Anwesen auf der Halbinsel Au am Zürichsee. Nach einer „Kindheit voll Einsamkeit, Hemmungen und äusserem Zwang" verlebte Hoppe-Moser hier die gleichfalls als unglücklich erlebten „Mädchenjahre".[42] Als sie im Herbst 1903 die Statue zum letzten Mal sah, hatte sie jenen Teil ihrer Biografie, der unter Führung der Mutter stand, hinter sich gelassen und ihr Leben im Rahmen der damaligen Möglichkeiten selbst in die Hand genommen: Erfolgreich hatte die latinisiert aus der Kurzform erhobene Francisca Moser 1901 in München ihr naturwissenschaftliches Studium mit Promotion abgeschlossen, erste Bücher und Beiträge publiziert, mit der Auswertung des Materials der Siboga-Expedition einen ersten Auftrag erhalten und auf Einladung einer Schweizer Frauenvereinigung „Ein Wort an die Frauen" gerichtet.[43] Darüber hinaus hatte sie lebenslang anhaltende Freundschaften geschlossen und in Jaroslav Hoppe einen Mann fürs Leben gefunden. Nachdem sich das Paar am 27. Oktober 1903 das Jawort gegeben hatte, ging es auf die Au, wo die Brautmutter die Hochzeitsfeier ausrichten ließ. In diesen glücklichen Tagen sah Hoppe-Moser die „Statue der Unglücksbotin [...] zum letzten Mal"[44]– nicht ahnend, dass die Mutter den

39 11.22–23
40 Zu Details und Hintergründen des Anwesens und der Statue vgl. Ranneberg 2022.
41 11.24
42 2.23–26
43 Zu Ludwig-Maximilians-Universität München: Dissertationsurkunde Francisca Moser, 14.12.1901, vgl. Museum zu Allerheiligen Schaffhausen, Inv.-Nr. 20244a. Ein Bericht über einen Vortrag Mosers findet sich in der *Zürcher Wochen-Chronik* Nr. 49, 6.12.1902, S. 387. Eine Ausgabe zuvor wurde ein zweiter Vortrag angekündigt, vgl. *Zürcher Wochen-Chronik* Nr. 48., 29.11.1902, S. 380: „Frl. Dr. Fanny Moser gedenkt einen Vortrag über ‚Das Recht der Mutter' zu halten" – ob sie diesen gehalten hat, ließ sich nicht ermitteln.
44 11.26–28

Vermählten später in vielerlei Notlagen nicht beistehen würde, noch, dass es ihr infolge eines Sturzes im Mädchenalter nicht vergönnt sein würde, Kinder zu bekommen, noch, dass ihr Mann schwer erkranken und viel zu jung sterben würde.[45]

Die mythologische Gestalt „Cassandra“ ist auch ein Sinnbild für das Unabänderliche. Ihr ist das Los auferlegt, kommendes Unheil vorherzusehen und zu verkünden, ohne dass ihren Prophezeiungen Glauben geschenkt wird. Ins Positive gewendet beschwört Hoppe-Moser die Idee des Unabänderlichen in verschiedenerlei Wortgestalt auch in der Einleitung: Vom „guten Stern“[46] ist die Rede, von der „höheren Führung“[47] und „Steuerung“ scheinbarer Zufälle[48] oder alternativ von „Vorsehung, Schicksal – Gott“[49]. Den in der Einleitung gewobenen Schicksalsfaden nimmt sie im Haupttext wieder auf und verknüpft ihn dort mit biografischen Episoden, die sie als Rettungs- und Glücksmomente interpretiert.

Als ein solches – auf „höhere Fügung“[50] zurückzuführendes – Ereignis führt sie die Bekanntschaft mit ihrer Halbschwester Gräfin Sophie Mikes-Moser (1838–1921) an. Dass sie eine Begegnung wie diese überhaupt als außergewöhnlich erleben konnte, hängt auch damit zusammen, dass sie „mit 17 Jahren“[51] erst von ihres Vaters erster Ehe und den fünf Halbgeschwistern erfahren hatte.[52] Im Manuskript gibt Hoppe-Moser an, dass sie die Halbschwester „unter merkwürdigen Umständen, in einem Moment größter Not“[53] kennenlernte; 1952 geht Hoppe-Moser in einem Brief auf dieses Ereignis ein und führt aus, dass sie damals – 1899 oder kurz danach – in ihrer Münchner Studentenbude „fast sterbenskrank an schwerer Grippe“ darnieder lag, dass dann „aus der Versenkung“ die „unbekannte Stiefschwester auftauchte“ und sie „zur Pflege zu sich nahm“.[54]

Auch in anderen Selbstzeugnissen Hoppe-Mosers finden sich solche Deutungsmuster. So betrachtete sie den Erhalt der Münchner Immobilie „Franz-Josefstr. 19 Gartenbau“,[55] in der sie fast 17 Jahre lebte, als Glücksmoment, den sie in eine Aufzählung wie folgt einbettete: „dann, wie ich in schlimmster Zeit, wo

---

45 Zur verweigerten Unterstützung durch die Mutter vgl. Archiv des IGPP, 10/3, Korrespondenz mit Marie Baum, 10.7.1952. Zum Thema Kinderlosigkeit: Archiv des IGPP, 10/3, Tagebuch 1943–47, 26.12.1945. Dort erwähnt sie einen schweren Sturz als ca. 14-Jährige, der „die enttäuschten Hoffnungen auf Kinder 2 Mal zur Folge hatte“.

46 3.17

47 3.27

48 3.31

49 3.35

50 8.1

51 7.14

52 Zu den Hintergründen vgl. Ranneberg 2022.

53 8.1–2

54 Archiv des IGPP, 10/3, Korrespondenz mit Marie Baum, 6./7.6.1952.

55 Archiv des IGPP, 10/3, Tagebuch 1883–1942, o. D. [nach dem Tod der Mutter im März 1925].

auch kaum für Geld Wohnungen zu haben [waren], diese bezaubernde Wohnung in München präsentiert bekam, mit einem Gruss meines verstorbenen Vaters durch eine wildfremde Person".[56] In „schlimmster Zeit" nimmt Bezug auf das Jahr 1925 und ihre damalige Verfassung. Vom mährischen Kroměříž (Kremsier) aus war sie nach Zürich zur Testamentseröffnung und Kremation der verstorbenen Mutter angereist und setzte sich dort zum letzten Male deren – nunmehr post mortem vermittelten – Kränkungen aus.[57] Die Situation verschlimmerte sich, als aus Mähren die Nachricht eintraf, dass ihr schwerkranker Mann die Sterbesakramente empfangen hatte – eine Information, die kurz darauf durch die Mitteilung entschärft wurde, dass sich sein Gesundheitszustand deutlich verbessert habe. Hoppe-Moser hielt sich dann noch wenige Tage in München auf, wo sie unter anderem ihre neue Immobilie besichtigte.[58]

Solche in „wunderbarster Weise [...] immer wieder staunend"[59] erfahrenen Glücksmomente bezifferte Hoppe-Moser in einem Brief aus dem Jahre 1952 auf insgesamt 36 Male.[60] Und auch bevor sie mit dem Abfassen ihrer Memoiren begann, notierte sie Mitte der 1930er Jahre in diesem Sinne: „Mein Leben ist wie ein Märchen – lauter Überraschungen, und hinter Allem wie eine höhere Führung, dass mir manchmal ganz Angst ist. Und doch auf der anderen Seite eine ruhige Zuversicht, dass mir in allen Nöten [...] das Richtige zugeführt wird, oft in unbegreiflicher, kaum vorauszusehender Weise."[61] Hier wie an anderer Stelle ordnete Hoppe-Moser das als außergewöhnlich Erlebte Sinn stiftend in ihres Lebens Lauf ein. Wie im folgenden Abschnitt noch ausgeführt wird, wies sie aber nicht nur dem Glück, sondern auch dem „Unglück"[62] eine produktive Rolle im Leben zu. Die Idee des Unabänderlichen war fester Bestandteil ihrer Lebensauffassung geworden.

Außerdem war die Autobiografin davon überzeugt, dass Tatkraft und Beharrlichkeit eine Rolle in ihrem Leben spielten, denn sie schreibt: „Wir müssen nur ruhig gefasst gläubig am Steuer bleiben, die Richtung nie und den Mut nicht verlieren. Dann ist es, [...] als unterstehen wir einer höheren Führung, die uns nicht aufgibt, wenn wir uns selbst nicht aufgeben".[63] Diese Grundhaltung ist Thema auch des Mottos, auf das im Folgenden eingegangen wird.

---

56 Archiv des IGPP, 10/3, Korrespondenz mit Marie Baum, 6./7.6.1952.

57 Archiv des IGPP, 10/3, Tagebuch 1883–1942, o. D. [nach dem Tod der Mutter im März 1925]. Die Verstorbene hatte verfügt, dass Hoppe-Moser ihr Grab nicht besuchen durfte; „das Testament" selbst beurteilte die Tochter als „furchtbar – noch schlimmer als ich erwartet [habe]".

58 Vgl. ebd.

59 3.28f.

60 Archiv des IGPP, 10/3, Korrespondenz mit Marie Baum, 6./7.6.1952.

61 Münchner Stadtbibliothek / Monacensia, Hoppe-Moser an Held, 11.6.[1936].

62 2.9–10

63 3.24–28

Das Motto: „Allen Gewalten zum Trotz sich erhalten, nimmer sich beugen, Kräftig sich zeigen, Rufet die Hülfe der Götter herbei.“

Die Verse gehen zurück auf die Figur des Magus in Goethes Stück „Lila“. Mit Blick auf das nachweislich bestehende Interesse Hoppe-Mosers an Literatur und Psychologie[64] lohnt es, der literarischen Quelle kurz Aufmerksamkeit zu schenken: In Goethes Festspiel gelingt es der Figur des Magus - einer Mischung aus Therapeut und Regisseur –, die als nicht mehr therapierbar geltende Hauptfigur Lila mittels eines innerhalb des Goethe-Dramas inszenierten Theaterstücks aus den Fängen übermächtiger Hirngespinste heraus und zurück in die Gemeinschaft ihrer Lieben zu führen. Damit das Stück seine therapeutische Wirkung entfalten konnte, hatte sich die lethargische Lila bewusst für den Weg zum neuen Leben zu entscheiden: „Was vermag ich?“, fragt sie und erhält von Magus die Antwort:

> Wenig! Doch erniedrige nicht deinen Willen unter dein Vermögen. // Feiger Gedanken / Bängliches Schwanken, / Weibisches Zagen, Ängstliches Klagen / Wendet kein Elend, Macht dich nicht frei. // Allen Gewalten / Zum Trutz sich erhalten, / Nimmer sich beugen, / Kräftig sich zeigen, / Rufet die Arme / Der Götter herbei. (Goethe 1987: 145)

Ein ähnlich mahnendes Gegenüber schuf sich Hoppe-Moser in den Tagebüchern der 1920er und 1940er Jahre: Sei es mittels eingeklebter Zeitungsausschnitte wie etwa der Beitrag über Joseph Schereschewsky (1831–1906),[65] der sich trotz starker körperlicher Einschränkung nicht aufgab und Großes vollbrachte, oder mittels persönlicher Ermahnungen wie den folgenden: „Ich [...] werde das Leben doch bezwingen, und, trotz Allem, es mit starker Hand gestalten und mein Ziel erreichen“, „Durchhalten — Zähne zusammenbeissen“[66] oder „Keine Sentimentalitäten. Es muss durchgehalten werden!“[67]

Angesichts solch selbstdisziplinarischer Zurufe stellt sich die Frage, welchen im Motto beschworenen Gewalten Hoppe-Moser im Leben zu trotzen hatte.

---

[64] Zu Hoppe-Mosers Interesse an Psychologie vgl. Tanner 2005: 101–102 sowie Anm. 86: „Offenbar war sie [Hoppe-Moser] an psychologischen Fragen interessiert, denn im August 1896 nahm sie am 3. Internationalen Kongreß für Psychologie in München teil“, zudem verfasste Hoppe-Moser einen analytischen Bericht „über ihre Erfahrungen unter Hypnose“. — Das Interesse ist auch in den 1920er Jahren nachweisbar: Auf einer Liste auszuarbeitender Beiträge finden sich zwei Artikel über psychoanalytische Themen, vgl. Archiv des IGPP, 10/3, Tagebuch 1883–1942, 5.9.1920. — Zu Hoppe-Mosers Interesse an Belletristik: In Hoppe-Mosers Tagebüchern finden sich zahlreiche Abschriften von Zitaten aus der klassischen und zeitgenössischen Literatur (Archiv des IGPP, 10/3, Tagebuch 1893–1942). — Zum Goethe-Zitat: Abschließend ist nicht zu klären, ob Hoppe-Moser das Drama kannte oder nur die seinerzeit populären Vertonungen; da sie Goethe mehrfach bspw. in ihrem Okkultismus-Buch oder in ihren Tagebüchern zitierte, darf man sie gewiss als Goethe-Fan bezeichnen.

[65] Archiv des IGPP, 10/3, Tagebuch 1943–1947.

[66] Archiv des IGPP, 10/3, Tagebuch 1883–1942, Einträge „Neujahrsmorgen 1920“ und 27.8. [1922].

[67] Archiv des IGPP, 10/3, Tagebuch 1943–1947, Eintrag „Weihnacht 1944“.

Als beispielhaft darf sicher ihre Bemühung gelten, im Jahre 1896 in Freiburg im Breisgau ein reguläres Studium aufzunehmen. Den Maturitätsnachweis hatte sie vorgelegt, den Semesterbeitrag gezahlt und sich fristgerecht eingetragen. Kurz darauf degradierte sie das akademische Direktorium von einer regelrecht Immatrikulierten zur Hospitantin. Das ließ sich die junge Frau nicht gefallen und las den Herren die Leviten: In den „‚Akademischen Vorschriften' für die Grossherzoglich-Badischen hohen Schulen"' ist „keine Bestimmung enthalten [...], welche Angehörige des weiblichen Geschlechts von der Immatrikulation ausschließt". Auch ließe sich – so Hoppe-Moser weiter – „aus dem Gebrauch des Wortes ‚der Studierende' [...] kein Einwurf ableiten [...] gegen den Vollzug meiner Immatrikulation, da bekanntlich [...] unter einer derartigen Bezeichnung immer Personen beiderlei Geschlechts verstanden werden."[68] Trotz geistreicher Einwände gelang es ihr freilich nicht, das Direktorium zur regulären Immatrikulation einer Frau im Deutschen Kaiserreich zu bewegen. Also wechselte sie an eine Schweizer Universität, wo sie regelrecht immatrikuliert wurde und jene Prüfungen ablegen konnte, die ihr in München dann die Promotion ermöglichten. Dem Jahrzehnte später zum Motto erhobenen Gedanken „Allen Gewalten zum Trotz"[69] entsprechend, hatte der junge Moser-Kopf mit Beharrlichkeit und Tatkraft sein Ziel erreicht.

Erfolg war aber nicht zu erwarten, wenn es sich um Mächte handelte, denen so nicht beizukommen war. Dazu zählte sicher die Ohnmacht, die Hoppe-Moser von Kindesbeinen an dem unabwendbar folgenreichen Tun und Lassen der Mutter gegenüber empfand, ihre Hilflosigkeit gegenüber dem unabänderlich sich verschlechternden Gesundheitszustand ihres Mannes und nicht zuletzt das Ausgeliefertsein an ihre eigene „miserable Gesundheit", die „von Kindheit an" eine der wichtigsten Nebenrollen in ihrem Leben spielte und die sie verantwortlich machte für zahlreiche „Störungen und Hemmungen".[70] In den Reflexionen der Einleitung ihres autobiografischen Fragments lassen sich solche Gewalten im Erlittenen, Erfahrenen und Verlorenen[71] oder anders ausgedrückt im „Unglück" und „Leid"[72] verorten.

Im Hauptteil konkret benannt ist aber auch das „Gefühl des ausgeschlossen und heimatlos sein"[73], „des Nirgendshingehören".[74] Ein Blick auf die Familienverhältnisse und Hoppe-Mosers unstetes „Zugvogel- und Koffernleben"[75]

---

68 Archiv der Albert-Ludwigs-Universität Freiburg i.Br., „Die Zulassung der Frauen zum Besuch der Hochschulen betr., 1884–1933", Moser an Direktorium der Universität Freiburg, 17.11.1896.

69 1.d

70 Archiv des IGPP, 10/3, Korrespondenz mit Marie Baum, 6./7.6.1952.

71 3.3

72 2.9–11

73 10.4

74 7.29

75 Archiv des IGPP, 10/3, Tagebuch 1943–47, 16.4.[1947].

verdeutlicht, dass damit nicht nur das Vermissen familiärer Geborgenheit gemeint ist, sondern auch die häufig unfreiwilligen Ortswechsel und die damit verbundene Änderung der Lebensumstände. Es begann mit dem viel zu früh verstorbenen Vater, dem Traum gebliebenen Familienleben auf „Cassandra“, einer in Badenweiler, Karlsruhe und auf häufigen Reisen verlebten „Kindheit voll Einsamkeit“ und „noch einsamer[en]“ Mädchenjahren[76] und fand einen Höhepunkt in der unvermittelt hereinbrechenden Kenntnis der Existenz von Halbgeschwistern, vom zweiten Leben des Vaters[77] und der nicht gewährten Teilhabe an Feierlichkeiten zu seinen Ehren.[78] Und auch den Sehnsuchtsort[79] im neuen Zuhause in Karlsruhe musste sie aufgeben, da die Mutter kurz nach Fertigstellung der dortigen Villa auf dem Landgut Au am Zürichsee 1887/88 ihr neues Domizil einrichten ließ. Doch auch dort blieb sie „Outsider“[80], denn im „Märchenschloss“[81] ihrer Mutter vermochte sie kein trautes Heim auszumachen.[82]

Im Gegensatz dazu bot jener Lebensabschnitt, der während ihrer letzten Studiensemester und mit der Bekanntschaft von Jaroslav Hoppe begann, das Potential für ein selbstbestimmtes und erfülltes Familien- und Arbeitsleben. 1899 und 1900 besuchten die beiden zoologische Vorlesungen in München, sezierten an der französischen Riviera Meerestiere und fanden einander in ihrer Liebe zu Musik und Literatur.[83] Im Wortgewand von Wagners ‚Tristan‘ ließ Jara seine ‚Isolde‘-Fanny dann wissen, welche Gefühle er für sie hegte.[84] Und noch bevor die junge Frau *magna cum laude* ihre Doktorarbeit verteidigte, hatte sie sich verliebt, und zwar summo cum sensu. Die unfreiwillige Kinderlosigkeit des 1903 getrauten Paares warf sicher einen Schatten auf das junge Glück, nichtsdestotrotz aber begann in der Metropole Berlin, wo sie sich ein gemeinsames Zuhause einrichteten, eine für beide fruchtbare Schaffenszeit. Die Zoologin erfreute sich lukrativer Aufträge, und Hoppe vertiefte sich in die Musik, feierte spätestens zu Beginn der 1910er Jahre erste Premieren, und als 1914 in Sarajevo

---

76 2.23–25
77 7.13–25
78 10.4–6
79 7.25–28
80 7.29
81 11.28
82 Zur Einschätzung der auf dem Anwesen Au verlebten „Mädchenjahre“ siehe Edition Cassandra: 2.25–2.31. Von einem späteren Besuch auf der Au hielten Hoppe-Moser die „tiefgreifenden Differenzen“ mit ihrer Mutter ab; vgl. Archiv des IGPP, 10/3, Curriculum Vitae [o. D.], sowie Tagebuch 1943–47, 26.12.1945.
83 Zoologie-Student J. Hoppe in München: vgl. Amtliches Verzeichnis des Personals der Lehrer, Beamten und Studierenden an der königlich bayerischen Ludwigs-Maximilians-Universität: WS 1899/1900 und SS 1900, München 1899 und 1900. Zum Studienaufenthalt der Beiden in der Zoologischen Station Villefranche vgl. Korotnev/Davidov 1901: 40–42, 47.
84 Archiv des IGPP, 10/3, J. Hoppe an F. Moser, 7.4.1900.

die folgenreichen Schüsse fielen, hatte er gerade seinen Liederzyklus „Liebe“ veröffentlicht.[85] Am zwölften Hochzeitstag ließ Jara seine „Mošenko“ wissen:

> Wir leben in einer glücklichen Arbeitsperiode – wir beide streuen die „Taten in die offenen Furchen“ und warten ruhig auf die Früchte. – – Der grosse, entsetzliche Weltkrieg [...] berührt uns eigentlich wenig – – [...] Wir haben ja unser Königreich, wo ewiger Friede herrscht und aus dem jede Gehässigkeit, jeder Zank und Hader verbannt sind.[86]

Im selben Jahr 1915 brach Hoppes neurologisch bedingte Krankheit erstmals aus. Im Laufe von mehr als zehn Jahren hob sie seine körperliche Unversehrtheit – darunter auch Bewegungsfähigkeit und Sehkraft – mehr und mehr auf und nahm dem 47-Jährigen dann auch noch das Leben.[87] Der Krankheitsverlauf, das Fehlen finanzieller Mittel und die verweigerte Hilfe von Seiten Hoppe-Mosers Mutter – glücklicherweise aber auch die Hilfsbereitschaft des Familien- und Freundeskreises der Hoppes – bestimmten fortan, wo das Paar zu Hause war.[88] Von der Metropole Berlin ging es daher nach Mähren, wo den beiden „ein Heim, von Liebe und Fürsorge umgeben“ geboten wurde, „wenn auch nur mit geliehenen Möbeln und aus Koffern lebend“.[89] Als Hoppe-Moser dann später die Berliner Wohnung aufzulösen und das Mobiliar einzulagern hatte, brach sie mitten im Packen zusammen: „Es war ein rauher letzter, mir kaum zum Bewusstsein gekommener Abschied von meinem Heim, meiner Arbeitsstätte, meinem ganzen Milieu“.[90] Auch die Tagebucheinträge dieser Zeit zeugen vom Hadern mit der neuen Situation. Und dennoch: Auch in dieser schwierigen Zeit vermochte sie den Gewalten zu trotzen, stand ihrem Mann zur Seite, vollendete mehrere naturwissenschaftliche Beiträge und begann sich dem Okkultismus zu widmen.

1925 dann „fol[g]te Jaras letzter Sommer in Kroměříž und im Februar 1926 die Erlösung“.[91] Am Ende desselben Jahres eröffnete der Witwe die bereits erwähnte „bezaubernde Wohnung in München“, die ihr „mit einem Gruss“ des „verstorbenen Vaters“ präsentiert worden war, die Möglichkeit, an das dort einst gelebte Glück anzuknüpfen.[92] Mit dem Umzug nach München beginnt die letzte Lebensphase Hoppe-Mosers, in der sie sich ihrem Vater auf neuen

---

85 Hoppes Veröffentlichungen: Jaroslav Hoppe: Serenade, Berlin/Leipzig/Wien 1911; ders.: Drei biblische Gesänge für eine tiefe Stimme mit Klavier, op. 2, Berlin 1911; ders.: „Liebe“, Acht Lieder für mittlere Stimme und Klavier, Berlin 1914. Belege für Aufführungen von Hoppes Werken in den 1910er Jahren, vgl. Archiv des IGPP, 10/3.

86 Archiv des IGPP, 10/3, J. Hoppe an Hoppe-Moser, 27.10.1915.

87 Hinweise zu J. Hoppes Leben finden sich in Hořínková Kouřilová 2012.

88 Hinweise finden sich in Archiv des IGPP, 10/3, Korrespondenz mit Marie Baum, 10.7.1952.

89 Archiv des IGPP, 10/3, Tagebuch 1883–1942, 22.11.1943. Wohn- und Aufenthaltsorte in Mähren: u. a. *Kroměříž, Vinice bei Vysoké Mýto, Laškov.*

90 Archiv des IGPP, 10/3, Tagebuch 1883–1942, 9.9.1920.

91 Ebd., o. D. [letzter Eintrag nach 13.9.1923].

92 Archiv des IGPP, 10/3, Korrespondenz mit Marie Baum, 6./7.6.1952.

Wegen anzunähern begann. Dies eröffnete ihr auch eine Möglichkeit, das als schmerzlich empfundene „Nirgendshingehören"[93] zu überwinden.[94]

Der Untertitel: „Ein Frauenleben in drei Generationen 1805–195?"

Obwohl sich Hoppe-Moser als „Mensch ohne Vergangenheit, ohne Hintergrund"[95] sah, setzte sie sich kurz nach dem Einzug in ihr „neues, einsames Heim in München"[96] und erneut in der zweiten Hälfte der 1930er Jahre gleich mehrfach mit ihrer Herkunft auseinander. Als damals tschechoslowakische Staatsbürgerin stellte sie spätestens 1928 einen Antrag auf Wiedereinbürgerung in die Schweiz. Die im Zuge dessen erstellten Unterlagen zeigen, dass sie neben ihrem Lebenslauf ausführlicher auch über Lebensstationen ihrer berühmten Schweizer Verwandten Auskunft gab, darunter die ihres Vaters.[97] In leicht abgewandelter Form nahm sie Teile davon auch in das Manuskript ihrer 1940 begonnenen Autobiografie auf. Ein weiteres Mal sah sie sich aufgrund einer Denunziation gezwungen, unter den rassistischen Vorgaben Nazideutschlands Auskunft über ihre (nicht-jüdische) Herkunft zu erteilen.[98]

Im selben Jahr näherte sie sich jenseits behördlicher Notwendigkeiten ihrem Vater über jene Schweizer Region an, die ihm am meisten am Herzen gelegen hatte: Zum „1. Mal" besuchte sie 1936 Schaffhausen, das „bezaubernde alte Städtchen", Landgut Charlottenfels und die zum Andenken an Heinrich Moser errichteten Gedenkstätten, wozu auch sein Ehrengrab gehörte.[99] 1939 traf Hoppe-Moser beim Besuch der Schweizerischen Landesausstellung „Landi" dann auf die landesweite Wertschätzung, die dem Wirken ihres Vaters entgegengebracht wurde.[100] Sowohl die öffentliche Anerkennung als auch die Annäherung an ihre „Vaterstadt"[101] finden ein Echo im Hauptteil des autobiografischen Fragments und werden dort angereichert mit all jenem, was die früh zur Halbwaise gewordene Tochter, vermittelt durch Fotos, Bücher oder mündliche Berichte, über ihn in Erfahrung bringen konnte. Im Untertitel[102] und an

[93] 7.29

[94] Ihrem Wunsch gemäß wurde ihre Urne im Moserschen Familien- und Ehrengrab in Schaffhausen bestattet; vgl. Ranneberg 2022.

[95] 2.17

[96] Archiv des IGPP, 10/3, „Lora" an Hoppe-Moser, 2.2.1926. Das Zitat ist ein handschriftlicher Zusatz von Hoppe-Moser.

[97] Archiv des IGPP, 10/3, Curriculum Vitae, o. D. [angefangen 1927 oder 1928].

[98] Vgl. Münchner Stadtbibliothek / Monacensia, Hoppe-Moser an Held, o. D. [nach dem 19.5.1936] und 16.1.[1936].

[99] 10.9–12

[100] Stadtarchiv Schaffhausen, C II 61.02.05.12, Hoppe-Moser an Stadtpräsident Schaffhausen, 20.5.1941.

[101] 10.9

[102] 1.b

anderer Stelle deutet die Autobiografin aber schon an, dass es ihr um mehr ging, als einen Abriss vom Leben des Vaters zu vermitteln: So spricht sie von „Erinnerungen, die drei merkwürdig gegensätzliche Perioden der Menschheitsgeschichte umfassen“ und die „sich in einem reichen Frauenleben spiegeln“[103], und konstatiert darüber hinaus einen „ererbten geistigen“ Besitz[104], Spuren „heterogenster Elemente der Vergangenheit“[105] und „Gedanken und Handlungen“, die in Raum und Zeit, Körper und Seele einen Widerhall finden.[106] Offenbar umfasste Hoppe-Mosers Vorstellung von Herkunft neben dem biologischen Erbe auch die Idee einer soziokulturellen Einflussnahme, was zu den drei im Untertitel aufgeführten Generationen führte. Eindeutig benannt sind die Drei im Fragment nicht, jedoch deutet vieles darauf hin, dass damit ihr 1805 geborener Vater, die 43 Jahre später zur Welt gekommene Mutter und sie selbst gemeint sind.

Für ihren Vater sprechen die im Fragment teils ausführlichen Schilderungen verschiedener Phasen seines Lebens und das im Untertitel angegebene Geburtsjahr 1805. Darüber hinaus aber auch der Umstand, dass sich Hoppe-Moser zeitlebens nach dem „Fernen, kaum gekannten“[107] sehnte und sich ihm anzunähern versuchte – sei es über die wenigen Worte der Mutter[108], die Büste mit seinem Konterfei[109], über die Erzählungen ihrer Halbschwester Sophie[110], Adam Pfaffs Moser-Biografie[111] oder den Besuch der „Vaterstadt“.[112] Neben den berichtenden Passagen führt Hoppe-Moser in der Einleitung aber auch die Idee der „Persönlichkeit aus einem Guss“ ein, „die ganz Ich ist ohne Kompromisse“.[113] Als eine solche Persönlichkeit sah sie offenbar den Vater, denn handschriftlich hinzugefügt und unmittelbar mit zitierten Aussagen von ihm verknüpft findet sich die Notiz „ganz ich“ in einem ihrer Tagebücher. Dort hatte sie Passagen aus Briefen ihres Vaters abgeschrieben, einzelne Aussagen durch Unterstreichungen mit andersfarbigem Stift hervorgehoben und die Wortfolge „ganz ich“ – wohl nicht unbeabsichtigt doppeldeutig – hinzugefügt: „ich bin mit allem zufrieden, nur mit mir nicht“ – konstatiert der Vater in einem der Briefe und ruft sich zur Disziplin – „es muss besser werden [...] Heraus meine

103 3.12–14
104 4.6
105 4.38
106 6.14–16, 4.37–38.
107 7.27–28
108 7.1–7
109 7.25–27
110 8.5–6
111 6.33
112 10.9 -- Vgl. auch das Urteil der Tochter von Pfarrer Theodor Goldschmid (die Goldschmids waren Hoppe-Mosers wohl wichtigste Verbindung in die Schweizer Heimat): „nun ist es ein Jahr her, seit wir Tante Fanny Hoppe [...] begraben haben, im Grab ihres Vaters, nach dem sie sich [...] zeitlebens sehnte“. Dorothee Goldschmid an Betty Suttner, MFMCh NLBS 0108, 23.2.1954.
113 5.4–6

Abb. 4: Ein Bilderrahmen aus Hoppe-Mosers Nachlass mit ihrem Porträt als Kind (oben) und den Bildnissen ihrer Eltern.

alte Energie!“ An anderer Stelle resümiert er: „Ich habe das Bewusstsein, meine Pflicht getan und manches Gute gewirkt zu haben. Um das Urteil der Leute habe ich mich nie gekümmert“ und „Gut sein, heisst glücklich sein. Seine Pflicht erfüllen ist Weisheit“.[114] Angesichts von Hoppe-Mosers Leitspruch und ihren auch anderswo zu findenden Aufrufen zur Selbstdisziplin darf man vermuten, dass sie sich im Vater wiedererkannte. Auch mit seiner Auffassung von Moral und Pflichtgefühl konnte sie sich identifizieren, denn mit der von Turgenjew abgeleiteten Eingangssequenz des Hauptteils: „Das Leben ist nicht Scherz noch Spiel / Es ist eine ernste Arbeit. Sie bis zu / Ende durchzuführen, […] ist / eine

114 Archiv des IGPP, 10/3, Tagebuch 1883–1942, o. D. [nach Eintrag „Weihnachten 1940“].

Pflicht“[115] und der darauffolgenden Passage[116] lässt auch sie die Gedanken um verantwortungsbewusstes Handeln kreisen.[117]

Aufgrund des lebenslang angespannten Verhältnisses zur Mutter kam diese als Identifikationsfigur nur bedingt in Frage. Dementsprechend spricht Hoppe-Moser über sie fast ausschließlich in indirekter Form: Sie ist die Ehefrau ihres Vaters, seine Reisebegleiterin und Empfängerin großzügiger Geschenke[118], Hüterin von Geheimnissen über ihn[119], und sie war es, die nach seinem Tod weder sein Grab[120] noch jemals wieder Schaffhausen oder Charlottenfels besuchte.[121] Darüber hinaus macht Hoppe-Moser ihre Mutter verantwortlich für „die herrische Umgebung und den Geist von Konvention und Schicklichkeit“[122], in denen sie aufwachsen musste. Ein persönliches Profil der Mutter zeichnete die Autobiografin nicht; ein solches findet sich aber in einem Tagebucheintrag von 1925, in dem Hoppe-Moser die damals gerade Verstorbene wie folgt beurteilte:

> eine gewisse Grösse, die Bewunderung erzwingt – ist dieser Frau nicht abzustreiten. Sie war ganz in sich abgeschlossen, ganz auf sich gestellt, brauchte Niemand, [...] lebte das Leben, wie es ihr gefiel, [...] ohne sich um Andere zu kümmern [...] und schied – ohne einen Moment der Schwäche, ohne nach dem Jenseits zu fragen.[123]

Das Gesamturteil Hoppe-Mosers fiel damals nüchtern aus: „Schade um diese Frau und diese Kraft: was hätte sie mit ihren Fähigkeiten und ihrem immensen Vermögen Gutes und Fruchtbares schaffen können. So war sie nur ein Schatten auf dieser Erde, der [...] keine Spur zurücklässt“.[124]

In Hoppe-Mosers autobiografischem Fragment finden sich ähnliche Textstellen: Von „Bewunderung“ für eine unbenannte Person ist die Rede, von der „rücksichtslose[n] Kraft der Selbstbehauptung einer unbestreitbar ungewöhnlichen Persönlichkeit“, der eine Kraft innewohnte, die „unbeirrt durch irgend welche Rücksichten ihren Weg zu gehen vermochte“[125] und „von der wir mit Schmerzen erkennen, wieviel Gutes und Wertvolles sie hätte hervorbringen und leisten können, wäre sie anders gerichtet gewesen“.[126] Es liegt nahe, dass Hoppe-Moser damit ihre Mutter meint, die – wie der Vater auch – das Potenti-

115 6.5–9
116 6.9–19
117 Zitat: vgl. Turgenjew (1966: 86–87). Vgl. auch Archiv des IGPP, 10/3, Tagebuch, Eintrag „Weihnacht 1944“: „Keine Sentimentalitäten. Es muss durchgehalten werden. Wir sind nicht da, um glücklich zu sein. Wir sind da, um unsere Pflicht zu tun [...].“
118 7.1–11
119 7.13–23
120 6.46
121 11.13–14
122 2.27–28
123 Archiv des IGPP, 10/3, Tagebuch 1883–1942, o. D. [nach dem Tod der Mutter im März 1925].
124 Ebd.
125 4.26–29
126 5.7–9

al, Großes zu vollbringen und Gutes zu bewirken, in sich trug, es aus Sicht der Tochter jedoch nicht auszuschöpfen vermochte. Statt das Dasein der Mutter – wie im Tagebuch angedeutet – in Spurenlosigkeit aufzulösen, fordert sie im „Cassandra“-Fragment weit versöhnlicher, „Besondere Massstäbe [...] in Anwendung zu bringen, um zu tieferem Verständnis zu gelangen“.[127]

Über den Fortlauf ihres eigenen Lebens verliert Hoppe-Moser im Manuskript kaum ein Wort. Angesichts der Beschwörung des den Eltern innewohnenden und vom Vater auch realisierten Potentials, Großes und Gutes zu bewirken, darf jedoch angenommen werden, dass sie ihr eigenes Leben in der 1940 begonnenen Autobiografie ebenfalls als einer großen Aufgabe gewidmet darstellen wollte. Das Gebiet, auf dem sie damals glaubte, Großes leisten zu können, ist mit dem Okkultismus schnell identifiziert; damit rückt ein Geschehen in den Blick, das noch vor Beginn des Ersten Weltkrieges seinen Anfang nahm und das schließlich dazu führte, dass Hoppe-Moser die Okkultismus-Forschung zu ihrer Lebensaufgabe erkor.

Die Mission

Im Jahre 1914 hatte die damals in Berlin tätige Naturwissenschaftlerin im Rahmen einer Séance die Levitation eines Tisches erlebt. Trotz intensiver Untersuchung blieb ihr das Phänomen unerklärlich. Der seit diesem Erlebnis an ihr nagende Zweifel, „alles sei doch letzten Endes Täuschung“, wich spätestens nach Übersiedlung nach Mähren endgültig der Überzeugung, die systematische Untersuchung okkulter Phänomene sei ein fruchtbares neues Forschungsfeld, auf dem sie einen grundlegenden Beitrag leisten wollte.[128] Ihr war bewusst, dass sie mit großem Widerstand rechnen musste und dass es in diesem Fall an breiter Front Gewalten zu trotzen galt. Wohl auch deshalb vergewisserte sie sich 1920 ihres Entschlusses mit folgenden Worten nochmals schriftlich: „Das grosse Ziel m. Lebens ist meine Occulte Arbeit [...] – ich weiss, dass hier ein grosses, unendlich verheissungsvolles Forschungsgebiet liegt, das unser ganzes Denken u. Wissen umwälzen wird“. Wenn es „mir gelingen sollte“, so Hoppe-Moser weiter, dem Okkultismus „zum wissenschaftlichen Durchbruch zu verhelfen – dann hätte [sich] mein Leben mit all seinen Kämpfen gelohnt“.[129] Mit dieser Entscheidung erkor sie die Etablierung des Okkultismus als einer

---

[127] 4.31–32

[128] Archiv des IGPP, 10/3, Tagebuch, o. D. [Eintrag nach „Weihnachten 1940“]; dort ein eingeklebter Zettel mit Aufschrift: „Zu einer Arbeit / Der Spiritismus / Eine psychologische Studie über Irrungen u. Täuschungen / von Dr. Fanny H. Moser“, dazu folgende Notiz: „Nach der denkwürdigen Sitzung mit dem ausserordentlichen Pr. Medium [...] hatte ich dann – so befangen in den alten Anschauungen jene kleine Arbeit zu schreiben, wo ich nachweisen wollte, alles sei doch letzten Endes Täuschung.“

[129] Ebd., 20.5.1920.

eigenständigen wissenschaftlichen Disziplin zu ihrem wichtigsten Lebensziel und setzte ihr diesbezügliches Buchprojekt noch im selben Jahr auf Nummer eins der Liste zu schreibender Bücher und Beiträge.[130]

Das Ziel also war gesetzt und mit Erscheinen ihres „Okkultismus"-Buches im Jahre 1935 die erste Hürde genommen. Als Verfasserin dieser zwei Bände umfassenden Publikation lernte sie im selben Jahr auch Hans Ludwig Held (1885–1954) näher kennen. Zwei Jahre zuvor hatte der damalige Direktor der Münchner Stadtbibliothek das „Gelöbnis treuester Gefolgschaft" unterzeichnet, war aber dennoch aus politischen Gründen fast zeitgleich seines Amtes enthoben worden. Bis zum 1938 erteilten Schreibverbot verfasste er Buchbesprechungen und wandte sich aus diesem Grund an Hoppe-Moser.

Für die damals 63-Jährige standen seit dem Erscheinen ihrer Publikation alle Zeichen auf Erfolg. Spenglers Urteil, ihre Publikation „sei gerade das, was man jetzt brauche", machte Mut, genauso wie die unerwartet zahlreichen und überdies positiven Reaktionen, die sie in dem Entschluss bestätigten, ihre Forschungen auch weiterhin auf dieses Gebiet zu konzentrieren.[131] Zu den Vorhaben, die damals „Fortführung und Vollendung"[132] forderten, gehörten ihr Spuk-Buch und die Gründung einer Forschungseinrichtung.[133] Wie sie rückblickend vermerkte, dachte sie damals an ein der Kaiser-Wilhelm-Gesellschaft unterstelltes staatliches Institut, das sich – wie die übrigen Einrichtungen unter dieser Leitung auch – der Grundlagenforschung widmete.[134] Als Leiter des Instituts suchte Hoppe-Moser erwähnten Held zu gewinnen, „eine einzigartige Persönlichkeit, die alles vereint [...]: Idealismus, Organisationstalent, Selbstlosigkeit, ein enormes Wissen".[135] Auch sie hatte in Betracht gezogen, die Leitung zu übernehmen, sich mit folgender Begründung dann aber dagegen entschieden: „Ich will gerne nach Kräften helfen, im Notfall 3. Vorsitzende sein, aber als 1. oder 2. bin ich nicht geeignet: als Ausländerin, Frau und mir fehlt für diese Sache die nötige Erfahrung."[136] Mitte 1936 begann sich Hoppe-Moser bei den betreffenden staatlichen Stellen in München und Berlin für die Etablierung des Instituts einzusetzen – damals wohl auch selbst noch der Meinung, es habe „ja nichts mit Politik zu tun".[137]

---

130 Ebd., 5.9.1920.

131 Münchner Stadtbibliothek / Monacensia, Hoppe-Moser an Held, o. D. [28.1.1936].

132 2.14–15

133 Vgl. z. B.: „[...] eine systematische Untersuchung der Spukhäuser kann nur erfolgen, wenn ein offizielles Institut dahinter steht, das einem die Türen öffnet — als Privatperson hat man nicht das nötige Gewicht – und die erforderlichen Instrumente und Mittel zur Verfügung stellt". Münchner Stadtbibliothek / Monacensia, Hoppe-Moser an Held, 12.5.1936.

134 Hinweise dazu in einem Brief von Hoppe-Moser an C. G. Jung, ETH-Bibliothek, Hs 1056:16761, 2.3.1950.

135 Münchner Stadtbibliothek / Monacensia, Hoppe-Moser an Held, o. D. [nach dem 19.5.1936].

136 Vgl. ebd., Hoppe-Moser an Held, 11.6.[1936].

137 Vgl. ebd., Hoppe-Moser an Held, o. D. [nach dem 19.5.1936].

Dass ihr Engagement für den Okkultismus durchaus zum Politikum werden konnte, stellte sich spätestens bei einer zur selben Zeit laufenden gerichtlichen Auseinandersetzung heraus. Bei Hoppe-Mosers Gegner handelte es sich um den Leiter des Berliner Instituts für metaphysische Forschung, dessen Arbeit Hoppe-Moser in ihrer Publikation scharf, aber sachlich kritisiert hatte. Der Betroffene begann daraufhin, sie jenseits des wissenschaftlichen Diskurses zu bekämpfen. Als es ihm mit einer Klage „wegen ‚schwerer Ehrenkränkung‘“ nicht gelang, den Weiterverkauf des zweiten Okkultismus-Bandes zu stoppen, versuchte er es mit der Instrumentalisierung der herrschenden Ideologie, „indem er [...] verbreitet“ – so Hoppe-Moser – „ich sei Jüdin, und mein Buch eine jüdisch-marxistische Mache!!“[138] Die folgenden Gerichtsprozesse waren nicht die einzigen widrigen Umstände, die Hoppe-Moser in der zweiten Hälfte der 1930er Jahre entgegentraten, denn auch das Beschaffen von Material für ihre Spuk-Publikation erwies sich als schwierig.

Trotzdem stand, kurz nachdem Hoppe-Moser im Sommer 1940 mit dem Abfassen ihrer Memoiren begann, das Spuk-Manuskript kurz vor der Fertigstellung. Ende Oktober notierte sie in ihrem Tagebuch: „Mein Buch wartet auf Vollendung des letzten Kapitels, die Fortsetzungen sollen folgen“. Mit Blick auf ihre Memoiren ergänzte sie: „Meine Erinnerungen rufen nach Gestaltung: ‚Ein Leben in drei Zeitwenden‘“.[139] Kurz darauf begann sich ab Dezember 1940 die Lage mehr und mehr zu Ungunsten ihres Forschungsgebietes zu entwickeln. Mit der sogenannten Aktion Heß im Sommer 1941 war dann endgültig klar, dass in Nazideutschland weder an die Gründung des geplanten Instituts noch an die Publikation des Spuk-Manuskripts zu denken war. Während es keine Hinweise darauf gibt, dass Hoppe-Moser nach 1940 ihre Arbeit an der Autobiografie vorantrieb, verfolgte sie ihr großes Lebensziel unbeirrt weiter: 1941 legte sie das fertiggestellte Spuk-Manuskript auf neutralem Schweizer Boden dem Zürcher Rascher-Verlag[140] vor, und wenig später schon vertiefte sie sich in die Abfassung des noch fehlenden grundlegenden Teils ihrer Spuk-Publikation, und auch ihre Suche nach einem geeigneten institutionellen Rahmen für die Okkultismus-Forschung setzte sie – nunmehr in der Schweiz – fort.

---

[138] Archiv des IGPP, 10/3, Tagebuch 1883–1942, 24.10.1940.

[139] Ebd.

[140] ETH-Bibliothek, Hs 1056:9513, Hoppe-Moser an Jung, 17.11.1941. Der Verleger Max Rascher, so Hoppe-Moser, „hat seit bald ½ Jahr das Manuscript und – noch nicht mal einen Blick hineingeworfen!!! Heute sagte er mir [...] auf ein Gutachten von Ihnen würde er es nehmen!“ Im Schreiben vom 20.11.1941 (ebd., Hs 1056:9514) teilte Hoppe-Moser Jung mit, dass sie inzwischen „anderweitig in Unterhandlung“ sei und seine Unterstützung nicht mehr benötige.

Am Ende

Wie ernst Hoppe-Moser das Erreichen ihres großen Lebenszieles nahm, zeigt nicht nur das im zähen Ringen mit der widerborstigen Spuk-Thematik herbeigerufene Arbeitsethos: „es muss sein. Es ist eine Pflicht“[141], sondern auch die Priorisierung, die sie Marie Baum im Sommer 1952 in Vorbereitung der gemeinsamen Arbeit an ihrer Biografie vorstellte: „1. Ich habe Torschlussangst, nämlich dass ich sterben könnte, ehe ich meinen 2. Bd. geschrieben habe, für den mein Leben gelohnt hätte [...]. Also muss ich mich jetzt ganz auf diese Arbeit konzentrieren.“ [142]

Für die „Memoirenarbeit“ hingegen plante sie lediglich ein paar wenige Wochen ihrer Ferien ein. Unter Punkt 4 wiederum stellte Hoppe-Moser es der angefragten Biografin Marie Baum generell frei, die Arbeit an ihrer Lebensbeschreibung überhaupt in Betracht zu ziehen: Hätte „eine Biographie wirklich [...] allgemeines Interesse? Weder die Persönlichkeit noch die Leistungen sind tatsächlich an sich bedeutend genug. Ich habe ja nicht gehalten, was ich versprach, mit dem gesundheitlichen Hemmschuh und den schweren Schicksalen.“[143] Somit war ihr seinerzeit bewusst, dass sie ihr großes Ziel der Etablierung des Okkultismus als einer eigenständigen Forschungsdisziplin nicht mehr erreichen würde. Wie im Jahre 1940[144] auch, stellte sie damit aber nicht das gesamte Projekt in Frage, sondern motivierte nun auch die geplante Biografie mit dem erhofften Vorbildcharakter: „Wenn ich mich [...] dazu entschlösse, so wäre es um anderen an meinem Beispiel zu beweisen, dass man nie Glauben und Vertrauen verlieren sollte, denn immer wieder kommen in keiner Weise vorauszusehende Hilfen, [...] oft wie ein richtiges Wunder.“[145]

Im Mittelpunkt stünde also nicht das Erreichen des großen Lebensziels, sondern die zum Erreichen des Ziels notwendige Grundhaltung, die es dem „Strebenden“[146] ermöglicht, ein günstiges Schicksal zu erwirken. Damit ist die im autobiografischen Fragment vermittelte Grundhaltung das, was Hoppe-Moser auch in ihrer Biografie vermittelt wissen wollte: Ihre Wertschätzung gilt der Beharrlichkeit, dem ‚sich von einer Sache nicht abbringen lassen‘. Der im „Cassandra“-Fragment dargestellten Idee des Unabänderlichen folgend, akzeptierte die Naturwissenschaftlerin die ihr vom Schicksal zugewiesene Aufgabe der Erforschung des Okkulten, indem sie diese Herausforderung annahm. Auch ihr im Pflichtgefühl gipfelndes Arbeitsethos lässt sich an ihrem Denken und Handeln ablesen; in einer von persönlichen und weltumspannenden Krisen

141 Archiv des IGPP, 10/3, Tagebuch 1883–1942, 8.6.1942.
142 Archiv des IGPP, 10/3, Korrespondenz mit Marie Baum, 6./7.6.1952.
143 Ebd.
144 Vgl. dazu Edition Cassandra 3.11–3.17
145 Archiv des IGPP, 10/3, Korrespondenz mit Marie Baum, 6./7.6.1952.
146 4.8

gleichermaßen geprägten Zeit behielt sie ihr Ziel beharrlich im Blick und ließ sich trotz zahlreicher Widerstände nicht vom Weg abbringen. Deshalb erlebte sie ihrer Deutung zufolge das hilfreiche Wirken von Kräften, die genau dann aktiviert wurden, wenn die Lage besonders aussichtslos erschien.

In dieser Gedenkschrift blicken wir zurück auf ihr Leben, ihr Werk und die Zeit, in der sie lebte. Ein kurzer, keineswegs erschöpfender Blick auf Stationen ihres Lebens, die Vielzahl und Vielfalt ihrer Publikationen lässt erahnen, dass ihr Leben nicht nur mit harten Schicksalsschlägen angefüllt war, sondern auch mit bemerkenswerten persönlichen Errungenschaften, visionären Ideen und anregenden Gedanken, die oft und gerade interessant sind vor dem Hintergrund der sich damals immer stärker differenzierenden Wissenschaften, zweier Weltkriege und dem Kampf um die Gleichberechtigung der Frau. In Hoppe-Moser ist eine außergewöhnliche Frau zu erkennen, die sich von Schwierigkeiten nicht beirren ließ, zahlreichen Gewalten trotzte, die ihr Leben beharrlich und leidenschaftlich der Suche nach Wahrheit widmete und die „versucht [hat], Felsblöcke aus dem Weg zu räumen, an denen die Mehrzahl wissenschaftlicher Forscher vorübergehen."[147]

Literatur

Baum, M. (1950). *Leuchtende Spur. Das Leben Ricarda Huchs.* Wunderlich.

Goethe, J. v. (1987). Lila. Ein Festspiel mit Gesang und Tanz. In J. v. Goethe, *Sämtliche Werke nach Epochen seines Schaffens, Erstes Weimarer Jahrzehnt 1775–1786, Bd. 2.1, hrsg. von H. Reinhardt.* Hanser.

Hořínková Kouřilová, L. (2012). Vladimir Hoppe (1882–1931). *Studia Philosophica, 59,* 43–61.

Koktanek, A. (1968). *Oswald Spengler in seiner Zeit.* Beck.

Korotnev, A./Davydov, M. (1901). *Otčet o dejatel'nosti Villa-Frankskoj Zoologičeskoj stanzii za 1899–1900.* N.N. (Kiew).

Moser, F. (1950). *Spuk. Irrglaube oder Wahrglaube? Eine Frage der Menschheit.* Gyr.

Ranneberg, Mandy (2022). Fanny Hoppe-Moser (1872–1953) und ihre „Vaterstadt". In Historischer Verein des Kantons Schaffhausen (Hrsg.), *Schaffhauser Geschichte im Fokus, Festschrift für Hans Ulrich Wipf* (S. 205–220). Chronos.

Spengler O. (1963). *Briefe 1913–1936, hrsg. von A. Koktanek.* Beck.

Tanner, T. (2005). Sigmund Freud und die Zeitschrift für Hypnotismus. *Luzifer-Amor, 18,* 65–118.

Turgenjew, I. (1966). *Faust. Erzählung in neun Briefen.* Union.

[147] MFMCh NLBS 0106, Pfarrer Ernst Rippmann, „Worte des Abschieds", Abdankung Dr. Fanny Hoppe-Moser, 27.2.1953. — An dieser Stelle noch einen großen Dank an meine Korrektoren Kilian Kwaschik und Uwe John.

Bildnachweise

Abb. 1: Moser Familienmuseum Charlottenfels, NLBS-0363

Abb. 2: Titelblatt und Foto jeweils: Archiv des IGPP, Bestand 10/3; Collage: M. Ranneberg

Abb. 3: Moser Familienmuseum Charlottenfels, NLBS-0344

Abb. 4: Moser Familienmuseum Charlottenfels, NLBS-0725

Fanny Moser im Kontext der Schaffhauser Familie Moser

Roger Nicholas Balsiger

Sie wussten es beide schon – Plutarch und Cicero, der Grieche und der Römer! Denn wenn der eine sagt: „Es ist sicher eine gute Sache, aus gutem Haus zu sein, aber das Verdienst gebührt den Vorfahren", dann meint der andere: „Aber da ich kurz zuvor gesagt habe, unsere Vorfahren sollten uns zum Muster dienen, so gelte als erste Ausnahme, dass man nicht ihre Fehler nachahmen muss." Und da macht auch die üblicherweise aus dem Rahmen fallende Pionierfamilie Moser aus Schaffhausen für einmal keine Ausnahme.

Wenn man als Familienchronist seit wohl fünfzig Jahren Dokumente über die einzelnen Familienmitglieder und ihre Geschichte zusammenträgt und deren Inhalt in die verschiedenen Biographien einfließen lässt, so weiß man je länger desto klarer, dass es sich dabei stets um Fragmente aus ihrer Vita handelt, die als kleinere oder größere Steine Teile ihres Lebensmosaiks werden. Sie weisen unterschiedliche Schattierungen und Formen auf, sollen aber schließlich das Bild eines gelebten Lebens widerspiegeln. Doch der Biograph weiß auch, dass dieses Mosaik nie vollendet sein wird: Jederzeit können neue Dokumente auftauchen, die er von irgendwoher erhält oder die in einem verstaubten Archiv entdeckt werden; nicht ausgeschlossen, dass sich dadurch neue Beurteilungen der Persönlichkeit ergeben.

Der Chronist, der soeben stolz seine Konklusionen zu Papier gebracht hat, wird auf einmal vom aufgeplusterten Richter zum kleinmütig Wahrnehmenden – ein heilsamer Prozess, der ihn zwingt, sich selbst gegenüber stets Rechenschaft abzulegen und sich gleichzeitig zu hinterfragen, ob er Wertungen objektiv genug dargestellt oder aufgrund seiner eigenen Lebenserfahrung allzu subjektiv geurteilt hat.

Nun jedoch sieht er vor seinem geistigen Auge, wie sich Fanny Moser in Zürich an Neujahr 1951 an ihren Schreibtisch setzt, ihre Schreibmaschine heranzieht und Rückschau halten will. Sie tippt die Überschrift ein: „Ein Frauenleben in drei Zeitwenden mit seinen Hintergründen". Ein etwas sperriger Titel, befindet sie, aber sie lässt ihn so stehen. Dann beginnt Fanny zu schreiben:

> Eine vergilbte Photographie liegt vor mir: ein alter Mann in aufrechter Haltung, das Haar nicht ergraut, der Charakterkopf mit der hohen Stirne umrahmt von dichten Locken. Neben ihm eine schöne junge Frau in schwarzer Spitzenmantille über dem weiten Seidenkleid,

> eine antike Gemme als Medaillon. Ort der Aufnahme Moscau, Jahr 1871. Das waren meine Eltern, so ungleich äusserlich wie innerlich, nach Herkunft und Lebensstyl.[1]

Sie hält kurz inne, überdenkt das Geschriebene, überlegt noch immer, ob sie weiterschreiben soll. Will sie denn überhaupt, dass ihre Lebensaufzeichnungen einem breiteren Leserkreis zur Kenntnis gebracht werden, will sie diese gar publizieren? Fanny ist sich darüber noch im Unklaren. Vielleicht liegt ihre Unentschlossenheit darüber an der stets labil gewesenen seelischen Verfassung ihrer Mutter und weniger daran, dass die Biographien ihrer Eltern in mancher Hinsicht so unterschiedlich waren oder dass Mama zur Witwe wurde, als Fanny gerade mal zwei Jahre alt ist. Leuchten wir also den familiären Einflussbereich aus, dem Fanny ausgesetzt wird.

Herkunft und Umfeld

Fannys Vater, Heinrich Moser, hatte zum Zeitpunkt ihrer Geburt bereits größtenteils sein äußerst bewegtes Leben hinter sich gebracht. Er war etwas über 66 Jahre alt und würde sich an seiner Tochter nur etwas mehr als zwei Jahre erfreuen können. Am 12. Dezember 1805 in Schaffhausen in eine mittelständische Handwerkerfamilie geboren, war seine berufliche Ausrichtung früh bestimmt. Sein Vater (wie vor ihm dessen Vater) hatte das Amt des Stadtuhrmachers inne, mit dem auch zu jener Zeit im Rahmen der bestehenden Zunftordnung laienrichterliche und politische Ämter verbunden waren. In der Regel oblag es dem jüngsten männlichen Spross, das väterliche Geschäft weiterzuführen. Dies scheiterte jedoch daran, dass der Stadtpräsident die Position des Stadtuhrmachers nach dem Tod von Heinrichs Vater Erhard an einen Junker vergab und damit die Weitergabe dieses Amtes an die dritte Generation unterband. Heinrich durchlief eine vierjährige Lehre bei seinem Vater und daran anschließend eine dreijährige Meisterlehre in Le Locle, ehe es ihn nach Russland zog. Dank einer glücklichen Konstellation – er konnte als Einziger ein mechanisches Uhrwerk des Zaren Nikolaus I. wieder instand stellen – war er im Zarenreich innerhalb weniger Monate mit dem Verkauf seiner in der eigenen Fabrik in Le Locle hergestellten Uhren erfolgreich und dehnte sein ehemals kleines Imperium bald darauf weltweit aus; er vertrieb, als gewiefter Kaufmann, auch die eigenen Qualitätsprodukte. Bereits 1848 kam er als äußerst vermögender Mann zurück nach Schaffhausen, während seine Geschäftsführer

---

[1] Privatarchiv R. N. Balsiger. [Anmerkung der Herausgeberin: Der Autor bezieht sich hier auf Kopien von losen hand- und schreibmaschinengeschriebenen Blättern, von Fanny Moser betitelt mit „Ein Frauenleben in drei Zeitwenden mit seinen Hintergründen" und von ihr datiert „Zürich, Neujahr 1951". Wir wissen, dass Moser bereits in den 1940er Jahren an einem autobiografischen Manuskript gleichen Titels saß und dieses immer wieder mal bearbeitete und korrigierte. Der Beitrag von Ranneberg in diesem Band befasst sich explizit mit den Hintergründen jenes Manuskripts von 1940, das sich im IGPP-Archiv in Freiburg befindet.]

in den verschiedenen Ländern die Tagesgeschäfte weiterführten. Zu jener Zeit lag die Stadt wirtschaftlich darnieder. Heinrich Moser setzte nunmehr in der Heimat sein Vermögen ein, um die Industrialisierung voranzutreiben, indem er einen Wasserdamm über den Rhein baute und neue Firmen begründete, die auch teilweise heute noch bestehen. Auch war ihm an der Erschließung von neuen Verkehrswegen und speziell dem Bau von Eisenbahnlinien gelegen, dies nicht gänzlich uneigennützig, denn die regelmäßigen Reisen per Kutsche innerhalb Europas waren anstrengend.

Heinrich Mosers erste Frau, die 1850 bei einem Kutschenunfall ums Leben kam, hatte ihm vier Töchter und einen Sohn geschenkt. Als Witwer verbitterte er jedoch zusehends. Obzwar er sich stets um das Wohl Schaffhausens kümmerte, hatte ihn das internationale Geschäftsleben insofern gestählt, als er gegenüber Dritten misstrauisch wurde, deren Ratschläge oft in den Wind schlug und nur seinen eigenen Intuitionen folgte. Moser war eine komplexe Persönlichkeit, wohl ein besonders begabter Mensch, jedoch aufbrausend und herrisch. Er machte sich dadurch das Leben schwer und vergrämte manchen Zeitgenossen, der ihm grundsätzlich gut gesinnt war, während ihn das Geschwätz der Leute wenig interessierte. Innerlich vereinsamt entschied er sich schließlich 1870, im Alter von fünfundsechzig Jahren, nochmals mit der um dreiundvierzig Jahre jüngeren Baronin Fanny von Sulzer-Wart aus Winterthur eine zweite Ehe einzugehen. Der hauptsächliche Lebensmittelpunkt der Eheleute war das eigene Schloss Charlottenfels in Neuhausen am Rheinfall, man fand jedoch das Paar oft auf Reisen in Moskau, Menton oder Badenweiler. Seine Gattin gebar ihm 1872 die Tochter Fanny und zweieinhalb Jahre später die zweite Tochter Mentona. Vier Tage nach deren Geburt starb Heinrich Moser am 23. Oktober 1874 in Badenweiler.

Fannys Mutter entstammte einer aristokratischen Familie: König Maximilian I. Joseph von Bayern hatte ihren Großvater Heinrich Sulzer in den erblichen Adelsstamm erhoben, da ihm dieser seine Salzpfründe vor den Franzosen gerettet hatte. Fortan durfte er sich Baron von Sulzer-Wart nennen, allerdings nicht in der Schweiz. Titel wie Amt gingen später auf dessen zweiten Sohn Heinrich über, Fannys Vater. Dieser galt als geizig und hart gegenüber seiner Gemahlin und seinen Kindern. Die am 20. Juli 1848 geborene Fanny Louise, die spätere Mutter Fannys, ertrug die Geringschätzung durch ihren Vater schlecht. Ohnehin war ihre Jugend nicht frei von Störungen, wie sie Jahre später ihrem Therapeuten Sigmund Freud anvertrauen wird, denn sie litt unter den schlimmen Streichen, die ihre Geschwister an ihr verübten: Diese warfen ihr, wie Freud in seiner Anamnese[2] festhält, tote Tiere nach, was sie stets in eine Schockstarre versetzte; sie reagierte in hohem Maße verängstigt, wenn ihr Bruder sie als Gespenst verkleidet zu erschrecken, ja, in Panik zu versetzen

2 Unter dem Pseudonym Emmy v. N. wurde ihre Krankengeschichte 1895 in Freuds „Studien über Hysterie" veröffentlicht (siehe Freud 1991).

vermochte; sie litt unsägliche Qualen, als sie ihre Tante in deren Sarg liegen sah. Als sie fünfzehn Jahre alt war, wurde ihre Cousine in die Irrenanstalt überführt, was sie vorübergehend der Sprache beraubte. Schließlich ergriff sie eine übermächtige Angst, als ihre eigene Mutter ihr aus ihrem Sarg mit verzerrtem Gesicht entgegenstarrte. Dies bewirkte, dass sie sich stets kränklich fühlte und unter spastischen Sprachstockungen, Zuckungen, Beinschmerzen und Migräne litt und von Halluzinationen geplagt war. Die erlittenen Ungerechtigkeiten und Erniedrigungen bewirkten, dass Fanny kein Selbstvertrauen entwickelte und dass sie misstrauisch gegen jedermann wurde. Ihre frühen Lebenserfahrungen trugen kaum dazu bei, dass sie ein natürliches Selbstverständnis besaß, das ihr mit zunehmendem Alter Sicherheit verleihen und aus ihr eine eigenständige Persönlichkeit, die in sich ruht, formen würde. Es verwundert nicht, dass sie als lediglich Zweiundzwanzigjährige einen Mann heiratete, der dreiundvierzig Jahre älter war als sie – eine starke Persönlichkeit noch dazu, die ihr zwar sehr zugetan war und auf viele ihrer Wünsche einging, die jedoch auch ihr gesamtes Leben regelte. Als ihr Gatte nach knapp vierjähriger Ehe verstarb, war sie von einem Tag auf den anderen auf sich alleine gestellt, dazu noch konfrontiert mit einem wüsten Erbstreit und schlimmsten persönlichen Verunglimpfungen durch Mosers Sohn aus erster Ehe, der sie des Giftmordes an ihrem Gatten bezichtigte, was nachweislich eine üble Verleumdung war. Da man ihr in Schaffhausen auch nicht den notwendigen Respekt entgegenbrachte, verließ die Baronin Fanny Moser von Sulzer-Wart mit ihren beiden Kleinkindern, für die sie fortan allein die Verantwortung trug, fluchtartig Schloss Charlottenfels. Was ihr blieb, war ein immenses Vermögen. Aber von nun an musste sich die junge Witwe einen neuen Platz in der Welt schaffen und sich eine eigene Identität erarbeiten.

Die zweijährige Fanny ist somit eine Halbwaise. Ihre Mutter ist aufgrund ihrer psychischen Verfassung nicht in der Lage, ihren Kindern eine starke und liebevolle Erzieherin zu sein. Das Kleinkind besitzt kein Erinnerungsvermögen an seinen Vater. Und da ist zudem noch seine Schwester, das Baby Mentona, das von der Mutter nicht geliebt wird, da diese dem Säugling die Schuld am Tod ihres Gatten in die Schuhe schiebt.

Bezugspersonen

In der Essenz gilt es primär die Beziehung Fannys zu ihrer Mutter sowie zu ihrer zwei Jahre jüngeren Schwester zu beleuchten. Es ist kein intaktes, kein harmonisches Familienleben, das sich der Kleinen präsentiert: Es fehlt der Vater, er fehlt an allen Ecken und Enden. Die Mutter ist überfordert und muss doch nach außen repräsentieren, den Stand wahren, die Überlegene, Unantastbare mimen. Und da es in der Familie an der väterlichen Sicherheit, mithin an männlichem Ausgleich mangelt, orientiert sich das heranwachsende Mädchen unbewusst an den Herren der Schöpfung, die als Gäste bei der Baronin weilen. Fanny zimmert sich ein Bild von ihnen zurecht, ohne dass jene auch nur annähernd als Ersatzväter einen prominenten Platz in ihrem Leben einnehmen könnten. Und doch üben sie Einfluss auf sie aus, ein jeder auf seine Art, und kompensieren für das Mädchen zumindest teilweise den unbewusst empfundenen Verlust. Immerhin sind sie aus Fleisch und Blut, während Fanny ihren richtigen Vater lediglich als Bronzestatue bestaunen und bewundern kann, ihn damit erhöht und zu einem unerreichbaren Helden macht. Die Herren, die ihr im Beisein ihrer Mutter mit ihren Ansichten, Überzeugungen und Handlungsweisen begegnen, werden damit zu wesentlichen Bezugspersonen für das Mädchen, gehören mithin zum Dunstkreis dieser dysfunktionalen Familie Moser. Und doch ragt da auch eine Frau heraus, die zuweilen ihren Mann Albert auf die Au begleitet: Dr. Marie Heim-Vögtlin, die erste praktizierende Ärztin der Schweiz. Es ist kaum vorstellbar, dass nicht auch sie in Fanny Wünsche wachwerden lässt, die diese später unter schwierigen Umständen selbst verwirklicht.

Vorerst jedoch ist die Welt für das Kleinkind in Ordnung. Es wächst behütet auf, von der Mutter gehätschelt und darin bestärkt, dass sie von den zwei Töchtern im direkten Vergleich die stets bevorzugte ist. Materiell fehlt es ihr an nichts. Fanny ist umgeben von Gouvernanten und Erzieherinnen, über denen stets die Mutter schwebt und diese nach Lust und Laune entlässt, insbesondere dann, wenn sie sich erdreisten, der Baronin Ratschläge mit Bezug auf die Erziehung der Mädchen erteilen zu müssen, oder wenn sie ihr den Eindruck vermitteln, dass sie Empfindungen für deren Töchter hegen. Fanny bewundert Mama, eifert ihr nach, wie sich diese in der Gesellschaft bewegt. Und sie kann sich des mütterlichen Lobes sicher sein, wenn sie, die Erstgeborene, sich gesellschaftskonform verhält und sich das von der Baronin verkörperte Traditionsbewusstsein und die dazugehörigen Standesrituale zu eigen macht. Fannys Tagebuch, das wie ein Poesiealbum daherkommt und ihr „Von der treuliebenden Mutter" (so deren Widmung darin) zu Weihnachten 1883 geschenkt wird, weist über viele Seiten Lebensweisheiten auf, von der Frau Mama hineingeschrieben in der insgeheimen Hoffnung, dass die Tochter danach zu leben trachte.[3]

Aber noch wohnt man beim Großvater auf Schloss Wart im Zürcher Weinland, in Karlsruhe oder in Badenweiler und ist ansonsten rastlos auf Reisen. Fannys Onkel, Baron Max, ist immer wieder mal Gast, aber er eignet sich wenig für Erziehungsaufgaben, da er für seinen ausschweifenden Lebenswandel bekannt ist und zumeist seine Schwester um finanzielle Unterstützung angeht. Als Dank nützt er seine Kontakte zur Aristokratie, um sie bei dieser einzuführen. Im Jahre 1887 erwirbt die Baronin schließlich Schloss Au am Zürichsee, verbringt den Winter jedoch infolge größerer Umbauten wiederum mit den

[3] Archiv des IGPP, Bestand 10/3 („Nachlass Fanny Moser"), Tagebuch 1883–1942.

Kindern in Deutschland, kehrt im Juni 1888 zurück ins Schloss. Hier residiert sie fortan nicht nur, nein, sie hält Hof. Und Tochter Fanny, inzwischen 16 Jahre alt, findet Gefallen an all diesem gesellschaftlichen Treiben. In stolzer Haltung findet man sie auf Fotos inmitten all dieser Geisteskoryphäen sitzen. Denn es sind illustre Persönlichkeiten, die der Baronin ihre Aufwartung bei den opulenten Mittagessen auf der Au machen oder auch tagelang Gäste auf dem Schloss sind, deren Aussagen und Erkenntnisse Fanny in sich aufsaugt, die ihr einen Eindruck hinterlassen und sie mit ihren Ansichten unbewusst zu beeinflussen beginnen. Vor allem begeistert ist sie von den Wissenschaftlern, den Dichtern und Philosophen: Da ist unter anderen der Psychiater August Forel, der über hypnotisch hervorgerufene Brandwunden referiert (Wanner 1981: 166), oder der Hypnotiseur und Arzt Otto Wetterstrand, dann der Geologe Albert Heim, der zuweilen das Areal der Au mit einer Wünschelrute begeht und abklären soll, warum auf der Halbinsel Wassermangel herrscht. Es sind aber auch Dichter, Schriftsteller und Theaterleute wie Meinrad Lienert, Friedrich von Bodenstedt und Conrad Ferdinand Meyer, die die junge Dame fesseln. Für sie bedeutet diese Lebensphase inmitten dieser Künstler, Geisteswissenschaftler und Seelenkundler die wohl entscheidende intellektuelle Bereicherung, die für die Wissbegierige unter anderem die Basis bietet für ihre späteren Forschungsarbeiten im okkulten Bereich.

Mutter-Tochter-Beziehung

Im Herbst 1888 reist die Baronin mit ihren beiden Töchtern nach Wien, um sich als „Hysterika" – so die fachsprachliche Bezeichnung Sigmund Freuds – durch diesen behandeln zu lassen. Aber nun treten bei Fanny selbst Leidenssymptome zutage, und sie will – zum Entsetzen der Mutter – studieren, statt gemäß deren Willen auf einen standesgemäßen Gatten zu warten. Als die Baronin Freud 1890 nach Schloss Au bittet, damit er über Fanny ein Gutachten erstellt, hält dieser fest:

> Ihre ältere Tochter [...] zeigte einen ungemessenen Ehrgeiz, der im Missverhältnisse zu ihrer kärglichen Begabung stand, wurde unbotmässig und selbst gewalttätig gegen die Mutter. [...] Ich gewann einen ungünstigen Eindruck von der psychischen Veränderung, die mit dem Kinde vorgegangen war [...]. (Freud 1991: 102)

Dagegen beschreibt er seine Erkenntnisse, die er über die Baronin gewonnen hatte:

> Es war eine ausgezeichnete Frau, die wir [Breuer und Freud, R. N. B.] kennengelernt hatten, deren sittlicher Ernst in der Auffassung ihrer Pflichten, deren geradezu männliche Intelligenz und Energie, deren hohe Bildung und Wahrheitsliebe uns beiden imponierte, während ihre gütige Fürsorge für alle ihr unterstehenden Personen, ihre innere Bescheidenheit und die Feinheit ihrer Umgangsformen sie auch als Dame achtenswert erscheinen liess. (Ebd.: 122–123)

Trotz seines negativen Verdiktes über Tochter Fanny ermuntert Freud die Baronin, die er ebenso auf Schloss Au behandelt, der Tochter den Weg zu einem späteren Studium, den diese willensstark reklamiert, zu ebnen.

Vor allem jedoch gibt er seiner Patientin den Ratschlag, ihre Kinder darüber aufzuklären, dass deren Vater bereits einmal verheiratet gewesen und Witwer geworden war und dass dieser Ehe vier Töchter und ein Sohn entsprungen seien. Widerwillig folgt sie seiner Empfehlung, löst jedoch durch diese Mitteilung bei Fanny größte seelische Not aus. Das Bild des Helden, das das Mädchen von seinem Vater in ihrem Herzen getragen hatte, ist mit einem Male zerstört. (Noch als Neunundsiebzigjährige schreibt sie an Neujahr 1951 nieder, dass diese Nachricht sie „wie ein Donnerschlag" getroffen und ihr das Gefühl des „Nirgends-Hingehören" vermittelt habe.[4]) Vor allem jedoch ist Fannys fundamentaler Glaube an die Aufrichtigkeit von Mama, an die Unanfechtbarkeit von deren moralisch-ethischen Grundsätzen erschüttert: Das Urvertrauen in die Mutter ist weggefegt. Die Tochter wird der Mutter fortan misstrauisch gegenübertreten, denn deren Täuschungsmanöver bei einer solch essenziellen Information wie der Zusammensetzung des innersten Bezugskreises, nämlich der eigenen Familie, bewirkt in Fanny gewaltige innere Schwankungen und führt schließlich in eine abgrundtiefe Aversion gegen die Baronin. Diese neue Erkenntnis verändert Fanny entscheidend, begünstigt ihre Entwurzelung von der Familie. Nichts ist mehr, wie es einmal war. Vorbei sind die gemeinsamen Spaziergänge Arm in Arm mit der vordem heiß geliebten Mutter; vorüber die vertrauten Gespräche miteinander; erloschen der Glaube, dass Mama für alle Ängste ihres Kindes die richtige Lösung bereithalten würde. Die durch die Baronin jahrelang aufrechterhaltene Täuschung wird für die Sechzehnjährige zur bodenlosen Enttäuschung, was sie alsbald nach außen hart macht und zugleich nach innen vulnerabel. Diese sich selbst auferlegte Härte wird ihr im späteren Leben dienlich sein, wenn es darum geht, schwierige Lebenssituationen, denen sie begegnen wird, zu meistern. Andererseits öffnet ihre Verletztheit vermutlich ihr Innerstes für ihre Zuwendung zu spiritistischen Phänomenen, die sie später erforschen wird. Und trotz dieser Härte findet sie später Erfüllung in ihrer Ehe mit dem melancholisch veranlagten Musiker Jaroslav Hoppe, der schicksalsergeben seine sich früh offenbarende Krankheit akzeptiert, sich nie schlecht gelaunt gibt und der mit seinem Glauben an sein Karma wohl auch nicht an diesem Leben hängt.[5] – Auch hier wieder das vertraute Bild: Die Baronin ist anfänglich von Jaroslav Hoppe entzückt, bevor sie sich von ihm abwendet.

Und dann ist da die zweite wichtige Bezugsperson im Haushalt Moser, ihre um zwei Jahre jüngere Schwester Mentona, die vor allem in den ersten gut dreißig Jahren in Fannys Leben eine Rolle spielt.

---

4 Privatarchiv R. N. Balsiger; siehe Fußnote 1.

5 Vgl. Archiv des IGPP, 10/3, Korrespondenz mit Ota Fric, 14.1.1941.

Geschwisterbeziehung

Schon nur nach außen erscheint Fanny physiognomisch mit ihrem ebenförmigen Gesicht und ihrer daher markanter wirkenden hohen Stirn bedachter als Mentona, die, mit einer hervorstechenden Mosernase und einem energischen Kinn mit ausgeprägtem Sulzergrübchen versehen, für die Mutter allein optisch eine Angriffsfläche bietet. Aber auch ansonsten könnten die Schwestern in ihrer Veranlagung und ihrem Habitus wie auch im Erleben ihrer Jugendzeit nicht stärker kontrastieren und voneinander unterschiedlicher sein. Da ist beispielsweise die Wahrnehmung der Kindergeburtstagsfeiern durch die Jüngere:

> Solange ich den Geburtstag zu Hause verlebte, war er ein glanzloser, etwas trauriger Tag. Graue Oktoberstimmung, fallendes Laub [...] Keine Blumen lagen auf dem Tisch [...] Geradezu prunkvoll wurde dagegen im Mai der Geburtstag meiner Schwester gefeiert [...] Fannys Geburtstagstisch war gross [...] mit Blumen geschmückt [...].[6]

Mentona, die sich selbst als „hässliches, kleines Entlein" bezeichnet (Balsiger 1981: 179), ist von frühester Jugend an kränklich und entspricht der mütterlichen Vorstellung, die sie gegenüber der Gesellschaft abgeben soll, in keiner Weise. Denn da ist bereits von Anbeginn dieses unüberwindbare Handicap, dass das Kleinkind in den Augen der Mutter für den Tod des Vaters mitverantwortlich gemacht wird: Drei Jahre habe sie dieses Kind gehasst, meint die Baronin zu Freud in einer Therapiesitzung, „weil sie sich immer gesagt, sie hätte den Mann gesund pflegen können, wenn sie nicht des Kindes wegen zu Bett gelegen wäre" (Freud, 1991: 82). Und sie öffnet sich ihm: „Ich habe gesagt, dass ich die Kleine nicht geliebt habe. Ich muss aber hinzufügen, dass man es an meinem Benehmen nicht merken konnte. Ich habe alles getan, was notwendig war. Ich mache mir jetzt noch Vorwürfe, dass ich die Ältere lieber habe" (ebd.).

Hier zeigt sich die Wirklichkeit von ihrer klaren, erbarmungslosen Seite: Fanny ist nicht nur einfach die sprichwörtlich „ältere" der beiden, und damit schon kraft des Altersunterschieds die überlegene Schwester, sondern sie punktet auch bei Mama in jeder Hinsicht, ist geschickter als die Kleine, zeigt im Gegensatz zu Mentona perfekte Tischmanieren, präsentiert sich in der Gesellschaft nach der Vorstellung der Mama als das perfekte, gut erzogene, adrette Kind. Fanny weiß sich intuitiv als Liebling der Mutter und spielt dies gegenüber der körperlich wie hierarchisch schwächer positionierten Schwester aus, indem sie diese beispielsweise gar physisch zurückstößt, wenn Mentona Einlass in das Schlafgemach von Mama begehrt – zementiert solchermaßen die klare Rangordnung. Dann sind da die üblichen Streiche zu vermelden, die Kinder ausüben, aber gemäß Mentonas Aufzeichnungen verrät Fanny sämtliche, welche von Mentona ausgehend einen argen Verlauf nehmen, an die Mama; diese handelt entsprechend mit Strafen. Oder dass Mentona Fanny in einen ihrer

6 Privatarchiv R. N. Balsiger, „Mentona Moser: Lebensgeschichte von Mentona Moser", S. 4–5.

Träume einweiht, in dem ihr Herz gebrochen worden sei, und sie von ihr erwartet, dass die Ältere diesen für sich behalte; Fanny hingegen erzählt es an der Mittagsgesellschaft, worauf Mentona von allen Anwesenden ausgelacht wird.[7] So kann nie je ein Vertrauensverhältnis zwischen Geschwistern entstehen. Eine der wenigen Eigenschaften, die sie gemeinsam haben, ist das Sammeln von Schmetterlingen, aber das ist es dann auch schon. Dagegen liebt Mentona alles und Sämtliches, was kreucht und fleucht, während sich Fanny vor den Spinnen fürchtet und weiß, dass es der Mutter ebenso ergeht. Die Mädchen, die auf Schloss Au und auf gemeinsamen Reisen mit der Mutter viel Zeit miteinander verbringen, leben in ständigem Streit miteinander, gehen gar mit ihren Fäusten aufeinander los. „Mama war unglücklich über unsere Unverträglichkeit, ... untersuchte aber auch nicht die tieferen Ursachen unserer Zwistigkeiten, und schließlich hörten wir von selbst auf und gingen getrennte Wege.“[8] Fanny nähert sich Mentona nur in Momenten, in denen sie sich fürchtet. Lediglich im Klettern auf Bäume ist Mentona geschickter als ihre Schwester. Und bei ihrem Großvater, dem Baron Heinrich von Sulzer-Wart, ist sie immerhin die bevorzugte Enkelin, dessen Liebling.

Dann ein Kinderkostümfest in Badenweiler als Paradigma:

> Meine Schwester trug bei dieser Gelegenheit ein echtes Tscherkessenkostüm, das meine Eltern einst aus Russland mitgebracht hatten. Es stand ihr prächtig. Ich dagegen sah recht kläglich aus als ihr Mann in langem blauem Rock, weiten Pluderhosen, anstelle der Schaftstiefel, auf die ich mich so gefreut hatte, mit Rohren aus Pappe, die ich über meine Strassenschuhe ziehen musste.[9]

Und als Fannys Gesundheit zur Sorge Anlass gibt und sie sich gar einer Operation in Bern mit nachfolgender Kur in einem Sanatorium unterziehen muss, jammert Mama, am Klavier sitzend, ein kontinuierliches: „Fannily, Fannily...“, dagegen jedoch niemals: „Möni“, obzwar doch die Kleine an einer Kinderlähmung erkrankt war.[10] Aber Fanny ist auch die eifrigere Schülerin und verträgt sich vortrefflich mit der Erzieherin, im Gegensatz zur Kleinen, der das Lernen schwerfällt. In Retrospektion gesehen mögen diese von Mentona geschilderten Eindrücke larmoyant erscheinen, sie geben jedoch Einsicht in eine tief verletzte Seele und einen wenig liebevollen Umgang der Schwestern.

---

7 Vgl. ebd., S. 60.
8 Vgl. ebd., S. 15.
9 Vgl. ebd., S. 46.
10 Vgl. ebd., S. 73.

Abb. 1: Mentona (links) und Fanny Moser auf einem Kinderfest.

Sie werden noch gemeinsam auf Schloss Au konfirmiert, bevor Fanny sich nach Berlin in ein Mädchenpensionat begibt – und von dort stark verändert in die Schweiz zurückkehrt. Nun macht sie plötzlich einen erwachsenen Eindruck und ficht die Autorität der Mutter an. Diese ruft Professor Freud zu Hilfe. Die Entfremdung von der Mutter hat eingesetzt. Fanny verlässt Schloss Au und begibt sich 1891 nach Zürich in Pension zu Pfarrer Bion, dem Begründer der Ferienlager, um sich auf das Universitätsstudium vorzubereiten. Mentona hält in ihrer Lebensgeschichte eine bezeichnende Begebenheit fest, die Mama gegenüber Fanny geäußert habe: „Ein junger Baum muss biegen oder brechen.“[11] (Dieses mütterliche Verdikt allerdings akzeptierte keine der beiden Schwestern.)

Das Einzige, was die beiden Schwestern, wenn schon nicht verbindet, so zumindest zueinander führt, ist der Bezug zum unbekannten Vater und seinen Kindern aus erster Ehe, so sich die rare Gelegenheit ergibt. Bei Mentona ist dies

[11] Vgl. ebd., S. 97.

1915 der Fall, als sie ihren Halbbruder Henri auf dessen Schloss Charlottenfels erstmals kennenlernt. Dessen Lieblingsschwester Sophie, die inzwischen Witwe gewordene Gräfin Mikes von Zabola, lässt sich bald nach dem Tod ihres Gatten in München nieder und wird dort periodisch von ihrem Lieblingsbruder Henri besucht. Aber hier wohnt auch Fanny, die Mentona einlädt, sie zu besuchen, weil sie inzwischen ihre Halbschwester, Sophie, kennengelernt hat. So kommt es um das Jahr 1916 zu einem Geschwistertreffen, an dem auch weitere Verwandte teilnehmen. Fanny habe ihr bei diesem Treffen einen spröden, ja rigiden Eindruck gemacht, sei im Vergleich zum Halbbruder Henri viel weniger charmant gewesen, weiß die an diesem Treffen anwesende junge Elisabeth von und zu Guttenberg, Fannys Großnichte, später zu erzählen.[12] Mentona fühlt sich jedoch im Gegensatz zu ihrer Schwester in dieser hochvornehmen Atmosphäre nicht heimisch. Was sich bereits auf Schloss Au abgezeichnet hat, bestätigt sich auch hier: die grundlegend unterschiedliche Lebensausrichtung der beiden Schwestern. Nach dieser geschwisterlichen Zusammenkunft erhält Mentona von Fanny zum Abschied die Biographie von Professor Adam Pfaff über ihren gemeinsamen Vater in die Hand gedrückt, was diese sehr berührt, aber sie wird dieses Buch dann doch nie lesen! Immerhin: Es ist der unbekannte Vater, der sie gemeinsame Gefühle erleben lässt.

Und es ist die Mutter, mit der sich Fanny auseinandergelebt hat und die ihr Anlass gibt, der Schwester Mentona darüber zu berichten. Denn die Frau Mama stellt 1907, nach weiteren großen Meinungsverschiedenheiten zwischen den beiden, von einem Tag auf den anderen die monatlichen Zahlungen an das Ehepaar Hoppe-Moser ein. Erzürnt schreibt Fanny am 12. November und dann erneut am 13. Dezember 1907 an Mentona:

> Zwischen Frau Moser und mir ist es so ziemlich zum Äussersten gekommen. Frau Moser zahlt überhaupt nichts mehr...bis ich ihr eine schriftliche Erklärung gebe, dass sie zu gar nichts mir gegenüber verpflichtet sei [...] Ich sehe absolut nicht ein, wozu ich mich nun plötzlich in ein Mauseloch setzen, jede kleinste Reise 10 mal überlegen und mich kleinbürgerlich einschränken soll [...] Es ist mir dabei lange nicht in erster Linie um das Geld zu thun – sondern darum, Frau Moser zu zeigen, dass sie an mir ihren Meister gefunden hat [...].[13]

„Frau Moser“! An der Entfremdung von der Mutter gibt es wohl nichts zu deuteln! Und als 1910 dann der durch das Erbe seines Vaters wieder zu Vermögen gelangte Onkel Max stirbt, geht es auf Schloss Wart während der Erbteilung zu und her wie auf dem Schlachtfeld. Erneut ein Schreiben Fannys an Mentona, das vom 22. November datiert ist: „Nein, was sind wir für eine Familie – wenn ich nur schreiben könnte – aber dazu gehörte wirklich die Feder Dostojewskis.

[12] Mündliche Überlieferung, München, Frühjahr 1991.
[13] Privatarchiv R. N. Balsiger.

Frau Moser ist doch direkt eine Figur aus einem seiner Romane."[14] „Frau Moser"! Schon wieder!

Als die Baronin schließlich gegen Ende ihres Lebens damit beginnt, hohe Summen ihres Vermögens an Verwandte und Freunde zu verschenken, erhält Fanny davon Wind und gelangt erneut an Mentona. Sie will diese gewinnen, sie bei ihren Bemühungen, die Mutter für geistig unzurechnungsfähig erklären zu lassen, zu unterstützen. Aber Mentona interessiert dies wenig, schreibt an Fanny zurück, dass sie anderen Leuten doch auch etwas gönnen möge. Dieser Briefwechsel zwischen den Schwestern offenbart die Irritation Fannys über Mentonas nonchalante Haltung materiellen Dingen gegenüber, und es wird nicht der letzte dieser Art sein.

Die Baronin erhält Wind von den Anstrengungen Fannys, die Mutter für unmündig erklären zu lassen. Als Folge verbietet diese testamentarisch, dass die älteste Tochter „aufgrund des unerhört scandalösen Benehmens [...] im Haus wohnt vor oder nach der Beerdigung".[15] Kurze Zeit nach dem Tod der Mutter 1925 erteilt Fanny Mentona in zwei weiteren Briefen Ratschläge in Kindererziehung sowie in materiellen Dingen. Danach sehen die beiden einander nie mehr, und auch die Korrespondenz untereinander bricht ab. Dies ist umso bemerkenswerter, als sie beide zwischen 1943 und 1950 in Zürich wohnen. Dabei sind sie noch auf Einladung des Schaffhauser Stadtpräsidenten Walther Bringolf gebeten worden, das Mosersche Ehrengrab am 5. August 1943 einzuweihen. Aber das Schreiben Bringolfs, das dieser nach München sendet, erreicht Fanny nicht mehr, da sie sich im Transit von dort nach Zürich befindet. Und als sie im Februar 1953 stirbt, vermerkt dies Mentona (mittlerweile in Ostberlin lebend) in ihrem Tagebuch nur gerade faktisch, ohne jedwede Reflektion auf ihre Schwester, ohne Artikulierung von Gefühlen, ohne Ausdruck von Bedauern oder gar Trauer.

Fanny, die Fürsorgliche

Trotz der Auseinanderentwicklung, die sich zwischen Tochter und Mutter sowie zwischen den Schwestern abgespielt hat und noch stärker akzentuieren wird, offenbart Fanny nunmehr eine Seite ihres Charakters, die ihr für ihr gesamtes späteres Leben wegweisend bleibt: eine fürsorgliche Gesinnung für ihr nahes Umfeld, was oder wie immer die Umstände auch sein mögen, ein Pflichtgefühl trotz ihrer Verletztheit. Hier geht es vorerst um die Mutter, zu dem Zeitpunkt, als Fanny als Frischvermählte wegzieht: Sie bittet Mentona, der Mutter nah zu bleiben, sie nicht alleine zu lassen. Aber schon einige Monate

14 Vgl. ebd.

15 Privatarchiv R. N. Balsiger, Auszug aus dem „Protokoll des Einzelrichters des Bezirkes Horgen in Verfahren für nichtstreitige Rechtssachen", 15.4.1925.

zuvor, als Mentona geschwächt von ihrer Sozialarbeit in London zur Erholung in die Schweiz zurückkehrt, reist Fanny ihr bis nach Dover entgegen, wo beide danach einige Tage miteinander auf Jersey Zwischenstation machen. Und Fanny beweist auch nach dem Einsetzen der Krankheitssymptome bei ihrem Manne und bei ihrer langjährigen Betreuung des Gatten ihre fürsorgliche Haltung, obzwar sie daran seelisch fast zugrunde geht. In ihr Tagebuch jammert sie am 28. Januar 1920:

> Das Leben wächst über meine Kräfte – ich kann bald nicht mehr und sehe keinen Ausweg – keinen Hoffnungsstrahl – keinen Lichtblick. In fremdes Land, mit fremder Sprache, ohne Freunde, versetzt, ein schwer kranker Mann, Geldsorgen, aus meiner Arbeit und allen Interessensphären in dieser Zeit herausgerissen, bin ich wie ein Baum im Sturm, dem man die Wurzeln abgeschnitten hat. Wo wird mir Hilfe? Ich bin müde und flügellahm – –[16]

Sie pflegt ihren Mann hingegen jahrelang weiter bis zu seinem Tod, obgleich ihre schwer zu bändigende Natur ihr bei seiner Betreuung oft im Wege steht und sie ihre innere Ruhe nicht findet. Und schließlich zeugen da die vielen Zeichen echter Sorge um ihre letzte Haushälterin Barbara (Betty) Suttner von ihrer fürsorglichen Art, und sie stellt schließlich testamentarisch sicher, dass nach dem Tod für diese ausreichend gesorgt ist.

Freuds ‚Mea culpa'

Doch was war das mit den vermeintlichen Erkenntnissen Freuds über die Fähigkeiten und die charakterlichen Veranlagungen von Fanny wie auch von deren Mutter? Nun, er hat die Größe, Fanny am 13. Juli 1918 einen längeren Brief zu schreiben, in dem er u. a. formuliert:

> Sie haben recht, ich habe damals wenig für Sie geleistet, ich verstand nichts von Ihnen. Wollen Sie aber gütigst bedenken, dass ich zu jener Zeit auch vom Fall Ihrer Mutter nichts verstand [...] Das Benehmen Ihrer Mutter gegen Sie und Ihre Schwester ist mir lange nicht so rätselhaft wie Ihnen. Ich kann Ihnen die einfache Lösung geben, dass sie die Kinder ebenso zärtlich liebt, wie sie sie erbittert hasst (was wir Ambivalenz heissen)[17]

– und solches auch in seinem Nachtrag zu Emmy von N. in den *Studien über Hysterie* festhält. Aber schon dreiundfünfzig Jahre früher schreibt Vater Heinrich in seinem Brief vom 18. Januar 1871 ähnliches an seine Tochter Sophie, nämlich, dass seine neue Gattin „in der Liebe wie im Hass unbegrenzt" sei.[18]

---

16 Archiv des IGPP, 10/3, Tagebuch 1883–1942.

17 Kopie des Briefes in Privatarchiv R. N. Balsiger; Original in Archiv des IGPP, 10/3.

18 Kopie des Briefes in Privatarchiv R. N. Balsiger. Original in „Nachlass Moser" in der Stadtbibliothek Schaffhausen, Depositum Klingenberg.

Ein unerfülltes Leben

So romantisch Schloss Au sich präsentiert, so idyllisch sich das Flanieren auf dem Landgut auch gestaltet: Die Gemütslage innerhalb der vier Wände ist zuweilen kafkaesk und zumeist von der Befindlichkeit der Mutter vorgegeben, von ihren Stimmungsschwankungen bestimmt, ist geprägt von ihren Ängsten und ihrer Krankheit, von Freudlosigkeit und Distanziertheit. Fanny ahmt als Kind die Mutter nach, spielt die ihr zugedachte Rolle, gibt sich rätselhaft, übernimmt die großbürgerlich-aristokratische Verhaltensweise, wirkt eher altklug als frühreif. Sie kann all diese Wesensmerkmale nicht abstreifen, als sie ins Erwachsenenalter tritt, will es vielleicht auch nicht. Obzwar sie sich mit der Mutter entzweit, kann sie sich von ihr innerlich nicht befreien. Sogar einige der Krankheiten, an denen die Mutter leidet, nimmt sie schon als Kind an: Bereits als Sechsjährige ist sie von ersten Genickkrämpfen geplagt, genau wie die Baronin, und sie hält gegen Ende ihres Lebens diese „psychische Ansteckung von meiner Mutter" fest und konstatiert weiter: „ich war doch fast mein ganzes Leben ein kranker Mensch".[19]

Die Photographien aus ihrem späteren Leben offenbaren es: Der Ausdruck in ihren Augen ist der einer Suchenden, Getriebenen, Verzweifelten, einer Einsamen, die besessen ist von ihrer Angst, dass „ich sterben könnte, ehe ich meinen 2. Bd. geschrieben habe, für den mein Leben gelohnt hätte", wie sie in ihrem wohl letzten Brief an Marie Baum vom 6. Juni 1952 formuliert, um in demselben Schreiben, acht Monate vor ihrem Tod, doch festzuhalten: „Allerdings habe ich diesen grässlichen Okkultismus immer als eine mir vom Schicksal gestellte Aufgabe betrachtet, und habe daher den Glauben, dass es mir auch die Vollendung gewähren wird."[20]

Ihre vielen schriftlich festgehaltenen Lebensabrisse – vor allem, seit sie Witwe geworden – sprechen eine klare Sprache. Denn ihre Gedanken, die sie ihrer intimsten Freundin, ihrem Tagebuch, offenbart, widerspiegeln die Verzweiflung, dass ihr Leben sinn- und wirkungslos bleiben könnte, während sie sich in ihrem Brief vom 6. Juni 1952 an Marie Baum bedeutend selbstbewusster gibt:

> Ich habe Torschlussangst, nämlich dass ich sterben könnte, ehe ich meinen 2. Bd geschrieben habe, für den mein Leben gelohnt hätte, denn ich glaube […] es würde etwas ausserordentliches, sollte es mir gelingen, so zu schreiben, wie es geschrieben werden sollte.[21]

Hier offenbart sich die Ambivalenz dieser hochsensiblen, komplexen und letztlich schwer fassbaren Persönlichkeit vielleicht am deutlichsten.

---

[19] Archiv des IGPP, 10/3, Tagebuch 1943–1947.
[20] Archiv des IGPP, 10/3, Korrespondenz mit Marie Baum, 6.6.1952.
[21] Ebd.

Abb. 2: Fanny Moser (undat.).

Sie, die lebenslang explorierende Naturwissenschaftlerin wird, nachdem sie während gut zwanzig Jahren minutiös Material im Kontext ihres Forschungsbereiches der parapsychologischen Phänomene gesichtet hat, mit zunehmendem Alter fahrig; sie liest die Fahnenabzüge von Manuskripten nicht länger, die teils voller Fehler sind, sie paraphrasiert, interpretiert großzügig, anstatt Zitate zu übernehmen. Was immer: Professor Bender, der Freiburger Parapsychologe, mit dem Fanny seit langem in wissenschaftlichem Austausch steht, ist von Fanny Moser und ihrer von Leidenschaft getriebenen Forschungstätigkeit hell begeistert und versteigt sich beim Vergleich der beiden Schwestern gar zur Aussage: „Aber Fanny ist doch die viel Bedeutendere von den beiden!“ [22] Und natürlich trifft es zu, dass sie unabhängig vom Leben und Wirken ihrer Schwester Zeit ihres Lebens eine sowohl faszinierende, charismatische Persönlichkeit wie auch ein streitbarer, eigenwilliger Charakter gewesen ist.

Das Sonnenkind, das Vorzeigekind, einstmals von der Mutter als Trophäe in der Gesellschaft herumgereicht, ist aufgrund von Schicksalsschlägen in ihrem Leben im Innersten hart geworden, unzufrieden mit sich selbst. Sie setzt sich selbstkritisch mit der Frage auseinander, ob denn ihr Leben lediglich aus Fragmenten bestanden habe. „Meine Erinnerungen willst Du? Dieser Gedanke hat mich allerdings wiederholt beschäftigt, richtiger gequält […] denn rückblickend erkenne ich, wie reich und zum Teil merkwürdig und deutungsreich dieses

22 Mündliche Überlieferung, Gespräch mit Hans Bender und Eberhard Bauer, Freiburg 1985.

Leben gewesen ist." Worin sie u. a. festhält, dass sie „ein Mensch ohne Vergangenheit, ohne Hintergrund" sei und „eine Kindheit voll Einsamkeit" erlebt habe, wobei dieses Loslösen allerdings nie vollständig gelang: „Zu stark war die Verankerung im Hergebrachten", in welchem „die Erziehung in so vielem einer Verkrüppelung gleichkam."[23]

Sie schiebt ihre Schreibmaschine zur Seite, nimmt einige lose Seiten Papier zur Hand und überlegt sich, wie sie ihre Lebensaufzeichnungen strukturieren soll, schreibt von Hand (und manches unterstrichen): „1. Kapitel Mein Vater 1805 - 1875" (sic! Moser stirbt 1874). Aber den größten Teil des A4-Blattes streicht sie wieder durch, fährt auf einer neuen Seite weiter mit: „2. Kapitel M. Mutter - Hitler-Natur". Das 3. Kapitel weist lediglich einige wenige Angaben zu ihrer Kindheit auf, das 4. Kapitel beschreibt auf einer halben Seite ihre „herumgeworfene Jugend". Das 5. Kapitel: eine volle Seite über ihre Studienjahre. 6. Kapitel: „Beruf und Ehe", auch nicht mehr als eine Seite. Das 7. ist lediglich mit „Mein Mann und seine Cechische (sic) Heimat" betitelt, das 8. weist eine halbe Seite über die „Tragödie Kremsier 1918–1927" auf, dann das 9.: ein paar wenige Gedankenfetzen über die Zeit von 1927 bis 1943, und schließlich das 10. Kapitel: eine knappe Seite über: „Zürich und Spuk 1943–195?".[24] Dann ergreift sie erneut ihre Schreibmaschine und tippt auf einigen Seiten vorwiegend Biographisches über ihren Vater und dessen Familie auf das eingespannte Papier. Aber das ist es dann auch! Es bleibt die Frage, ob dieses lediglich Zusammentragen von Kapitelüberschriften plus zusätzlich einiger weniger Halbsätze nicht das Spiegelbild einer zwar ereignisreichen Vita manifestieren sollte, aber eines in Fragmenten und von Rastlosigkeit geprägten, letztlich unerfüllten Daseins. Die Eintragungen in ihren Tagebüchern erlauben es, diese Interpretation zuzulassen.

Ein Leben in Fragmenten – aber der Kreis schließt sich

Nach Fannys Ableben entnimmt Betty Suttner vor der Kremation der von ihr langjährig und liebevoll Betreuten ein Büschel weißgrauer Haare und legt es in einen weißen Briefumschlag. Es ist, fast siebzig Jahre später und als ein weiterer fragmentarischer Akt, die einzige Berührung zwischen der Verblichenen und dem Moser-Familienchronisten.

Aber nun folgt das letzte Kapitel im Leben der Fanny Moser, und es fühlt sich an wie ein Gnadenakt. Während sich ihre Mutter in Kilchberg einen Grabplatz gekauft hat und Mentona 18 Jahre später trotz ihres testamentarischen Wunschs nach Bestattung in der Moserschen Familiengruft ihr eigenes

[23] Archiv des IGPP, 10/3, autobiografisches Manuskript „Cassandra".
[24] Privatarchiv R. N. Balsiger, s. Fußnote 1. Alle Nummerierungen und Überschriften sind übernommen als Zitate.

Ehrengrab in Berlin erhält, wendet sich Fanny an Walther Bringolf, den Stadtpräsidenten von Schaffhausen. Sie bittet ihn zu prüfen, ob ihre Urne nach ihrer Feuerbestattung nicht im Ehrengrab ihres Vaters und ihres Halbbruders beigesetzt werden könne. Diesem Begehren wird seitens der Schaffhauser Stadtbehörde stattgegeben, und sie hält diese Vereinbarung in ihrem Testament vom 16. Januar 1953 fest. Ihr Vater und Henri liegen dort begraben sowie weitere Verwandte, die sie mit Ausnahme Henris alle nicht gekannt hat. Obzwar dieser Schlussakt nicht den letzten Stein versinnbildlicht, der in ihr Lebensmosaik gesetzt wird, ist es ein Ankommen in der Familie. Das in ihrem Tagebuch festgehaltene „Nirgends-Hingehören" bedeutet wohl für die zeitlebens Entwurzelte ihr Heimkommen - zu einem Ort, wo die unruhige Seele ihren Frieden zu finden hofft.

Literatur

Balsiger, R. N. (1981). Mentona Moser. In Historischer Verein des Kantons Schaffhausen (Hrsg.), *Schaffhauser Biographien, Vierter Teil* (Bd. 58) (S. 179–192). Karl Augustin.

Freud, S. (1991). Frau Emmy von N..., 40 Jahre, aus Livland. In J. Breuer/S. Freud [1895], *Studien über Hysterie* (S. 37–89). Fischer.

Wanner, O. (1981). Fanny Moser. In Historischer Verein des Kantons Schaffhausen (Hrsg.), *Schaffhauser Biographien, Vierter Teil* (Bd. 58) (S. 163–172). Karl Augustin.

Bildnachweise

Abb. 1: Privatarchiv R. N. Balsiger

Abb. 2: Privatarchiv R. N. Balsiger

Vom unvergleichlichen Zauber blumengleicher Tiere. Die zoologischen Arbeiten der Okkultistin Fanny Moser

Michael Nahm

Einführung

Die Biologin Dr. Fanny Moser (1872–1953) ist in grenzwissenschaftlichen Kreisen vor allem als Parapsychologin und Spukforscherin ein Begriff. Ihre zwei Buchpublikationen zu diesen Gebieten, ein monumentales Übersichtswerk über die „Täuschungen und Tatsachen" des Okkultismus (Moser 1935) sowie ein einflussreiches Buch über Spukphänomene (Moser 1950) gelten noch heute als wegweisende Arbeiten hinsichtlich einer einzigartigen Material- und Quellensammlung. Moser besitzt weiterhin durch ihre Rolle als erste Mäzenin des 1950 gegründeten Instituts für Grenzgebiete der Psychologie und Psychohygiene e.V. (IGPP) speziell im Kontext der deutschen akademischen Parapsychologie eine enorme Bedeutung. Aus diesen Gründen beinhalten Schriften über Moser, die nach ihrem Tod erschienen sind, zumeist Würdigungen und Besprechungen ihrer Tätigkeiten im Rahmen der Parapsychologie (z. B. Bauer 1977, 1986, 2010; Bender 1974, 1980; Frei 1952/1953; Locher 1968, 1986; Schellinger 2017; Schmied-Knittel 2021; Vogel 2011). Hingegen sind allgemeine und auch auf andere Phasen und Umstände ihres Lebens eingehende biografische Darstellungen äußerst selten (eine Ausnahme bildet Wanner 1981).

Diese anderen Bereiche des Lebens dieser Biologin, die sich während und nach ihrem Studium auf die biologische Unterdisziplin der Zoologie spezialisiert und hauptsächlich zur Erforschung von Quallen beigetragen hatte, werden in den genannten Publikationen nur sehr kurz oder auch gar nicht erwähnt. Insofern dürfte außerhalb einer relativ kleinen Fachcommunity kaum bekannt sein, dass Moser seinerzeit in einschlägigen Büchern und Zeitschriften zu Rippenquallen und Staatsquallen publiziert hat und diese Arbeiten bis zum heutigen Tag in Fachpublikationen rezipiert werden. Doch auch diese Erwähnungen fallen meist recht knapp aus, und eine systematische Darstellung und die Würdigung von Mosers zoologischen Arbeiten fehlen. Aus diesem Grund werden sie in diesem Beitrag erstmals zusammenfassend dargestellt und darüber hinaus sowohl im zeitgenössischen als auch im gegenwärtigen Forschungsumfeld kontextualisiert. Vor allem in historischer Perspektive sind Mosers Arbeiten auch deshalb besonders bemerkenswert, weil sie in einem praktisch ausschließlich von Männern dominierten Milieu geleistet worden sind. Fanny Moser zählt zu den ersten Frauen, die trotz widriger Umstände schon vor über hundert Jahren einen wissenschaftlichen Beruf ergriffen und ausgeübt haben.

Doch vor der Beschreibung ihrer Arbeiten möchte ich auf die interessante Beobachtung verweisen, dass Mosers zoologischer Forschungsschwerpunkt, die Beschäftigung mit Quallen, auf einer strukturellen und optischen Ebene interessante Gemeinsamkeiten mit der Untersuchung parapsychologischer Phänomene besitzt, wie sie Moser in ihrer zweiten Lebenshälfte beschäftigt haben. Sie selbst hat sich jedoch in ihren späteren Publikationen nie zu diesen Ähnlichkeiten ihrer beiden Hauptforschungsgebiete geäußert. Allerdings sind diese derart auffällig, dass diesbezügliche Vergleiche gerechtfertigt scheinen: Parapsychologische Phänomene, etwa Spuk oder Erscheinungen Verstorbener, manifestieren sich genau wie die scheinbar schwerelosen Meerestiere in einem oft sehr lichtarmen Milieu, üblicherweise unverhofft, und entziehen sich dann dem Zugriff der Untersuchenden. Beide lassen sich daher nur schwer in Echtzeit und am lebenden Objekt studieren. Spuk und Quallen sind ephemer; sie changieren, ihre Formen wandeln sich, und die Gesamtzusammenhänge sind schwer zu fassen. Sie sind überdies auch nur schlecht konservierbar. Die Vorrichtungen, die man zur jeweiligen Dingfestmachung oder zum Fangen trifft, zerstören den Untersuchungsgegenstand häufig, sodass ihr Studium insgesamt einige Herausforderungen birgt. Viele der von Moser studierten Quallen besitzen sogar die Fähigkeit zur Biolumineszenz – d. h., sie können ein im Dunkeln wahrnehmbares Licht erzeugen, ähnlich den viel diskutierten Leuchterscheinungen bei Spuk oder im physikalischen Mediumismus, den beiden herausragenden okkulten Interessengebieten Mosers. Zahlreiche von ihr angefertigte Quallenzeichnungen erinnern schon optisch stark an unsere Vorstellung von Gespenstererscheinungen in langen Gewändern. Insbesondere, wenn diese – wie manchmal in Mosers Publikationen – noch auf schwarzem Hintergrund gezeichnet sind, fühlt man sich an Darstellungen von Phänomenen, wie sie noch heute von spiritistischen Dunkelsitzungen beschrieben werden, erinnert.[1]

[1] Ich selbst habe bei einer solchen Sitzung erlebt, wie ein Taschentuch, das mit phosphoreszierenden Klebesstreifen versehen war, milde leuchtend durch ein ansonsten finsteres Sitzungszimmer schwebte. Seine Bewegungen erinnerten dabei an diejenigen einer Qualle (vgl. Nahm 2014). Das angebliche spiritistische Medium, in dessen Gegenwart sich dieses geisterhafte Phänomen ereignete, erwies sich letztlich jedoch wie so viele andere – und auch von Moser so bewertete – Medien als reichlich „geist-loser" Betrüger.

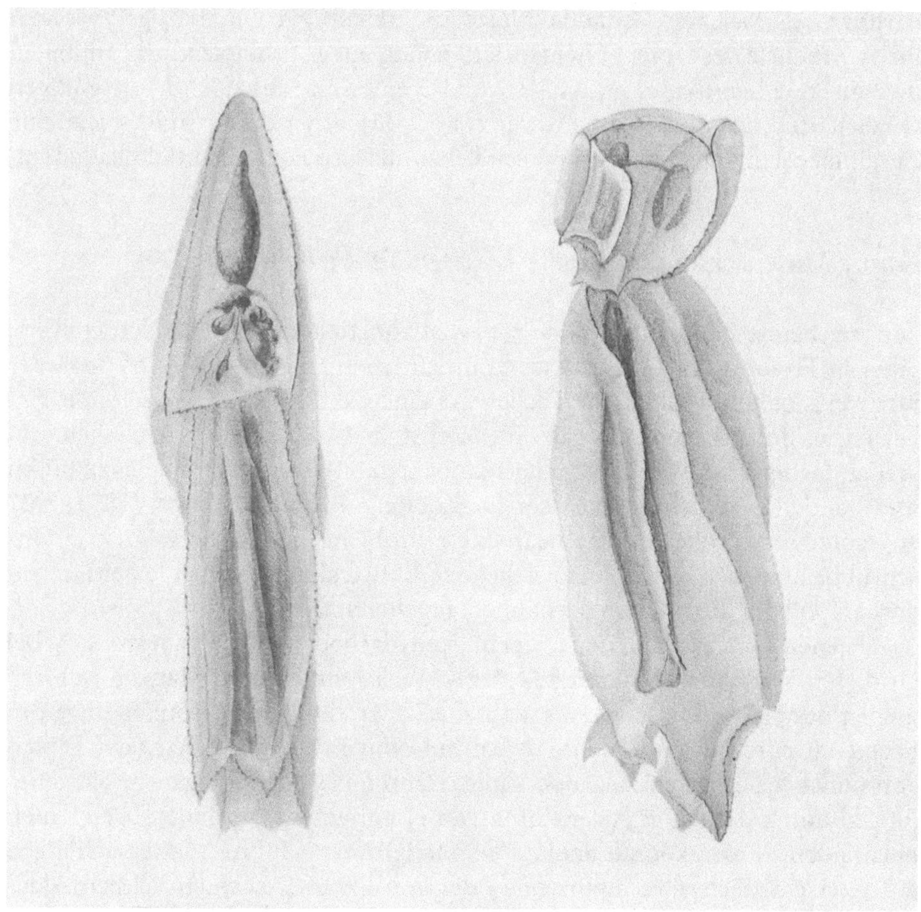

Abb. 1: Gespenstisch anmutende Quallenzeichnungen von Fanny Moser.

Um die Konturen der Zoologin Fanny Mosers nun genauer herauszuarbeiten, werde ich ihren beruflichen Werdegang und ihre konkreten Arbeiten in knapper Form darstellen. Hierfür beschreibe ich in getrennten Abschnitten zunächst ihre anfänglichen Arbeiten bzw. Publikationen über verschiedene Wirbeltiere, danach diejenigen über Rippenquallen und schließlich diejenigen über Staatsquallen. Ich befasse mich dann mit einigen Überlegungen zu weiteren Querbezügen zwischen Mosers zoologischen Arbeiten und ihren Arbeiten auf parapsychologischem Gebiet, die sie erstaunlicherweise niemals selbst thematisiert hat. Hierbei kommen auch andere Biologen ihrer Zeit zur Sprache, die sich mit der Parapsychologie beschäftigt hatten. Als herausragendes Beispiel mag Hans Driesch (1867–1941) gelten, der die parapsychologischen Phänomene als eine Bestätigung des naturphilosophischen Konzepts des Vitalismus betrachtete, wonach das Leben nicht allein mittels der Gesetzlichkeiten von Physik und Chemie verstanden werden könne. Danach folgen knappe Spekulationen darüber, aus welchen Gründen Moser die genannten Querbezüge zwischen ihren Arbeitsfeldern nicht thematisiert haben mag. Schlussendlich enthalten die am Ende beigefügten Anhänge 1 und 2 eine Liste der noch heute gültigen Quallenarten, die von Fanny Moser erstbeschrieben worden sind, sowie eine Zusammenstellung aller ihrer (derzeit bekannten) zoologischen Publikationen.

Fanny Mosers erste zoologische Arbeiten an Wirbeltieren

Die angehende Biologin studierte zunächst von 1896 bis 1899 an den Universitäten in Freiburg im Breisgau sowie in Zürich für insgesamt sechs Semester medizinische und biologische Fächer wie Chemie, Physiologie, Anatomie, Embryologie, Botanik und Zoologie. Im Herbst 1899 zog sie nach München, um an der dortigen Ludwig-Maximilians-Universität weitere Vorlesungen zu hören und bei dem namhaften Professor für Zoologie Richard Hertwig (1850–1937) zu promovieren. Die von ihr bearbeitete Problemstellung ihrer Dissertationsschrift befasste sich mit der vergleichenden Entwicklungsgeschichte der Lungen von Amphibien, Reptilien, Vögeln und Säugetieren.

Zu jener Zeit bestand noch Uneinigkeit darüber, ob die Lungen sich bei all diesen Wirbeltieren in vergleichbarer Weise entwickeln. Manche Autoren gingen beispielsweise davon aus, dass die Unterteilung der Reptilienlungen in Segmente durch das sekundäre Wachstum von Einschnürungen oder Septen von außen nach innen zustande käme, während die Höhlungen in Säugetierlungen durch das aktive Auswachsen von Hohlräumen von innen nach außen entstünden. Moser konnte anhand erstmalig durchgeführter Untersuchungen an unterschiedlich alten Embryonen der von ihr untersuchten Wirbeltierklassen nachweisen, dass allen Bildungen von Segmenten oder Hohlräumen in ihren Lungen ein einheitliches Gestaltungsprinzip zugrunde liegt: Diese werden aktiv durch Wachstumsprozesse ausgestülpt, die sekundäre Bildung von einschnürenden Septen findet hingegen nicht statt. Weiterhin konnte Moser erstmals aufklären, dass auch dem Verzweigungsprozess von Lungenstrukturen in allen Wirbeltierklassen ein einheitliches Muster zugrunde liegt. Ihre Dissertation wurde zur Gänze in der Zeitschrift *Archiv für Mikroskopische Anatomie und Entwicklungsgeschichte* abgedruckt, erschien allerdings auch als Separatdruck (Moser 1902a, 1902b). In seiner Stellungnahme für die Zulassung Mosers zum Examen Rigorosum in den Fächern Zoologie (Hauptfach), Botanik und Paläontologie (Nebenfächer) äußerte Richard Hertwig sich sehr zufrieden mit ihrer Arbeit: „Indem die vorliegende Arbeit durch ausgedehnte und genaue Untersuchungen ein Problem von großem allgemeinem Interesse in ebenso überraschender wie befriedigender Weise gelöst hat, stellt sie eine ganz vortreffliche wissenschaftliche Leistung dar."[2]

Moser absolvierte die mündliche Prüfung für ihre Promotion am 14. Dezember 1901 und erhielt die Gesamtnote „zwei" (magna cum laude). Da Mosers Nachweise der einheitlichen Wachstumsverhältnisse aller Wirbeltierlungen damals echtes Neuland waren, fügte Hertwig in seiner Behandlung der Wirbeltierlunge in der 6. Auflage seines renommierten *Lehrbuchs der Zoologie* einen entsprechenden Paragraph ein (Hertwig 1903: 493) und ersetzte die dazugehörige Abbildung durch eine neue, welche die angesprochenen Verhältnisse auch graphisch darstellte. Als er diesem Lehrbuch „mit Rücksicht auf vielfach geäußerte Wünsche" ab der 8. Auflage im Jahr 1907 ein „in sehr engen Grenzen gehaltenes Literaturverzeichnis" beifügte (Hertwig 1907: VI), listete er auch Mosers Arbeit darunter. Diese behielt dort ihren Platz bis zur 15. und letzten Auflage von Hertwigs Lehrbuch, die im Jahr 1931 erschien.

Als ergänzende Arbeit zu ihren Studien über die Entwicklung von Lungen der bereits genannten Wirbeltiere untersuchte Moser weiterhin Aspekte der Entwicklung von Schwimmblasen bei Fischen, die schon zur damaligen Zeit als mögliche Vorläufer der Lungen von primitiven landlebenden Wirbeltieren wie den Amphibien angesehen wurden. Die von ihr untersuchten Fischarten ließen zwar keine allgemeinen Schlussfolgerungen zu (Moser 1904), ihre Arbeit wurde jedoch in der Fachliteratur berücksichtigt (z. B. Deineka 1905).

Mit diesen Studien erschöpfen sich Mosers zoologische Untersuchungen an Wirbeltieren. Alle nachfolgenden Arbeiten befassen sich mit äußerst fragilen Lebewesen der See: Rippenquallen (Ctenophoren) und Staatsquallen (Siphonophoren, im Deutschen früher auch Röhrenquallen genannt). Obwohl diese Organismen äußerlich gewisse Ähnlichkeiten besitzen, sind sie nicht miteinander verwandt. Während die zumeist recht kleinen Rippenquallen aufgrund ihres eigentümlichen Körperbaus einen eigenen Tierstamm repräsentieren, gehören die Staatsquallen zum Stamm der Nesseltiere, die nebst anderen Ordnungen von Quallen – wie den charakteristischen Schirmquallen, wie wir sie von den Stränden unserer Meere kennen – auch Seeanemonen und Korallen umfassen. Im Folgenden stelle ich in chronologischer Reihenfolge zunächst Mosers Arbeiten zu Rippenquallen vor, danach diejenigen zu Staatsquallen.

[2] Universitätsarchiv München, OC-I-28p. An einer anderen Stelle vermerkte sie, Hertwig habe ihre Arbeit als die beste des Jahres angesehen: Archiv des IGPP, Bestand 10/3 („Nachlass Fanny Moser"), Curriculum vitae (o. D.).

Fanny Mosers Arbeiten über Rippenquallen

Man schätzt, dass bis heute ca. 150 bis 200 Arten von Rippenquallen bekannt sind. Exakt lässt sich dies zurzeit nicht sagen, weil offenbar einige Arten mehrfach von unterschiedlichen Autoren beschrieben worden sind, wodurch etliche Synonyme für ein- und dieselbe Art gebildet wurden (Mills 2017). Diese ungemein filigranen Tiere sind überdies nur schwierig zu sammeln und zu untersuchen, was besonders zu Mosers Zeiten als beträchtliches Forschungshindernis galt. Nach Hertwig, der selbst schon umfassende Studien zu Rippenquallen durchgeführt hatte (Hertwig 1880), übertreffen diese alle anderen Meeresorganismen an Durchsichtigkeit und Zartheit, selbst die „echten" Quallen (Hertwig 1892: 216). Dennoch ziehen der ungewöhnliche Körperbau und die Erscheinungsform dieser Tiere Zoologen und Zoologinnen schon immer in ihren Bann. Die schwimmenden Formen besitzen acht namensgebende „Rippen" entlang der Außenseite ihres Körpers, die mit kleinen hintereinander geschalteten Plättchen besetzt sind, welche sich rhythmisch bewegen. Diese dadurch am Körper der Tiere entlanglaufenden Wellenbewegungen dienen auch zu deren Fortbewegung. Im Licht schillern besonders diese Rippen in sphärischen Regenbogenfarben.[3] Etliche Arten besitzen überdies die Fähigkeit zur Biolumineszenz, d. h. sie sind fähig, eigenes Licht zu erzeugen. Dieses Leuchten kann jedoch nur bei völliger Dunkelheit wahrgenommen werden.

Es ist wahrscheinlich, dass Mosers erster Auftrag zur Bearbeitung von Rippenquallen durch die Vermittlung ihres Doktorvaters Hertwig zustande kam, der die sorgfältige Arbeitsweise der frisch promovierten Biologin bereits zu schätzen gelernt hatte. Noch in München wohnend, wurde sie mit dem Auftrag betraut, die Rippenquallen zu bearbeiten, die bei der niederländischen Siboga-Expedition von 1899–1900 in indonesischen Gewässern gesammelt worden waren. Wie Hertwig betonte auch Moser die Fragilität dieser Tiere sowie das nur relativ spärliche Wissen über sie:

> Sowohl das späte Bekanntwerden wie diese Seltenheit ist leicht verständlich, wenn man sich vergegenwärtigt, wie schwer diese zarten, widerstandslosen Organismen in einigermassen gutem Zustand zu fangen und zu conserviren sind. Letzteres ist auch jetzt noch bei einigen der empfindlichsten Formen, so der Eucharis unmöglich, da sie schon durch einen leichten Stoss ins Wasser zerfliessen. Die Tentakel gehen fast immer ganz verloren, oder [es] erhält sich nur ein Stummel derselben in der Scheide. Auch wird die Farbe zerstört und die Form durch starke Contraction stark verändert. (Moser 1903: 1)

[3] Die Beobachtung von lebenden Rippenquallen war zu Mosers Zeiten nur unter schwierigen Bedingungen möglich. Heute bietet das Internet nach Eingabe passender Suchbegriffe vielfältige Möglichkeiten, Fotografien und Videos dieser faszinierenden Lebewesen zu betrachten.

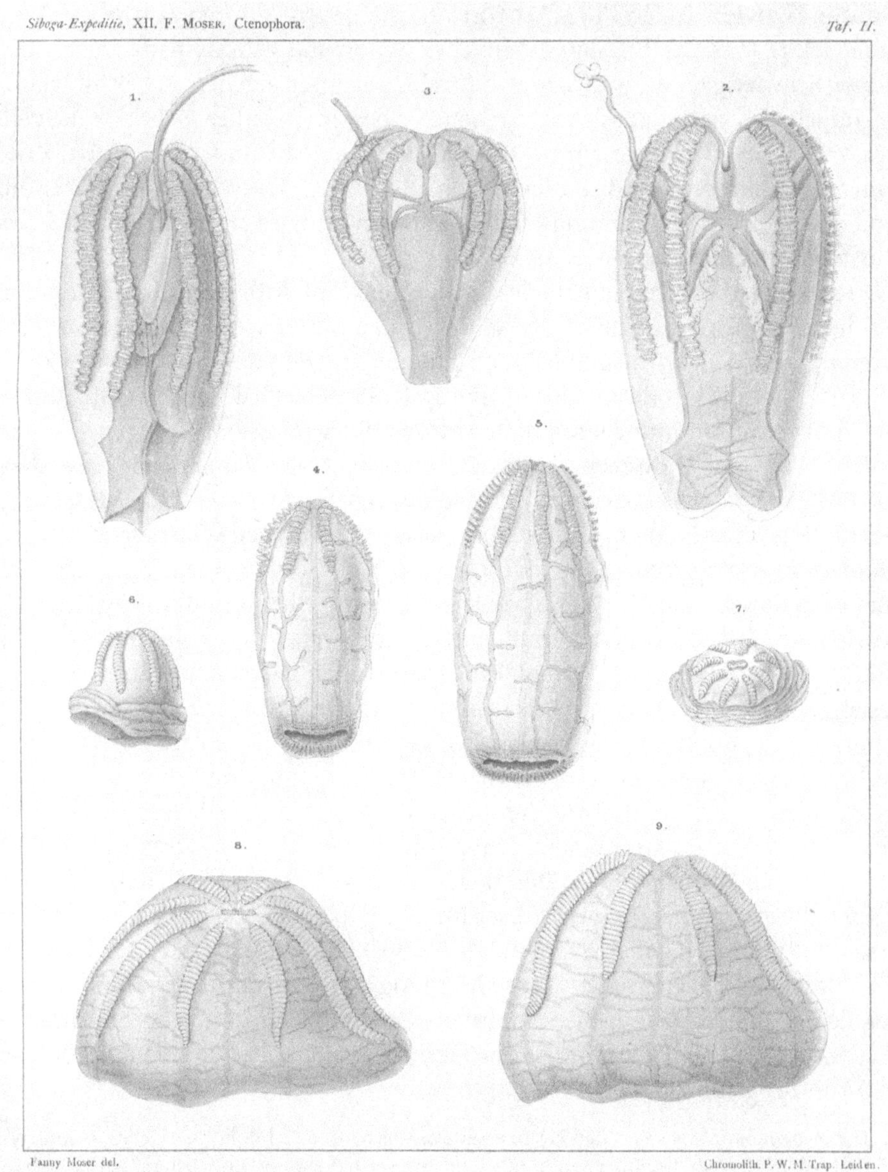

Abb. 2: Tafel II aus Mosers erster Arbeit zu Rippenquallen. In jeder der drei Zeilen mit Abbildungen ist jeweils eine Rippenquallen-Art dargestellt. Die oberste, *Hormiphora sibogae*, wurde von Moser erstbeschrieben.

Zu diesen rein praktischen Problemen kam laut Moser hinzu, dass insbesondere jüngere Beschreibungen von Arten so ungenügend bzw. oberflächlich formuliert waren, dass eine sichere Identifizierung von gefundenen Arten außerordentlich erschwert oder sogar unmöglich war. Als unvermeidliches Ergebnis wurden Individuen derselben Art von verschiedenen Autoren mit neuen Artnamen belegt, was zur Bildung zahlreicher Synonyme geführt hatte. Angesichts dieser Schwierigkeiten war Moser bestrebt, bei ihrer eigenen Arbeit möglichst gründlich und systematisch vorzugehen. Sie beschrieb daher nicht nur die zehn bei dieser Expedition gesammelten Arten sehr genau und fügte einige Zeichnungen hinzu, sondern diskutierte auch stets die nächst verwandten Arten mit und erstellte eine Bestimmungstabelle. Von den zehn gesammelten Arten waren fünf zuvor unbekannt (Moser 1903).

Mosers Erstbeschreibungen der erwähnten fünf Rippenquallen-Arten sind bis heute gültig, wenngleich sie selbst später für eine von ihnen, *Lampetia elegans*, aufgrund von nachfolgenden Studien an weiterem Material des Zoologischen Museums in Berlin eine eigene systematische Ordnung erstellte und sie in *Ganesha elegans* umbenannt hatte (Moser 1907a, 1908a).[4]

Die Wahl des indischen Gottes der Weisheit als Namensgeber für diese Gattung repräsentiert die innovative und unorthodoxe Denkart Mosers. Sie begründete ihre Namenswahl damit, dass zu viele neue Tiergattungen mit Namen aus der griechischen Mythologie belegt worden seien. Dies hätte Namensdopplungen zur Folge, die wiederum Streitigkeiten um das Prioritätsrecht sowie korrigierende Umbenennungen von Arten nach sich ziehen würden. Die indische Mythologie, so Moser (1907a), sei noch nicht zur Namensbildung herangezogen worden, eröffne also insofern eine ausgiebige Quelle, aus welcher gefahrlos geschöpft werden könne. Dieser Vorschlag schien jedoch von ihren Kollegen nicht aufgegriffen worden zu sein; nicht einmal sie selbst verfolgte ihn in späteren Jahren weiter, wie sich bei ihren Arbeiten über Staatsquallen noch zeigen wird. Die exakte Klassifizierung und Benennung von Organismen blieb für Moser allerdings von größter Bedeutung, wie viele ihrer Beiträge demonstrieren. Beispielsweise äußerte Moser im Jahr 1907 deutliche Kritik an den 1905 erstellten internationalen Nomenklatur-Regeln für die korrekte Beschreibung und Bezeichnung von Arten. Ihrer Meinung nach sei darin versäumt worden, etwaige Neubeschreibungen bestimmten Qualitätsanforderungen zu unterwerfen, was zu einem „Krebsübel der modernen zoologischen Systematik" (Moser 1907b: 920) geführt hätte:

> Dieser offenbare Mangel in den Nomenclaturregeln hat die [...] Folge, daß jeder Sammler und jeder Dilettant leicht seinen kindlichen Ehrgeiz befriedigen und seinem Namen ein Denkmälchen setzen kann durch noch so mangelhafte Beschreibung neuer Arten. So entsteht die in jeder Beziehung bedauerliche Hetzjagd nach Neubeschreibungen [...] Dem wissenschaftlichen Geist spricht diese Hetzjagd nach Neubeschreibungen direkt Hohn, und ist es zweifellos beschämend, daß tatsächlich vielfach die früheren Beschreibungen,

[4] Weil die von Moser beschriebene *Ganesha*-Art einige ungewöhnliche Merkmale vereinigt, nimmt sie innerhalb der Rippenquallen eine gewisse Sonderstellung ein. Moser führte deshalb nicht nur die Gattung *Ganesha* ein, sondern auch die übergeordnete Familie *Ganeshidae* sowie die wiederum übergeordnete Ordnung *Ganeshida*. Die Gattung besitzt einen eigenen Eintrag auf Wikipedia: https://de.wikipedia.org/wiki/Ganesha_(Gattung).

> besonders in Anbetracht der damaligen dürftigen Kenntnisse und Hilfsmittel, weit besser waren wie zahlreiche heutige. (Moser 1907b: 921–922)

Auch wenn diese scharfen Worte berechtigt gewesen sein mögen, ist es erstaunlich, dass sie aus der Feder einer jungen Biologin stammten, die bis dahin in Fragen der zoologischen Systematik kaum in Erscheinung getreten war. Mosers Empörung mag auch darin mitbegründet sein, dass sie bei ihrer Arbeit mit Rippenquallen schwer unter diesem Missstand litt. Sie schlug daher folgende Ergänzung für eine „genügende" Definition einer neuen Art vor: „Als genügend gilt eine Arbeit, die außer der Beschreibung der neuen Art, ihr eine bestimmte, begründete Stelle im System zuweist und sie durch eine Differentialdiagnose von den nächstverwandten Arten kennzeichnet" (ebd.: 925).[5]

In den folgenden Jahren publizierte Moser noch drei weitere größere Abhandlungen über Rippenquallen. Diese Arbeiten gingen aus ihrer Tätigkeit am bereits weiter oben erwähnten Zoologischen Museum in Berlin hervor, wo sie 1906 und 1907 im Auftrag des Ministeriums des Inneren als vermutlich projektbezogen eingestellte wissenschaftliche Assistentin tätig war. Es handelte sich bei dem zu untersuchenden Material ausschließlich um bereits konservierte Tiere in unterschiedlich gutem Erhaltungszustand, die ebenfalls im Rahmen von wissenschaftlichen Expeditionen gesammelt worden waren.[6] Den aus diesen Arbeiten hervorgegangenen ausführlichen Publikationen ging jeweils ein kleinerer zusammenfassender Artikel im *Zoologischen Anzeiger* voraus, einer damals wichtigen Fachzeitschrift mit hauptsächlich kürzeren Beiträgen. Moser hatte Rippenquallen aus dem Meer um die indonesische Insel Ambon (Moser 1907a, 1908a), von der Ostküste Japans (Moser 1908b, 1908c) sowie die im Rahmen der Deutschen Südpolar-Expedition gesammelten Tiere (Moser 1908d, 1909) bearbeitet. Erneut stellte sie nicht nur die jeweils gefundenen Arten vor, sondern auch alle anderen bereits bekannten Arten in deren Verwandtschaftskreis. Es war ihr Ziel, letztlich eine vollständige Revision und Neubearbeitung des Systems der Rippenquallen durchzuführen, um „endlich einmal aufzuräumen mit einem Teil der vielen, alten problematischen Gattungen und Arten,

---

[5] Auch in den folgenden Jahren setzte sich Moser für die korrekte und möglichst gut nachvollziehbare Bezeichnung von Tierarten ein. Im Rahmen der internationalen Kontroverse um die Beibehaltung traditionell etablierter Artnamen gehörte sie 1912 zu denjenigen Zoologinnen und Zoologen, die im Rahmen von Unterschriftensammlungen mit großer Mehrheit für diese Beibehaltung stimmten (Brauer 1912a, 1912b). Im Jahr 1915 erstellte Moser im Auftrag der *Gesellschaft naturforschender Freunde zu Berlin* eine Vorschlagsliste mit „nomina conservanda" für Rippenquallen sowie Staatsquallen, die als Grundlage für weitere Verhandlungen diente (Apstein 1915: 128). Moser gehörte dieser Gesellschaft seit 1912 als außerordentliches Mitglied an (Tornier 1912) und hielt auf Versammlungen in den Jahren 1912, 1915 sowie 1920 Vorträge über ihre Arbeiten (Moser 1912b, 1915a, 1921a).

[6] Die „Berichte über das Zoologische Museum zu Berlin" der Jahre 1906 und 1907 führen Fanny Moser als Bearbeiterin der Ctenophoren auf (Brauer 1907, 1908). Sie selbst vermerkte, dass diese Arbeiten im Auftrag des dortigen Ministeriums des Inneren erfolgt sind (vgl. Archiv des IGPP, 10/3, Curriculum Vitae).

die als lästiger Ballast immer wieder pietätvoll mitgeschleppt werden, hinter denen sich aber nur wesenlose Schemen verbergen, welche die Wirklichkeit nie zu neuem Leben erwecken kann“ (Moser 1908c: 6). Moser studierte hierfür die verstreuten, internationalen und oft nur schwer zugänglichen Schriften vorangegangener Autoren sehr genau, um „eine scharfe Sonderung vorzunehmen zwischen dem Gutverbürgten und als feststehend zu betrachtenden und dem Zweifelhaften“ (ebd.). In dem gründlichen Studium selbst entlegener Schriften und in der „Sonderung“ des Feststehenden vom Zweifelhaften lässt sich unschwer eine Parallele zu ihren späteren Arbeiten zur Trennung der „Täuschungen“ von den „Tatsachen“ im Rahmen okkultistischer Phänomene erblicken – eine Frage, die sie für den Rest ihres Lebens beschäftigen wird.

Ihre krönende Arbeit zu Rippenquallen stellt ihre ausführliche Behandlung der Rippenquallen der Deutschen Südpolarexpedition dar (Moser 1909), die zugleich auch ihre umfangreichste Publikation zu diesen „ebenso reizenden wie ephemeren Geschöpfen“ (ebd.: 118) repräsentiert.[7] Hierbei gelangen Moser unter anderem die Erstbeschreibung der ersten Tiefsee-Art von Rippenquallen sowie der bemerkenswerte Nachweis, dass bestimmte Arten sowohl im arktischen als auch im antarktischen Raum vorkommen – ein seltsames Verbreitungsmuster, das wahrscheinlich durch den Austausch über Wasserströmungen in tieferen Meeresschichten zustande kam. Sie rundete dieses Werk mit einer vorläufigen Verbreitungskarte der wichtigsten bekannten Rippenquallen-Arten ab. Mosers letzte Veröffentlichung über Rippenquallen ist vergleichsweise kurz und besteht lediglich in theoretischen Überlegungen zu einer am Boden festsitzend lebenden Art, die zuvor vom dänischen Meeresbiologen Theodor Mortensen beschrieben worden war (Moser 1912b). Im Rahmen einer Veröffentlichung über Staatsquallen erwähnte Moser noch, dass ihre im Jahr 1914 an Rippenquallen angestellten Versuche zu deren Regenerationsfähigkeit – anders als diejenigen von Mortensen – negativ ausgefallen waren (Moser 1915b).

Mosers beeindruckende Kenntnis der Literatur, ihre Zeichnungen und ihr gewissenhaftes Vorgehen bei den systematischen Auswertungen des Ctenophoren-Materials von vier internationalen Forschungs-Expeditionen brachten ihr den Ruf einer international anerkannten Rippenquallen-Expertin ein. Von den derzeit 150 bis 200 gültig beschriebenen Rippenquallen-Arten wurden nicht weniger als fünfzehn von Moser neu beschrieben (siehe Anhang 1).[8] Ihre Arbeiten wurden in der zeitgenössischen Fachliteratur besprochen und regelmäßig

---

7 Diese Arbeit erschien im XI. Band der wissenschaftlichen Auswertung der genannten Expedition, welcher noch sieben weitere zoologische Beiträge anderer Autoren enthält. Ernst Vanhöffen, der Herausgeber, skizzierte in seinem Vorwort den Inhalt aller Beiträge in knappen Worten und bedankte sich schlussendlich bei den „Herren Mitarbeitern“ verbindlichst für ihre Sorgfalt und Ausdauer – ein deutlicher Hinweis darauf, wie ungewöhnlich Wissenschaftlerinnen zu Mosers Zeit waren.

8 Dies stellt eine beachtliche Leistung dar, worin sie einzig von dem russischstämmigen Zoologen Constantin N. Dawydoff übertroffen wurde. Dieser hatte zwischen 1929 und 1946 22

zitiert (z. B. Ghigi 1909; Krumbach 1923–1925; Mayer 1912; Steche 1910) und sogar in der bereits seinerzeit renommierten Wissenschaftszeitschrift *Nature* lobend erwähnt (H. 1910). Ab der 12. Auflage seines *Lehrbuchs für Zoologie* aus dem Jahr 1919 verwies auch Richard Hertwig auf die Arbeiten Mosers zu Rippenquallen (Hertwig 1919). Ihre Schriften sind bis heute nicht aus der Fachliteratur wegzudenken und werden weiterhin kontinuierlich zitiert (z. B. Gershwin et al. 2014; Gul/Oliveira 2015; Johansson et al. 2018; Verhaegen et al. 2021) – wobei kaum ein Autor sich darüber im Klaren sein dürfte, dass Moser auch zu Spukphänomenen publizierte und die erste Mäzenin eines Institutes zur wissenschaftlichen Erforschung parapsychologischer Phänomene war.

Fanny Mosers Arbeiten über Staatsquallen

Nachdem Moser in den Jahren 1906 und 1907 das genannte Material der Rippenquallen am Zoologischen Museum bearbeitet hatte, weisen die Jahresberichte dieses Museums sie in den Jahren 1910, 1911 sowie 1913 erneut als Mitarbeiterin aus (vgl. Brauer 1911, 1912c, 1914). Nun aber bearbeitete sie Staatsquallen (Siphonophoren), und zwar zunächst das von der deutschen Südpolar-Expedition mitgebrachte Material. Die Arten dieser Tiergruppe bilden Kolonien aus miteinander verwachsenen und hochgradig spezialisierten Einzeltieren. Aufgrund dieser bizarren Eigenschaft und ihres eindrücklichen Aussehens hatten sie bereits damals das Interesse zahlreicher Biologen geweckt, wenngleich nur relativ wenige sich systematisch mit ihnen befassten. Allerdings sind viele dieser Tiere besonders in bestimmten Lebensstadien (genau wie Rippenquallen) äußerst zarte und fragile Lebewesen, die nur schwer in gutem Zustand aus dem Wasser gefischt und konserviert werden können. Trotz oder womöglich gerade wegen dieser Hürden konnte sich Moser ihrer Faszination nicht entziehen, wie aus dem folgenden Zitat hervorgeht:

> Die Siphonophoren haben merkwürdigerweise bisher von allen Coelenteraten[9] am wenigsten allgemeinere Beachtung gefunden, obwohl sie durch ihren Formenreichtum, ihren eigentümlichen Bau und ihre Farbenpracht unbestreitbar die auffallendsten und schönsten Meeresbewohner sind, und vielleicht auch die interessantesten durch ihre ganze Entwicklung, ihre Geschlechtsverhältnisse und ihre bis ins kleinste durchgeführte Arbeitsteilung. So wartet hier eine Fülle reizvollster Probleme der Lösung, trotzdem sich gerade einige unserer namhaftesten Forscher [...] intensiv mit diesen blumengleichen Tieren beschäftigt haben, und manche von ihnen zeitlebens nicht von ihrem unvergleichlichen Zauber loskommen konnten. Das wird jeder begreifen, der auch nur einmal eine der größeren Formen, wie *Physophora*, *Forskalia*, *Velella* oder *Physalia*, im Sonnenlicht durch die Flu-

Arten neu beschrieben, nachdem er sich fünf Jahre an der Küste Vietnams aufgehalten hatte (vgl. Mills 2017).

9 „Coelenteraten" ist die Fachbezeichnung für Hohltiere, ein Sammelbegriff für verschiedene Tierformen inklusive der Quallen.

> ten ziehen sah und dem tausendfältigen Spiel ihrer verschiedenen Organe, dem Wechsel ihrer Farben gefolgt ist. Der Forscher wie der Künstler finden hier gleichermaßen eine unerschöpfliche Quelle von Anregung und Genuß, und der empfangene Eindruck läßt sich nie wieder vergessen. (Moser 1925: 7)

Bis heute sind ca. 175 Arten von Staatsquallen bekannt (vgl. Mapstone 2014). Hinter der von Moser genannten *Physalia* verbirgt sich eines der gefürchtetsten Meerestiere überhaupt: die Portugiesische Galeere, deren Nesselgift in manchen Fällen sogar Menschen töten kann. Wie bereits bei den Rippenquallen, widmete Moser sich bei der Bearbeitung der Staatsquallen drei Themenfeldern: 1) der Untersuchung von Exkursionsmaterial inklusive der Beschreibung zuvor unbekannter Arten, 2) der ökologisch orientierten Darstellung ihrer jeweiligen Verbreitung inklusive Angaben zu ihrer Lebensweise sowie 3) der Bereinigung und Aktualisierung der bestehenden Systematik. Was den ersten Arbeitsaspekt betrifft, so konnte sie zusätzlich zu dem Material der Südpolar-Expedition auch auf bereits anderweitig vorhandenes, aber bislang unbearbeitetes Material des Zoologischen Museums in Berlin zurückgreifen. Erneut war Moser sehr produktiv. Sie beschrieb verschiedene Arten von Staatsquallen neu, von denen zehn Arten bis heute gültig sind (siehe Anhang 1). Die wahrscheinlich eindrucksvollste Art, von ihr *Pyrostephos vanhoeffeni* genannt, schilderte Moser geradezu überschwänglich:

> Mit Recht hat diese neue antarktische Physophore, die an Größe und Pracht der Erscheinung kaum ihresgleichen findet, den Gattungsnamen *Pyrostephos* erhalten, denn einem Feuergewinde gleicht sie mit ihren leuchtenden Farben: dem langen, gelbroten Stamm, den großen, weinrot angehauchten Glocken mit dem karminroten Mund, den dunkel, goldigroten Saugmagen mit brennend rotem Mund und den braunroten Ölblasen, zu denen noch die feuerroten Tentakelknöpfe hinzukommen, das Ganze eine Symphonie in Rot und Gelb, gedämpft durch die in unaufhaltsamer Bewegung sich hebenden und senkenden, halbdurchsichtigen Deckblätter, die wie ein Hauch das Ganze umhüllen und das Farbenspiel in ständigem Fluß halten. Es muß ein märchenhafter Anblick sein, diese riesige Siphonophore wie eine Blumenguirlande [sic] durch das Wasser ziehen zu sehen und dem Spiel ihrer blütengleichen Organe zu folgen. (Moser 1925: 437)[10]

Unter den von Moser neu beschriebenen Staatsquallen findet sich weiterhin die erste antarktische Art, und sie konnte anhand der Auswertung der Funddaten die bemerkenswerte Entdeckung machen, dass, entgegen damaligen Vorstellungen, bestimmte Arten von Staatsquallen quasi kosmopolitisch die Weltmeere besiedeln, von einem Pol über den Äquator hinweg bis zum anderen Pol. Moser veröffentlichte noch zwei kleinere Monografien über die Staatsquallen der Adria (Moser 1917) und diejenigen nordischer Meere (Moser 1921a).

[10] Offensichtlich hatte Moser bei der Namensgebung dieser Gattung wieder die griechische Sprache der indischen Mythologie vorgezogen, was auch andere von ihr neu gebildete Gattungsnamen wie beispielsweise *Heteropyramis*, *Crystallophyes* oder *Thalassophyes* belegen.

Abb. 3: Tafel aus Fanny Mosers monumentaler Monographie über die Staatsquallen, die bei der deutschen Südpolar-Expedition 1901–1903 gesammelt worden waren. Die Tafel zeigt ein größeres Fragment sowie verschiedene Teilaspekte einer besonders farbenprächtigen Staatsqualle, die von Moser als *Pyrostephos vanhoeffeni* erstbeschrieben worden ist.

Allerdings galt ihre wahre Leidenschaft der Umarbeitung des seinerzeit gültigen Klassifikationssystems der Staatsquallen – mehr noch: der Neuordnung des gesamten Stamms der Nesseltiere. Unermüdlich arbeitete sie daran, ihre Überlegungen im Detail auszuführen, durch zahlreiche Zeichnungen zu untermauern und ein eigenes System der Staatsquallen mit etlichen neuen Namen und vermuteten Verwandtschaftsbeziehungen zu entwerfen. Sie nutzte hierfür das vorhandene Archivmaterial des Zoologischen Museums, bekam aber auch die Gelegenheit, frisches Material aus dem Mittelmeer vor Ort zu studieren. Zu diesem Zweck besuchte sie vom 15. März bis zum 12. Mai 1913 die russische Zoologische Station in Villefranche (Frankreich) sowie vom 7. März bis zum 16. Mai 1914 die besonders renommierte Zoologische Station in Neapel.[11] Mosers Forschungsaufenthalte wurden von der *Preussischen Akademie der Wissenschaften* gefördert.[12] Obwohl zahlreiche namhafte Biologen in den Jahrzehnten um die Jahrhundertwende derartige Forschungsaufenthalte an meeresbiologischen Stationen verbrachten, dürfte es auch in den Jahren 1913 und 1914 noch eher selten gewesen sein, dass eine europäische Frau solche Forschungsaufenthalte bestritt. Immerhin unterhielt die Zoologische Station in Neapel seit 1898 als nahezu revolutionäres Element eigens einen Arbeitsplatz für Frauen, der von der US-amerikanischen *Association for Maintaining the American Women's Table at the Zoological Station at Naples and for Promoting Scientific Research by Women* getragen wurde. Anfang 1914 war dieser von Marcella Boveri (1863–1950) besetzt, der Gattin des deutschen Zoologen Theodor Boveri (1862–1915), der zur gleichen Zeit einen Forschungsaufenthalt in Neapel bestritt (Müller 1976).[13] Während Fanny Moser in Villefranche noch von ihrem Mann begleitet worden war, fühlte sie sich in Neapel äußerst einsam und als Außenseiterin.[14]

Welche Beobachtungen an ihrem Material Moser allerdings dazu veranlasst haben, sich mit ihren Überlegungen praktisch gegen sämtliche Autoritäten und Experten sowie die etablierte Lehrmeinung zu stellen, lässt sich aus heutiger Sicht schwer nachvollziehen. Es scheint, als ob sie bei der Bildung von ersten larvalen Strukturen von Staatsquallen Zusammenhänge zu erkennen

---

[11] Diese Daten gehen aus Mosers Tagebüchern von den Aufenthalten an diesen Forschungsstationen hervor und beinhalten nicht die An- und Abreisetage (Archiv des IGPP, 10/3, Tagebuchaufzeichnungen Villefranche und Neapel). Auch in Müller (1976) wird Mosers Aufenthalt in Neapel im angegebenen Zeitraum erwähnt. Zur Bedeutung der Zoologischen Station in Neapel zu dieser Zeit vgl. Müller 1976. Der namhafte Biologe Hans Driesch schrieb in einem Nachruf auf den Gründer der Station, Anton Dohrn, dass etwa neun Zehntel aller grundlegenden Arbeiten der neueren Zoologie an dieser Station ihren Ursprung haben (Driesch 1909a).

[12] Von Moser in ihrem Lebenslauf erwähnt: Archiv des IGPP, 10/3, Curriculum Vitae.

[13] Am 27. März 1914 besuchte Marcella Boveri Fanny Moser in Neapel, die aufgrund einer Erkältung in ihrer Unterkunft geblieben war. Zwei Tage später besuchte Margarete Zuelzer (1877–1943), eine weitere vor Ort weilende deutsche Zoologin, Fanny Moser im Labor. Frau Zuelzer schien ihr allerdings nicht besonders sympathisch gewesen zu sein (vgl. Archiv des IGPP, 10/3, Tagebuchaufzeichnungen Villefranche und Neapel).

[14] Archiv des IGPP, 10/3, Tagebuchaufzeichnungen Villefranche und Neapel.

glaubte, die sie letztlich jedoch in die Irre führten. Es dürfte als gesichert gelten, dass manche ihrer Interpretationen der Entwicklungsstadien von Staatsquallen unzutreffend waren. Sie argumentierte anhand ihrer Befunde beispielsweise, dass eine bestimmte Untergruppe von Staatsquallen, die Calycophoren, als ursprünglich und primitiv angesehen werden müssten – und nicht (wie üblich) als weit entwickelte Formen, die im Laufe der Evolution erst verhältnismäßig spät auf den Plan getreten waren. Nach Moser sollten die Vorfahren der Calycophoren sogar als Ausgangspunkt der gesamten Evolution von Staatsquallen gelten, was eine Umkehrung bzw. vollständige Revision des bestehenden Systems erfordert hätte. Moser hielt am 30. Mai 1912 auf der Jahresversammlung der *Deutschen Zoologischen Gesellschaft* erstmals einen Vortrag, in dem sie ihre Hypothese darstellte und begründete (Brauer 1912d). Er wurde nachfolgend in Druckform publiziert (Moser 1912a). Auch auf der Sitzung der *Gesellschaft naturforschender Freunde zu Berlin* am 10. Dezember 1912 trug Moser ihre Gedanken vor (Moser 1912b). Schon damals wurde Mosers Hypothese jedoch von niemandem aufgegriffen. Der renommierte Meeresbiologe Carl Chun (1852–1914), seinerzeit führende Autorität in der Quallenforschung, sah sich im Gegenteil sogar gezwungen, Mosers Ausführungen „nachdrücklich entgegentreten zu müssen“ (Chun 1913: 29). Dessen ungeachtet arbeitete Moser ihr Konzept weiter aus. Da sie eine von ihr postulierte „Urmeduse“, eine primitive freischwimmende Quallenform an die Wurzel der Evolution des gesamten Stammes der Nesseltiere gestellt hatte, forderte sie überdies eine Neuordnung dieses Stamms.

Im Wesentlichen scheint ihre Auffassung bereits im Jahr 1913 ausgearbeitet gewesen zu sein. Moser schloss im Februar 1914 ihre umfangreichen Arbeiten zur Aufarbeitung des Materials der Deutschen Südpolar-Expedition ab; die Ergebnisse fasste sie in einem großformatigen Monumentalwerk zusammen, in dem sie auch ihre neuen Erkenntnisse ausführlich darstellte. Moser reiste im März an die Zoologische Station in Neapel; ihr Hauptwerk sollte im August erscheinen. Doch im Sommer 1914 brach der Erste Weltkrieg aus, und Moser zog mit ihrem Mann von Berlin nach Kremsier in Mähren. Offensichtlich konnte sie danach keine weiteren praktischen Studien an Quallen mehr vornehmen, und der Druck ihres Hauptwerkes (Moser 1925) verzögerte sich letztlich um elf Jahre.[15] Dennoch veröffentlichte sie weitere Schriften, die jedoch sämtlich auf ihren bereits erfolgten Auswertungen basierten. Nachdem sich 1920 abzeichnete, dass sich der Druck ihres Monumentalwerks weiter verzögern würde, veröffentlichte sie 1921 ihre Hauptergebnisse in einzelnen kurzen Artikeln, die zumeist im *Zoologischen Anzeiger* erschienen sind (siehe Anhang 2). Ihre vermutlich zuletzt verfasste Abhandlung über Staatsquallen, in der sie Literatur bis zum Jahr 1923 berücksichtigte und ihre Ergebnisse zusammenhängend dar-

[15] Vgl. dazu Mosers „Nachtrag“ aus dem Frühjahr 1920 in Moser 1925: 498–510.

stellte, lässt sich auf das Jahr 1924 datieren (Moser 1923–1925) – und markiert damit auch das Ende Mosers zoologischen Schrifttums.[16]

Angesichts der offenbar schwer zu ermessenden Sachlage der Entwicklung und Evolution von Staatsquallen, die – zumindest rückblickend – in mancher Hinsicht ebenso unsicher gewesen zu sein scheint wie eine angemessene Beurteilung okkulter Phänomene, erstaunt die Bestimmtheit und selbstbewusste Wortwahl, mit der Moser besonders in späteren Publikationen die Richtigkeit ihrer Auffassung proklamierte.[17] In verschiedenen Texten betonte sie, dass an ihren Ergebnissen keinerlei Ungewissheit bestehen könne. Beispielsweise seien die Calycophoren „ohne jeden Zweifel" die primitivsten Staatsquallen, und anhand dieser Erkenntnis würden die „vielen Irrtümer und schiefen Darstellungen der bisherigen Siphonophorenforschung" endlich korrigiert (Moser 1921b: 315). Sie bezeichnete ihre Aufarbeitung des Materials der Deutschen Südpolar-Expedition sogar als die Einleitung einer neuen Periode der Staatsquallenforschung (Moser 1923–1925: 486). Allerdings wurde Mosers neuer Entwurf der Staatsquallensystematik auch von späteren Autoren verworfen (Garstang 1946; Totton 1965) und in neuerer Zeit durch molekulargenetisch basierte Stammbaumrekonstruktionen widerlegt (Dunn et al. 2005; Munro et al. 2018). Die von ihr postulierte Neuordnung des gesamten Stamms der Nesseltiere erwies sich gleichfalls als unzutreffend (Kayal et al. 2018). Es verwundert daher nicht, dass Richard Hertwig Mosers umfangreiche Arbeiten zu Staatsquallen zu keiner Zeit in seinem Lehrbuch erwähnt oder zitiert hat, wenngleich er seit deren Studienzeiten in wohlwollender Verbindung mit Moser stand.[18] Hertwig verlas zudem bei der Sitzung der *Bayerischen Akademie der Wissenschaften* am 7. Mai 1921 in Abwesenheit Mosers einen Vortrag von ihr, worin sie Hertwig, den Vortragenden, sogar kritisierte. Ihre Beobachtungen würden „unzweifelhaft" erweisen, dass das „bekannte Schema R. Hertwigs", wonach der Polyp und nicht die Meduse das ursprünglichste Nesseltier ist, inkorrekt sei (Moser 1921c: 253). Da Hertwig und die restliche Expertenzunft auch nach gegenwärtigem Wissensstand letztlich Recht behalten haben, dürften Zweifel an Mosers Darstellung durchaus angebracht gewesen sein.

Ungeachtet des in diesem Fall fehlgeleiteten Innovationsdrangs Mosers, genossen ihre diagnostischen Beschreibungen von Staatsquallen und ihre Ausführungen zu deren Verbreitung sowie Lebensweise hohes Ansehen und wurden genau wie ihre Arbeiten zu Rippenquallen in der Fachliteratur regelmäßig

[16] Eine weitere längere Arbeit erschien ebenfalls 1924, war aber nach Mosers eigenen Angaben bereits 1917 fertiggestellt (Moser 1924, vgl. auch Moser 1935: 44).

[17] Ohne Frage findet sich hier eine Parallele zu ihrem „Okkultismus" (Moser 1935), wo ihre manchmal geradezu apodiktischen Urteile trotz offensichtlich unsicherer Sachlagen später von verschiedenen Autoren missbilligend kommentiert worden sind (z. B. Mattiesen 1936–1939; Schröder 1936; Tischner 1950; Walter 1936).

[18] Wie aus Mosers Nachlass hervorgeht, schickte ihr Hertwig etliche Sonderdrucke seiner Veröffentlichungen, einzelne versehen mit dem Vermerk „in alter Freundschaft".

zitiert (z. B. Bigelow 1911, 1918; Jacobs 1937; Totton 1932). Einer der namhaftesten Nesseltier-Spezialisten des letzten Jahrhunderts, Arthur Knyvett Totton (1892–1973), führte 1965 in dem historischen Teil einer maßgeblichen Staatsquallen-Abhandlung das bis dato bedeutsamste Expertentum dieses Fachgebiets an. Auch Moser erhielt einen eigenen Abschnitt, worin Totton besonders ihr Monumentalwerk über die Staatsquallen der Südpolar-Expedition würdigte. Er fügte fast mit Bedauern hinzu, dass er nicht in der Lage gewesen sei, das weitere Schicksal Mosers in Erfahrung gebracht zu haben – von ihren seinerzeit längst publizierten parapsychologischen Büchern schien er offenbar nichts gewusst zu haben (Totton 1965: 15). Totton widmete der schweizerischen Biologin in seiner Abhandlung sogar eine eigene neue Staatsquallengattung namens *Moseria* – doch weil der italienische Zoologe Alessandro Ghigi ihr bereits zuvor schon eine eigene Rippenquallengattung namens *Moseria* gewidmet hatte (Ghigi 1909), musste Tottons Staatsquallengattung *Moseria* später wieder umbenannt werden. Dieses Unterfangen nahm eine – im wahrsten Sinne des Wortes – kuriose Wendung: Um den Bezug zu Fanny Moser zu erhalten, drehte der die Umbenennung durchführende Autor die Reihenfolge der Buchstaben ihres Nachnamens schlichtweg um, so dass die besagte Gattung heute *Resomia* heißt (Pugh 2006). Es existieren überdies zwei weitere Arten von Staatsquallen, die zu Mosers Ehren ihren Familiennamen tragen: *Chuniphyes moserae* (Totton 1954) sowie *Clausophyes moserae* (Margulis 1988). Und wie in der Fachliteratur zu Rippenquallen, so werden ihre Schriften auch in der Literatur über Staatsquallen bis in die Gegenwart hinein behandelt und zitiert (z. B. Grossmann et al. 2014; Grossmann/Lindsay 2013; Pugh 2019; siehe besonders auch die Arbeiten von Mapstone 2014 sowie Mapstone/Arai 2009).

Trotz Mosers offenbar erheblicher Fehleinschätzung zur Systematik der Staatsquallen bleibt festzuhalten, dass ihre Arbeiten in Fachkreisen bleibenden Wert besitzen und Moser selbst fachliches Ansehen genoss. Allein weil heute insgesamt 25 gültige Beschreibungen Mosers von Quallenarten existieren und ihr Familienname auch in von anderen Autoren vergebenen Artnamen aufscheint, wird Fanny Moser in der Meeresbiologie immer ein Begriff bleiben. Ich möchte insofern dazu anregen, Mosers zoologische Publikationen auch weiterhin gründlich zu studieren, denn womöglich findet sich noch die eine oder andere Perle darin. Zumindest in manchen Fällen erwies sich ihre Kritik der herrschenden Lehrmeinung schließlich als durchaus zutreffend. Sie ist meines Wissens die erste, die erkannt hatte, dass eine bestimmte Körperstruktur von Staatsquallen namens *Somatocyste* nicht dem Auftrieb oder der Stabilisierung der Körperlage im Wasser dient, sondern als Nahrungsbehälter fungiert (Moser 1913; vgl. dazu Grossmann et al. 2014: 278). Moser hatte offenbar zudem als erste postuliert, dass eine weitere Struktur, die *Pneumatophore*, zumindest in manchen Fällen ebenfalls nicht oder nur in sehr geringem Ausmaß dem Auftrieb des Quallenkörpers dient, sondern als Sinnesorgan fungiert (Moser 1915b,

1925: 505). Etwa hundert Jahre später scheinen neuere Daten diese Annahme zu stützen – wenngleich Moser in diesem Zusammenhang nicht erwähnt wird (Church et al. 2015). Wer weiß, mit welchen anderen Vermutungen sie am Ende doch noch recht behalten könnte.

Fanny Moser als Biologin und Parapsychologin. Erforscherin zweier nur scheinbar getrennter Welten

Die vorangegangenen Darstellungen haben gezeigt, dass Mosers zoologische Tätigkeiten und Veröffentlichungen durch systematisches Untersuchen und Klassifizieren von Organismen und ihren Strukturen geprägt waren. Dabei besaß sie einen ausgeprägten Drang zur Innovation und scheute sich nicht, etabliertes Expertenwissen zu hinterfragen. Derartige Eigenschaften eignen sich hervorragend für das Studium von Grenzwissenschaften wie der Parapsychologie bzw. dem wissenschaftlichen Okkultismus. Allerdings stehen Mosers zoologische und parapsychologische Arbeiten in ihrem Lebenswerk wie zwei separate Blöcke nebeneinander. In keiner ihrer zoologischen Arbeiten hat sie Bezug auf ihre späteren parapsychologischen Interessen genommen, und in ihren parapsychologischen Arbeiten kam sie höchstens kurz und nebenbei auf ihre früheren zoologischen Tätigkeiten zu sprechen – und auch dies tat sie stets, ohne dabei inhaltliche oder theoretische Bezüge herzustellen. Beispielsweise gab sie in ihrem Okkultismus-Buch an, nach ihrer eindrücklichen Erfahrung der Tischlevitation im Jahr 1914 an die Zoologische Station in Neapel zu ihren „wundervollen Quallen“ geradezu „geflüchtet“ zu sein, um diesen „Tischunfug“ hinter sich lassen zu können (Moser 1935: 43–44). In dieser persönlich gehaltenen Passage skizzierte sie Aspekte ihrer biologischen Tätigkeit sehr knapp und nur in autobiographischem Zusammenhang, um ihre berufliche Auslastung nach dem Einbruch des „schrecklichen Okkultismus“ in ihr Leben zu illustrieren. Auch in ihrem späteren Spuk-Buch gab sie lediglich an, dass sie nach der Beendigung ihrer Arbeiten am Okkultismus-Buch von dem Wunsch beseelt gewesen sei, ihre liegen gebliebenen biologischen Arbeiten wieder aufzunehmen, was sie letztlich jedoch nicht getan hat (Moser 1950: 14). Dieser Mangel an inhaltlichen Bezügen zwischen ihren beiden Forschungsfeldern erstaunt, und dies nicht nur aufgrund der weiter vorne genannten Parallelen zwischen Quallen und okkultistischen Phänomenen.

Hinzu kommt: Moser beschäftigte sich nachweislich von 1917 bis 1924 parallel mit beiden Gebieten – also gewissermaßen im „goldenen Zeitalter“ der naturphilosophischen Spekulationen über mögliche Zusammenhänge zwischen Biologie und Parapsychologie, wie sie in den ersten Jahrzehnten des 20. Jahrhunderts von zahlreichen Philosophen und Wissenschaftlern thematisiert worden sind (Nahm 2021a, 2021b). An diesen fruchtbaren Auseinandersetzungen beteiligten sich namhafte Biologen, von denen sich manche, genau wie Moser zuvor, sogar mit Quallen beschäftigt hatten. Dies gilt insbesondere für den einflussreichen Biologen und Philosophen Hans Driesch.[19] Er hatte unter anderem an Rippenquallen geforscht und auch häufig die zoologischen Stationen des Mittelmeeres besucht, vor allem diejenige in Neapel. Driesch avancierte ab 1899 zum Hauptvertreter einer wiederbelebten naturphilosophischen Strömung namens Vitalismus, wonach Lebewesen eine nicht auf die Gesetze von Physik und Chemie zurückführbare Eigendynamik besitzen (Nahm 2007, 2021a). Dieses eigendynamische Organisationsprinzip der Lebewesen bezeichnete Driesch (1909b) in Anlehnung an die Naturphilosophie des Aristoteles als „Entelechie". Nachdem Drieschs berufliche Interessensgebiete sich immer weiter in Richtung theoretische Biologie und Philosophie verlagert hatten, erhielt er 1921 einen Lehrstuhl für Philosophie in Leipzig. Etwa ab dieser Zeit beschäftigte sich Driesch auch zunehmend mit parapsychologischen Themen, publizierte hierzu und wurde 1926 sogar zum Präsidenten der britischen *Society for Psychical Research* ernannt, der damals wichtigsten Vereinigung zur wissenschaftlichen Erforschung dieses Themengebiets. Die parapsychologischen Phänomene sah Driesch als eine der wichtigsten Stützen des Vitalismus an, da diese nicht rein „mechanistisch" – also allein mit den Gesetzen von Chemie und Physik – erklärt werden könnten (Nahm 2021a, 2021b; Waldrich 2021). Er setzte sich stark dafür ein, die Professionalisierung der Parapsychologie sowie deren akademische Einbindung in den universitären Wissenschaftsbetrieb zu fördern. Zu diesem Zweck verfasste er maßgebliche Abhandlungen über parapsychologische Themen und ihren Kontext, wovon besonders sein methodisches Übersichtswerk zur Parapsychologie (Driesch 1932) und seine Herausarbeitung der Relevanz parapsychologischer Phänomene für die „normale" Psychologie zu nennen sind (Driesch 1938). Vor allem im erstgenannten Werk betonte Driesch die enge Verzahnung von vitalistischer Biologie und Parapsychologie und beschrieb vier Brücken, die zwischen beiden Gebieten vermitteln (Driesch 1932). Sie lassen sich in aller Kürze folgendermaßen beschreiben (siehe auch Nahm 2021b): Die erste Brücke besteht in der Existenz von biologischen Prozessen, die „zielstrebig" oder „ganzmachend" verlaufen. Dies gilt z. B. für Wachstumsprozesse oder auch für die Regeneration von abgetrennten Körperteilen. Nach Driesch stehen diese Prozesse unter dem Einfluss eines nicht-materiellen Organisationsprinzips. Dies würde bereits einen unvermeidlichen Bruch mit jeglichem rein physikalisch-chemischem oder mechanistischem Lebensverständnis bedeuten. Und da parapsychologische Phänomene innerhalb einer solchen mechanistischen Lebensauffassung ebenfalls nicht vorkommen dürfen, widerlegen sie gleichfalls das mechanistische Lebensverständnis. Somit schlägt die vitalistische Biologie eine Brücke zur Parapsychologie. Drieschs zweite Brücke fußt

19 Für eine aktuelle Darstellung von Drieschs Leben und Werk siehe Krall et al. 2021.

auf der Ablehnung des physikalistischen Modells des Bewusstseins, wonach alle Geistestätigkeiten von der Gehirnchemie bestimmt werden. Mit der Abweisung dieses Modells sei jedoch die Existenz einer wie auch immer gearteten Seele als selbständiges Wesen neben der Körpermaterie wieder legitimiert, was ebenfalls eine Voraussetzung für das Zustandekommen parapsychologischer Phänomene sei. Eine dritte Brücke sah Driesch in den körperlichen Auswirkungen von (Auto-)Suggestionen. Als Beispiele führte er psychosomatisch induzierte Entzündungen, Blutstillungen, Scheinschwangerschaften und Stigmata an. All diese körperlichen Modifikationen können durch meist unbewusste menschliche Gemütsregungen ausgelöst werden. Hierin sah Driesch eine enge Verwandtschaft mit parapsychologischen Phänomenen, bei denen ebenfalls das Ordnungsgefüge von Materie im Raum mittels psychischer Impulse modifiziert wird, beispielsweise bei Psychokinese (geistig-psychische Einwirkung auf Materie). Vor dem Hintergrund des Vitalismus verlören Phänomene wie Psychokinese ihren scheinbar unglaubhaften Charakter, ihren „Stachel des Absurden" (Driesch 1932: 100). Die vierte der genannten Brücken wurde zwar von Driesch nicht explizit als Brücke bezeichnet, sie ergibt sich aber aus seinen Ausführungen. Sie besteht in den von ihm so genannten „überpersönlichen" Aspekten des Lebens, die über das einzelne Individuum hinausweisen. Anzeichen von derartigen überpersönlichen Aspekten sah er zum Beispiel in der Evolution der Lebewesen, in bestimmten von ihm durchgeführten Experimenten an Seeigel-Eiern und auch im sittlichen Bewusstsein der Menschen. Die hier vorhandenen überpersönlichen Aspekte des Lebens müssten von der Parapsychologie ohnehin gefordert werden, da ein direkter Wissenserwerb, wie er beispielsweise bei der Telepathie (Gedanken- oder Gefühlsvermittlung von Person zu Person) oder auch beim Hellsehen (Wahrnehmung von Gegebenheiten ohne Gebrauch der Sinnesorgane) auftritt, ohne überpersönliche Aspekte von Individuen nicht möglich sei. Drieschs Arbeiten zu parapsychologischen Themen inklusive seines Übersichtswerks waren Fanny Moser durchaus bekannt, denn sie verwies in ihren beiden Büchern darauf, wenngleich recht knapp.

Als ein weiteres Beispiel eines Biologen, der sich im gleichen Zeitraum intensiv der Parapsychologie gewidmet hatte, kann der Zoologe Karl Camillo Schneider (1867–1943) dienen. Er hatte zuvor u. a. umfassende Studien an Staatsquallen durchgeführt, die Moser in ihren zoologischen Arbeiten häufig diskutiert hatte. Auch Schneider avancierte ab 1902 zu einem publikationsfreudigen Vertreter einer vitalistischen Biologie, der die verbindenden Elemente von Vitalismus und Parapsychologie betonte (z. B. Schneider 1926, 1936).[20]

[20] Auch Christoph Schröder (1871–1952) zählt zu denjenigen Biologen aus Mosers Zeit, die sich später verstärkt der Parapsychologie zugewendet haben. In der von ihm von 1930 bis 1941 herausgegebenen *Zeitschrift für metapsychische Forschung* veröffentlichte er verschiedene Beiträge, worin er Bezüge zwischen Biologie und Parapsychologie behandelte. Mosers Okkultismus-Buch kritisierte er allerdings stark (Schröder 1936).

Auch der namhafte Philosoph Eduard von Hartmann (1842–1906) argumentierte, dass nur eine vitalistische Lebensanschauung den biologischen Geschehnissen gerecht werden könne. Bereits in seiner erstmals 1869 erschienenen „Philosophie des Unbewussten" setzte er das Hellsehen in Beziehung zu tierischen Instinktleistungen und nahm sogar direkten Bezug zu Staatsquallen, die er im Kontext von Fragen des Wesens der Individualität und der unbewusst-psychischen Regulierung überindividueller Zusammenhänge diskutierte (Hartmann 1869). Er führte sie bis zuletzt als Beispiel einer möglichen Bewusstseinseinheit an, die aus niederen Bestandteilen zusammengesetzt würde (Hartmann 1906, 1907). Doch auch von Hartmanns „Philosophie des Unbewussten" erwähnte Moser nur am Rande; auf die zahlreichen darin enthaltenen Diskussionen biologischer Fragen ging sie nicht ein. Von Hartmann (1898) postulierte weiterhin, dass das Unterbewusstsein von an spiritistischen Sitzungen teilnehmenden Personen durch telepathische Übertragungen des anwesenden Mediums beeinflusst würde und deshalb kollektive Halluzinationen erfahren könne. Ganz ähnlich argumentierte auch Moser mit Bezug auf von Hartmanns Konzept des Unbewussten, wonach die Sitzungsteilnehmer „eine Art gemeinsames überpersönliches Unterbewusstsein auf telepathischer Grundlage" herausbilden könnten, welches sodann die Aktivitäten und Kundgaben vermeintlich Verstorbener simulieren würde (Moser 1935: 936). Sie ging sogar so weit, dieses verbindende „Zirkel-Unbewusste" nur als einen kleinen und besonders wirksamen Ausschnitt eines viel größeren „Gemeinschafts-Unbewussten" zu begreifen, wodurch letztlich alle Menschen miteinander verbunden wären. Ob Moser im Zusammenhang mit diesen Überlegungen auf ihr Wissen über die Biologie von Staatsquallen zurückgriff, darf allerdings bezweifelt werden. Denn dort vertrat sie den Standpunkt – erneut im Gegensatz zur damaligen wie auch heutigen Lehrmeinung –, dass sogenannte Kolonien von Staatsquallen *nicht* aus einer Art Überorganismus mit vielen Einzeltieren bestünden, sondern dass sie vielmehr ein einziges komplexes Individuum „mit Arbeitsteilung zwischen Organen gleicher Herkunft" repräsentieren würden (Moser 1923–1925: 486).

Der vitalistische Biologe Herbert Fritsche (1911–1960), der ebenfalls ein großes Interesse an parapsychologischen Phänomenen hatte, vertrat jedoch wie von Hartmann die gängige Meinung, dass es sich bei Staatsquallen um Tierkolonien handelt, und diskutierte sie als ein extremes Beispiel des Wirkens einer unbewussten „Gruppenseele". Unter dem Konzept der Gruppenseele verstand er eine Art seelisches Band, einen „Ganzheitsfaktor", der die Individuen einer Art auf überindividuelle Weise miteinander vernetzt und die Bildung von organischen und verhaltensbezogenen Eigenschaften koordiniert, die mehr dem Erhalt der Art als dem Erhalt der einzelnen Individuen dienen. Bei Staatsquallen habe die Gruppenseele so machtvoll gewirkt, dass sogar ein körperlicher

Zusammenschluss der Einzeltiere zustande kam, wobei diese in sinnvoll geordneter Arbeitsteilung miteinander verkettet sind (Fritsche 1940: 385).[21]

Auch für andere Autoren, die sich dem im Gefolge des Vitalismus entstehenden Ganzheitsdenken bzw. dem systemisch-holistischen Denken verpflichtet hatten, stellten Staatsquallen eindrückliche Beispiele von ganzheitlich-biologischer Organisation dar (z. B. Bertalanffy 1932, 1937). Am deutlichsten äußerte sich wohl Bernhard Dürken (1881–1944), Professor für Zoologie im damaligen Breslau. Für ihn bildeten Staatsquallen den Höhepunkt der Ausdifferenzierung koloniebildender Meerestiere. Er gab an: „Eine solche Stockbildung zwingt von sich aus schon zu ganzheitlichem Denken, d. h. zum Grundsatz von der primären Überordnung des Ganzen über seine sekundären Teile" (Dürken 1936: 171).

Allerdings finden sich derartige Ansätze zu einem explizit ganzheitlichen oder gar vitalistischen Denken bezüglich der hochkomplex organisierten Staatsquallen bei Moser kaum. Am nächsten kommt sie diesem Ansatz in folgendem Abschnitt, in dem sie sich zur Entwicklung von Staatsquallen-Organismen äußert:

> Danach ist das relative Entwicklungstempo, wie ich die Zeit der Anlage und die Entwicklungsgeschwindigkeit eines Organes oder seiner Teile im Verhältnis zu anderen Organen oder zu übergeordneten Einheiten [...] nenne, ein sehr verschiedenes und von vielen Faktoren abhängig. Es besteht eine Wechselwirkung zwischen den einzelnen Teilen in der Weise, daß sowohl die Zeit ihrer Anlage, wie das Tempo und die Form ihrer Entwicklung gegenseitig reguliert wird, und zwar, das ist das Merkwürdigste, am meisten von den künftigen Bedürfnissen der übergeordneten Einheit. Der Entwicklungsprozeß wird also durch Zukunftsfaktoren in erheblicher Weise beeinflußt, die zudem oft nur, das ist ebenfalls äußerst merkwürdig, vorübergehende Bedeutung haben. Es ist, als ob das betreffende Organ genau wisse, welche Rolle ihm zufallen wird und zu welchem Zeitpunkt, und darnach sein Wachstum sowohl als Geschwindigkeit wie als Form reguliert. Je nachdem wird die Entwicklungspotenz, die für jeden Organismus offenbar genau begrenzt ist, wechselnd den verschiedenen Teilen auf Kosten der übrigen zugeführt. (Moser 1925: 494)

Obwohl man in diesen Formulierungen Anklänge an parapsychologische Phänomene wie Hellsehen oder sogar Präkognition (Vorauswissen um die Zukunft) erkennen könnte, dachte Moser zur Zeit der Niederschrift dieser Zeilen, also spätestens im Februar 1914, sehr wahrscheinlich noch in konventionellen, mechanistischen Bahnen. Für Vitalisten offenbarten sich in den ganzheitlichen Eigenschaften des Lebens hingegen, wie erwähnt, spezifische Organisationsprinzipien mit eigenem Kausalmodus. So sprach bereits Eduard von Hartmann (1907) von einer „organisatorischen Finalkausalität" und Hans Driesch (1909b) von einer „Ganzheitskausalität" – Konzepte, die genau wie die Entelechie von zahlreichen Biologen und Philosophen der nachfolgenden Jahre in der

---

21 Fanny Moser besaß Fritsches Buch und versah es auch mit (wenigen) Anstreichungen und Anmerkungen. An der Stelle, wo Fritsche Staatsquallen diskutierte, findet sich jedoch keine Markierung.

einen oder anderen Form immer wieder aufgegriffen worden sind (Nahm 2007, 2021a). Im Rahmen ihres Studiums der parapsychologischen Phänomene schien auch Moser vitalistische Konzepte zu vertreten, beispielsweise dann, wenn sie die Seele als einen „dynamogenen Faktor ersten Ranges" bezeichnete, der die materielle Welt beherrscht (Moser 1935: 956). Allerdings kam sie weder in ihrem Okkultismus- noch im Spuk-Buch näher auf vitalistische Themen oder auf die angesprochenen biologischen Organisationsprinzipien zu sprechen. Ihre diesbezüglichen Aussagen sind sehr selten (Moser 1935: 928, 956, 959) und beziehen sich zumeist auch lediglich auf den Menschen. Mir selbst ist nur eine Stelle bekannt, wo sie den Vitalismus als naturphilosophisches Konzept explizit erwähnt hat, aber auch dort praktisch nur nebenbei:

> Im animalen Magnetismus haben wir vielleicht ein U r p h ä n o m e n, den letzten und tiefsten Grund des Lebens selbst, das Agens, das im Ei wirksam wird, das menschliche Automaton in Tätigkeit setzt, zur Entwicklung bringt, in Gang hält, um erst mit dem Tod zu erlöschen, die Lebenskraft der alten Vitalisten, die im Entelechiebegriff von D r i e s c h ihre Auferstehung feiert. Kein geringerer als S c h o p e n h a u e r erklärte: „Gegen die Lebenskraft polemisieren verdient, trotz seiner vornehmen Miene, nicht sowohl falsch als geradezu dumm genannt zu werden, denn wer die Lebenskraft leugnet, leugnet im Grunde sein eigenes Dasein." (Moser 1935: 930; Hervorh. im Original)

Bei aller Kürze ist in derartigen Äußerungen die Zustimmung zu Drieschs Vitalismus, der die Existenz einer Seele als eine vom Körper unabhängige Instanz wieder zu legitimieren versuchte, unverkennbar. Besonders auf den letzten zwanzig Seiten ihres Okkultismus-Buchs widmete sich Moser ausführlich der menschlichen Seele als einem real existierenden Agens.

Kritische Gedanken zur mechanistisch begründeten darwinistischen Evolutionstheorie, deren ausschließliche Fokussierung auf das Überleben der am besten an ihre Umwelt angepassten Individuen seit jeher im Gegensatz zu vitalistischen Konzeptionen stand, tauchen in ihren Schriften überhaupt nicht auf. In ihrem weiter oben bereits erwähnten Kommentar aus dem Jahr 1912 zu einer auf dem Boden lebenden Rippenqualle äußerte Moser zwar Zweifel an möglichen Erklärungsmodellen für den Befund, dass eine ursprünglich frei im Meer schwimmende Qualle sich aufgrund von Vorteilen im Überlebenskampf auf dem Boden festgesetzt haben sollte, was nur mit einer sehr erheblichen Umorganisation des gesamten Körperbaus möglich gewesen wäre (Moser 1912b). Es lässt sich anhand ihrer Ausführungen allerdings nicht feststellen, ob Moser diesbezüglich den darwinistischen Ansatz als Ganzes hinterfragt hat. Auch in keiner anderen ihrer zoologischen und parapsychologischen Schriften ist sie auf evolutionstheoretische Fragestellungen eingegangen.[22]

---

[22] Einige Jahre nach Mosers Tod war es wiederum ein Schweizer Biologe, der die Frage der „Nützlichkeit" und Selektion der am besten angepassten Individuen u. a. am Beispiel von Rippenquallen untersuchte: der Professor für Zoologie in Basel Adolf Portmann (1897–1982; für weiterführende Informationen zu Portmanns Denken vgl. Nahm 2021b). Während seiner beruflichen Tätigkeiten weilte auch Portmann an zoologischen Stationen des

Man mag sich an dieser Stelle fragen, warum die Biologin Fanny Moser eigentlich derart von okkulten Phänomenen fasziniert war und worin das Ziel ihrer parapsychologischen Veröffentlichungen lag. Ihre bereits erwähnten Gedanken am Ende des Okkultismus-Buchs erwecken den Eindruck, dass diese Faszination tatsächlich *nicht* von biologischen Fragestellungen ihren Ausgang nahm, sondern eher von rein persönlichen Motiven, die in ihrer fortwährenden und phasenweise zermürbenden Suche nach dem Sinn ihres persönlichen Lebens und auch des Lebens als Ganzes ihren Ausgang nahm.[23] In diesem Schlussabschnitt kritisierte sie in scharfen Worten die Sinnentleerung, die mit dem westlichen Wissenschaftsverständnis und der wachsenden Technisierung sowie Militarisierung einherging, wie etwa die folgende Passage verdeutlicht:

> Der beispiellose Sieg der rationalen Naturauffassung hat nicht nur zur Vergewaltigung der Schöpfung geführt, sondern auch unserer selbst. Hinter der glanzvollen Maske des Siegers verbirgt sich eine innere Armut ohnegleichen. Der Mensch ist sachlich geworden, mit anderen Worten: seelenlos, gefühlsarm, phantasielos und nüchtern, kurz: entgeistigt, verflacht und veräußerlicht [...] Mit der Seele hat der Mensch seinen Gott verloren, d. h. die tiefe Verbundenheit mit dem Ewigen und All. (Moser 1935: 958)

Die Bedeutung des wissenschaftlichen Okkultismus bzw. der Parapsychologie bestand für Moser darin, dass dieser Forschungszweig die dem Menschen verloren gegangene Seele wieder zurückgegeben habe und Problemstellungen wie „die Frage aller Fragen", also diejenige nach dem Überleben des Todes, wieder zugänglich gemacht habe (ebd.: 943). In diesem Zusammenhang fasste Moser die östlichen und nach innen gerichteten Meditationstechniken als ebenso gültige wissenschaftliche Erkenntnismethode auf wie die westliche und nach außen gerichtete Methode, und sie bewertete das dadurch erworbene Wissen der östlichen Weisen im Kontext der okkultistischen Forschung sogar höher:

> Da fällt es wie Schuppen von den Augen. Was wir auf Schritt und Tritt mühselig als Wahrheit aus allen Täuschungen herausgeschält haben, das wissen sie längst! Es ist ihr eigenster Besitz und harmonisch ihrem Weltbild eingeordnet. So finden wir dort auch Antwort auf letzte Fragen. (Moser 1935: 946)

Mittelmeeres, darunter in Villefranche. Nebst dem Verweis auf Rippenquallen findet sich in einem seiner Bücher auch ein Kommentar zu Staatsquallen mit Hinweis auf Mosers Arbeit (Portmann 1960). In einem weiteren Buch thematisierte er Staatsquallen erneut und kommentierte sie folgendermaßen. „Die Schönheit ihrer Formen ist ebenso groß wie die verborgene Ordnung ihres ganzen Lebens. Der Umgang mit solchen fremden Wesen steigert die Bereitschaft, auch im unbewussten Leben der Menschen diese große verborgene Ordnung zu ahnen. Das Studium der fernsten Tiergestalten mahnt an die unzugänglichen Tiefen in uns selbst" (Portmann 1973: 150). Mancher mag angesichts dieser Formulierungen durchaus an den Umgang mit parapsychologischen Phänomenen und Spuk erinnert werden, deren Studium gleichfalls an die große verborgene Ordnung im menschlichen Unbewussten mahnt.

23 Diese innere Unzufriedenheit und Zerrissenheit kommt vor allem in Mosers Tagebüchern deutlich zur Geltung. Vgl. zu dieser Frage den Beitrag von Schmied-Knittel in diesem Band.

Das menschliche Überleben des Todes hielt sie in Anlehnung an mystische Traditionen in West und Ost offenbar für wahrscheinlich, wenngleich sie in den von ihr besprochenen okkultistischen Phänomenen kaum belastbare Indizien dafür erblickte und sie eher als ein Zerrbild der ‚wirklichen Dinge' hinter der sinnlichen Erscheinung der Welt betrachtete. Ähnliches galt in ihren Augen für den Spuk (vgl. Moser 1952). Dennoch ergibt sich aus diesen Zusammenhängen die herausragende Bedeutung des Okkultismus für die wissenschaftliche Forschung des 20. Jahrhunderts: „Was die östliche Weisheit lehrt, seit Jahrtausenden als ewige Wahrheit, und wissenschaftlich erweisen kann, die Macht der Seele, das bestätigt und erweist auch der Okkultismus. Darin liegt gerade für uns und heute seine überragende Bedeutung und Mission" (Moser 1935: 959).

Schlussendlich forderte Moser eine aus dem westlichen wissenschaftlichen Okkultismus und der morgenländischen Weisheit gespeiste spirituelle Erneuerung der Menschheit, die eine Synthese von Wissenschaft und Religion beinhalten müsse, wobei sie zugleich für die mystisch begründete fundamentale Einheit aller Religionen eintrat. Angesichts dieser Beschäftigung mit den „letzten Fragen" und den daraus abgeleiteten Zielen ihrer parapsychologischen Publikationstätigkeit mag verständlich sein, dass die niederen und dumpf durch die Weltmeere schwimmenden Quallen hier keine Rolle gespielt haben. Dennoch bestehen aus biologischer Sicht naheliegende Berührungspunkte zwischen beiden Forschungsbereichen, wie besonders das Beispiel Hans Drieschs auf inhaltlicher Ebene gezeigt hat und wie schon die eingangs genannten strukturellen und optischen Bezüge zwischen Gespenstererscheinungen, Spuk und bestimmten Quallenformen illustriert haben. Es bleibt deshalb letztlich offen, warum Moser diese Berührungspunkte nie thematisiert hat – und ob sie ihr überhaupt aufgefallen waren.

Schlussendlich bestand eine Gemeinsamkeit ihrer beiden Forschungsbereiche darin, dass ihr in beiden Fällen eine weitreichende Anerkennung verwehrt blieb, obwohl es immer wieder namhafte Personen gab, die ihre zoologischen und parapsychologischen Arbeiten bewunderten.[24] Ihr muss jedoch bewusst gewesen sein, dass während all der Jahre niemand ihr mühsam ausgearbeitetes System der Staatsquallen aufgegriffen hat. Im Gegenteil, es wurde ignoriert und kritisiert. Daher wirkt Mosers Beteuerung, dass sie sich nach Beendigung ihrer Arbeit am Okkultismus-Buch so gerne wieder den Quallen zugewendet hätte (Moser 1950: 14), etwas überraschend – sie hatte zu dieser Zeit vermutlich seit 20 Jahren keine Staatsqualle mehr gesehen, und die Forschung war unter Ignoranz ihrer Hypothesen längst weitergezogen. Aus Sicht der Parapsychologie ist es natürlich zu begrüßen, dass Moser der Erforschung von Okkultismus und Spuk Vorrang eingeräumt hat. Man denke nur an ihre Rekonstruktion des

24 Im letzteren Fall bezogen sich zu ihren Lebzeiten beispielsweise Hans Driesch (1936), der Philosoph Aloys Wenzl (1951) und der Quantenphysiker Pascual Jordan (1947) anerkennend auf Mosers Werk.

spektakulären Joller-Spukfalls (Moser 1950) oder an ihre finanziellen Stiftungsmittel, die die Forschungsarbeit des IGPP in Mosers Sinne ermöglichen.

Zusammenfassend lässt sich sagen, dass Fanny Moser trotz der inhaltlichen Trennung ihrer beiden Tätigkeitsschwerpunkte ihrem Arbeits- und Denkstil in beiden Fällen treu blieb. Er zeichnete sich durch folgende Merkmale aus:

(1) Die Bearbeitung von sehr speziellen Themen, denen Moser große Bedeutung beimaß. Im biologischen Bereich betraf dies Organismengruppen, die nur von relativ wenigen anderen Fachspezialisten bearbeitet wurden. Allerdings versprach sie sich aufgrund ihrer Erkenntnisse über die vermeintliche Systematik der Staatsquallen eine völlige Neuordnung des gesamten Stamms der Nesseltiere. Im Fall der Parapsychologie betraf dies ein Grenzgebiet der Wissenschaft als Ganzes, von dessen Erforschung sie sich nichts Geringeres als eine Neuausrichtung der Wissenschaften sowie der geistigen Haltung der Menschheit erhoffte.

(2) In beiden Fällen war ihre Arbeit durch Akribie und Liebe zum Detail gekennzeichnet.

(3) Dies implizierte das sorgfältige Sammeln und Studieren von selbst schwer zugänglicher Spezialliteratur, zumal in verschiedenen Sprachen.

(4) Nachdem Moser ein solides Fachwissen über beide Themenfelder erlangt hatte, legte sie eine ausgesprochene Freude am Klassifizieren und Systematisieren der verfügbaren Inhalte an den Tag.

(5) In beiden Bereichen spielte die Sonderung von „Täuschungen" und „Tatsachen" eine zentrale Rolle. In diesem Zusammenhang fällte sie teils deutliche Urteile, die nicht unwidersprochen blieben.

(6) Ihre Tätigkeiten waren in beiden Fällen getragen von einem Drang zur Innovation, wobei Moser auch vor der Hinterfragung von etabliertem Expertenwissen nicht zurückschreckte. Sie stellte die herrschenden Meinungen offen in Frage und kämpfte für eine neue Sicht der Dinge, eine neue Ordnung.

Bedenkt man überdies, dass sich all diese Aktivitäten in stark von Männern dominierten Wissenschaftszweigen abgespielt haben, gebührt Mosers wissenschaftlichem Lebenswerk größter Respekt. Nicht zuletzt werden ihre Arbeiten in beiden Forschungsbereichen bis heute zitiert. Insbesondere haben Mosers Argumente für die Akademisierung der Parapsychologie zur Vertiefung der wissenschaftlichen Erkenntnis über das Wesen der Natur und des menschlichen Lebens bis heute nichts von ihrer Aktualität verloren. Auch wenn ihr bewusst war, dass man früher oder später immer an Grenzen der Erkenntnis stößt (z. B. Moser 1935: 940), so wusste sie ebenfalls, dass die Erforschung von bisher vernachlässigten Wissenschaftsgebieten das größtmögliche Verschieben der Grenzen des Wissens ermöglichen würde.

Ich schließe diesen Beitrag mit einem Zitat Fanny Mosers, welches sie bezüglich der Evolution von Staatsquallen formulierte. Es bestätigt das eben Gesagte in treffender Weise, und Moser wird damit auf jeden Fall stets richtig liegen - auch im Kontext von Okkultismus und Spuk: „Auf ein letztes, unbeantwortetes Warum stoßen wir ja immer, der Unterschied ist nur, auf welcher Stufe dieses einsetzt“ (Moser 1912b: 522).

Literatur

Apstein, C. (1915). Nomina conservanda. *Sitzungsberichte der Gesellschaft Naturforschender Freunde zu Berlin, Jahrgang 1915*(5), 119–202.

Bauer, E. (1977). Okkulte und parapsychologische Literatur im Spiegel der Fanny Moser-Bibliothek. *Librarium, 20*(3), 208–226.

Bauer, E. (1986). Ein noch nicht publizierter Brief Sigmund Freuds über Mesmerismus. *Freiburger Universitätsblätter, 93*, 93–110.

Bauer, E. (2010). Fanny Mosers „Spuk“. Sondierungen und Rekonstruktionen an drei historischen RSPK-Fallberichten. *Zeitschrift für Anomalistik, 10*(3), 322–346.

Bender, H. (1974). Geleitwort. In F. Moser, *Das grosse Buch des Okkultismus* (S. V–VIII). Walter.

Bender, H. (1980). Nachwort. In F. Moser, *Spuk. Ein Rätsel der Menschheit* (S. 340–342). Fischer.

Bertalanffy, L. von (1932). *Theoretische Biologie* (Bd. 1). Borntraeger.

Bertalanffy, L. von (1937). *Das Gefüge des Lebens*. Teubner.

Bigelow, H. B. (1911). The Siphonophorae. *Memoirs of the Museum of Comparative Zoology at Harvard College, 38*, 171–402.

Bigelow, H. B. (1918). Some Medusae and Siphonophorae from the Western Atlantic. *Museum of Comparative Zoölogy at Harvard College, 62*(8), 365–442.

Brauer, A. (1907). *Bericht über das Zoologische Museum zu Berlin im Rechnungsjahr 1906*. Buchdruckerei des Waisenhauses.

Brauer, A. (1908). *Bericht über das Zoologische Museum zu Berlin im Rechnungsjahr 1907*. Buchdruckerei des Waisenhauses.

Brauer, A. (1911). *Bericht über das Zoologische Museum zu Berlin im Rechnungsjahr 1910*. Buchdruckerei des Waisenhauses.

Brauer, A. (1912a). Mitteilungen aus Museen, Instituten usw. 1. Deutsche Zoologische Gesellschaft. *Zoologischer Anzeiger, 39*, 365–366.

Brauer, A. (1912b). Mitteilungen aus Museen, Instituten usw. 2. Deutsche Zoologische Gesellschaft. *Zoologischer Anzeiger, 40*, 155–160.

Brauer, A. (1912c). *Bericht über das Zoologische Museum zu Berlin im Rechnungsjahr 1911*. Buchdruckerei des Waisenhauses.

Brauer, A. (1912d). Mitteilungen aus Museen, Instituten usw. 2. Deutsche Zoologische Gesellschaft. *Zoologischer Anzeiger, 39*, 701–703.

Brauer, A. (1914). *Bericht über das Zoologische Museum in Berlin im Rechnungsjahr 1913*. Buchdruckerei des Waisenhauses.

Chun, C. (1913). Über den Wechsel der Glocken bei Siphonophoren. *Berichte über die Verhandlungen der Königlich-Sächsischen Gesellschaft der Wissenschaften zu Leipzig, Mathematisch-Physische Klasse, 65*, 27–41.

Church, S. H./Siebert, S./Bhattacharyya, P./Dunn, C. W. (2015). The histology of *Nanomia bijuga* (Hydrozoa: Siphonophora). *Journal of Experimental Zoology. Part B, Molecular and Developmental Evolution, 324*(5), 435–449.

Deineka, D. (1905). Zur Frage über den Bau der Schwimmblase. *Zeitschrift für wissenschaftliche Zoologie, 78*, 149–164.

Driesch, H. (1909a). Zur Erinnerung an Anton Dohrn. *Süddeutsche Monatshefte, 6*, 513–518.

Driesch, H. (1909b). *Philosophie des Organischen*. Engelmann.

Driesch, H. (1932). *Parapsychologie*. Bruckmann.

Driesch, H. (1936). Die wissenschaftliche Parapsychologie der Gegenwart. In H. de Geymüller, *Swedenborg und die übersinnliche Welt* (S. 351–365, 394–395). Deutsche Verlags-Anstalt.

Driesch, H. (1938). *Alltagsrätsel des Seelenlebens*. Deutsche Verlags-Anstalt.

Dunn, C. W./Pugh, P. R./Haddock, S. H. D. (2005). Molecular Phylogenetics of the Siphonophora (Cnidaria), with Implications for the Evolution of Functional Specialization. *Systematic Biology, 54*(6), 916–935.

Dürken, B. (1936). *Entwicklungsbiologie und Ganzheit*. Teubner.

Frei, G. (1952/1953). Dem Andenken von Dr. Fanny Moser. *Neue Wissenschaft, 3*(8/9), 269–272.

Fritsche, H. (1940). *Tierseele und Schöpfungsgeheimnis*. Rupert-Verlag.

Garstang, W. (1946). The morphology and relations of the Siphonophora. *Quarterly Journal of the Microscopical Society, 87*, 103–193.

Gershwin, L./Lewis, M./Gowlett-Holmes, K./Kloser, R. (2014). *The Ctenophores* (Bd. 4). CSIRO Marine and Atmospheric Research.

Ghigi, A. (1909). Ctenofori. *Raccolte Planctoniche fatte dalla R. Nave „Liguria", 2*, 1–24.

Grossmann, M. M./Collins, A. G./Lindsay, D. J. (2014). Description of the eudoxid stages of *Lensia havock* and *Lensia leloupi* (Cnidaria: Siphonophora: Calycophorae), with a review of all known *Lensia* eudoxid bracts. *Systematics and Biodiversity, 12*(2), 163–180.

Grossmann, M. M./Lindsay, D. J. (2013). Diversity and distribution of the Siphonophora (Cnidaria) in Sagami Bay, Japan, and their association with tropical and subarctic water masses. *Journal of Oceanography, 69*(4), 395–411.

Gul, S./Oliveira, O. M. P. (2015). First records of two lobate comb-jellies (Ctenophora) from the Pakistani coast. *Check List, 11*(4), 1–3.

H., J. S. (1910). The marine fauna of Japan. *Nature, 84*(2124), 34–35.

Hartmann, E. von (1869). *Philosophie des Unbewussten: Versuch einer Weltanschauung*. Duncker.

Hartmann, E. von (1898). *Der Spiritismus* (2. Aufl.). Haacke.

Hartmann, E. von (1906). *Das Problem des Lebens*. Haacke.

Hartmann, E. von (1907). *Grundriß der Naturphilosophie*. Haacke.

Hertwig, R. (1880). *Über den Bau der Ctenophoren*. Fischer.

Hertwig, R. (1903). *Lehrbuch der Zoologie* (6. Aufl.). Fischer.

Hertwig, R. (1907). *Lehrbuch der Zoologie* (8. Aufl.). Fischer.

Hertwig, R. (1919). *Lehrbuch der Zoologie* (12. Aufl.). Fischer.

Jacobs, W. (1937). Beobachtungen über das Schweben der Siphonophoren. *Zeitschrift für vergleichende Physiologie*, *24*(4), 583–601.

Johansson, M. L./Shiganova, T. A./Ringvold, H./Stupnikova, A. N./Heath, D. D./MacIsaac, H. J. (2018). Molecular Insights Into the Ctenophore Genus Beroe in Europe: New Species, Spreading Invaders. *Journal of Heredity*, *109*(5), 520–529.

Jordan, P. (1947). *Verdrängung und Komplementarität*. Stromverlag.

Kayal, E./Bentlage, B./Sabrina Pankey, M./Ohdera, A. H./Medina, M./Plachetzki, D. C./Collins, A. G./Ryan, J. F. (2018). Phylogenomics provides a robust topology of the major cnidarian lineages and insights on the origins of key organismal traits. *BMC Evolutionary Biology*, *18*(1), 68.

Krall, S./Nahm, M./Waldrich H.-P. (2021). *Hinter der Materie. Hans Driesch und die Natur des Lebens*. Graue Edition.

Krumbach, T. (1923–1925). Ctenophora. In W. Kükenthal/T. Krumbach (Hrsg.), *Handbuch der Zoologie* (S. 905–995). Walter de Gruyter.

Locher, T. (1968). Frau Dr. Fanny Hoppe-Moser. *Orientierungsblatt der Schweizerischen Vereinigung für Parapsychologie*, *5*, 1–2.

Locher, T. (1986). Fanny Moser. Aus dem Leben einer umstrittenen Forscherin. In T. Locher (Hrsg.), *Parapsychologie in der Schweiz* (S. 44–52). Schweizerische Vereinigung für Parapsychologie.

Mapstone, G. M. (2014). Global Diversity and Review of Siphonophorae (Cnidaria: Hydrozoa). *PLoS ONE*, *9*(2), e87737.

Mapstone, G. M./Arai, M. N. (2009). *Siphonophora (Cnidaria: Hydrozoa) of Canadian Pacific Waters*. NRC Research Press.

Margulis, R. Y. (1988). Revision of the subfamily Clausophyinae (Siphonophora, Diphyidae). *Zoologicheskii Zhurnal*, *67*(9), 1269–1281.

Mattiesen, E. (1936-1939). *Das persönliche Überleben des Todes* (3 Bde.). De Gruyter.

Mayer, A. G. (1912). *Ctenophores of the Atlantic Coast of North America*. Carnegie Institution of Washington.

Mills, C. E. (2017). *Phylum Ctenophora: List of all valid species names*. Internet-Quelle, http://faculty.washington.edu/cemills/Ctenolist.html (9.2.2023).

Moser, F. (1902a). Beiträge zur vergleichenden Entwicklungsgeschichte der Wirbeltierlunge. (Amphibien, Reptilien, Vögel, Säuger). *Archiv für Mikroskopische Anatomie und Entwicklungsgeschichte*, *60*, 587–668.

Moser, F. (1902b). *Beiträge zur vergleichenden Entwicklungsgeschichte der Wirbeltierlunge. (Amphibien, Reptilien, Vögel, Säuger).* Inaugural-Dissertation zur Erlangung der Doktorwürde an der philosophischen Fakultät, Sektion II, der K. Ludwigs-Maximilians-Universität zu München. Sonder-Abdruck aus dem Archiv für Mikroskopische Anatomie und Entwicklungsgeschichte Bd. 60. Friedrich Cohen.

Moser, F. (1903). Die Ctenophoren der Siboga-Expedition. *Siboga-Expeditie, 7*, 1–34.

Moser, F. (1904). Beiträge zur vergleichenden Entwicklungsgeschichte der Schwimmblase. *Archiv für Mikroskopische Anatomie und Entwicklungsgeschichte, 63*, 532–574.

Moser, F. (1907a). Neues über Ctenophoren, Mitteilung I. *Zoologischer Anzeiger, 31*, 786–790.

Moser, F. (1907b). Noch ein Reformvorschlag, die Anwendungen systematischer Namen betreffend. *Zoologischer Anzeiger, 31*, 920–926.

Moser, F. (1908a). Ctenophores de la Baie d'Amboine. *Revue Suisse de Zoologie, 16*, 1–26.

Moser, F. (1908b). Neues über Ctenophoren, Mitteilung II. *Zoologischer Anzeiger, 32*, 449–454.

Moser, F. (1908c). Japanische Ctenophoren. *Abhandlungen der mathematisch-physikalischen Klasse der königlich Bayerischen Akademie der Wissenschaften, Supplement 1*(4), 1–78.

Moser, F. (1908d). Neues über Ctenophoren, Mitteilung III. *Zoologischer Anzeiger, 33*, 756–759.

Moser, F. (1909). Die Ctenophoren der Deutschen Südpolar-Expedition 1901–1903. *Deutsche Südpolar-Expedition, 11*(Zoologie 3), 117–192.

Moser, F. (1912a). Die Hauptglocken, Spezialschwimmglocken und Geschlechtsglocken der Siphonophoren, ihre Entwicklung und Bedeutung. *Verhandlungen der Deutschen Zoologischen Gesellschaft, 22*, 320–333.

Moser, F. (1912b). Über eine festsitzende Ctenophore und eine rückgebildete Siphonophore. *Sitzungsberichte der Gesellschaft Naturforschender Freunde zu Berlin, Jahrgang 1912*, 522–544.

Moser, F. (1913). Der Glockenwechsel der Siphonophoren, Pneumatophore, Urknospen, geographische Verbreitung und andere Fragen. *Zoologischer Anzeiger, 43*, 223–234.

Moser, F. (1915a). Die geographische Verbreitung und das Entwicklungszentrum der Röhrenquallen. *Sitzungsberichte der Gesellschaft Naturforschender Freunde zu Berlin, Jahrgang 1915*, 203–219.

Moser, F. (1915b). Neue Beobachtungen über Siphonophoren. *Sitzungsberichte der Königlich Preussischen Akademie der Wissenschaften, Physikalisch-Mathematische Klasse, 40*, 652–660.

Moser, F. (1917). Die Siphonophoren der Adria und ihre Beziehungen zu denen des Weltmeeres. *Sitzungsberichte der Kaiserlichen Akademie der Wissenschaften in Wien, Mathematisch-naturwissenschaftliche Klasse, Abteilung 1, 126*, 703–763.

Moser, F. (1921a). Nordische Siphonophoren. *Sitzungsberichte der Gesellschaft Naturforschender Freunde zu Berlin, Jahrgang 1920*, 167–191.

Moser, F. (1921b). Der Glockenpfropf, ein neuer Entwicklungsmodus der Medusenglocke, und Vorläufer des Glockenkerns. *Zoologischer Anzeiger, 52*, 315–317.

Moser, F. (1921c). Die Siphonophoren in neuer Darstellung. *Sitzungsberichte der mathematisch-physikalischen Klasse der Bayerischen Akademie der Wissenschaften, Jahrgang 1921*, 245–253.

Moser, F. (1923–1925). Siphonophora. In W. Kükenthal/T. Krumbach (Hrsg.), *Handbuch der Zoologie* (S. 1–52). Walter de Gruyter.

Moser, F. (1924). Die larvalen Verhältnisse der Siphonophoren in neuer Beleuchtung. *Zoologica, 28*, 1–52.

Moser, F. (1925). Die Siphonophoren der deutschen Südpolar-Expedition 1901–1903; zugleich eine neue Darstellung der ontogenetischen und phylogenetischen Entwickelung dieser Klasse. *Deutsche Südpolar-Expedition, 17*(Zoologie 9), 1–451.

Moser, F. (1935). *Der Okkultismus. Täuschungen und Tatsachen*. Reinhardt.

Moser, F. (1950). *Spuk. Irrglaube oder Wahrglaube? Eine Frage der Menschheit*. Gyr.

Moser, F. (1952). Spuk in neuer Sicht. *Du, 12(11)*, 11–14, 63–64.

Müller, I. (1976). *Die Geschichte der Zoologischen Station in Neapel von der Gründung durch Anton Dohrn (1872) bis zum Ersten Weltkrieg und ihre Bedeutung für die Entwicklung der modernen biologischen Wissenschaften*. Universität Düsseldorf.

Munro, C./Siebert, S./Zapata, F./Howison, M./Damian-Serrano, A./Church, S. H./Goetz, F. E./Pugh, P. R./Haddock, S. H. D./Dunn, C. W. (2018). Improved phylogenetic resolution within Siphonophora (Cnidaria) with implications for trait evolution. *Molecular Phylogenetics and Evolution, 127*, 823–833.

Nahm, M. (2007). *Evolution und Parapsychologie: Grundlagen für eine neue Biologie und die Wiederbelebung des Vitalismus*. Books on Demand.

Nahm, M. (2014). The development and the phenomena of a circle for physical mediumship. *Journal of Scientific Exploration, 28*, 229–283.

Nahm, M. (2016). Further comments about Kai Mügge's alleged mediumship and recent developments. *Journal of Scientific Exploration, 30*, 56–62.

Nahm, M. (2021a). Ganzheitsbiologische Strömungen im Umfeld der Philosophie von Hans Driesch. In S. Krall/M. Nahm/H.-P. Waldrich (Hrsg.), *Hinter der Materie. Hans Driesch und die Natur des Lebens* (S. 143–201). Graue Edition.

Nahm, M. (2021b). Hans Drieschs Beschäftigung mit der Parapsychologie. In S. Krall/M. Nahm/H.-P. Waldrich (Hrsg.), *Hinter der Materie. Hans Driesch und die Natur des Lebens* (S. 127–143). Graue Edition.

Portmann, A. (1960). *Neue Wege der Biologie*. Piper.

Portmann, A. (1973). *Biologie und Geist*. Suhrkamp.

Pugh, P. R. (2006). The taxonomic status of the genus *Moseria* (Siphonophora, Physonectae). *Zootaxa, 1343*(1), 1–42.

Pugh, P. R. (2019). A history of the sub-order Cystonectae (Hydrozoa: Siphonophorae). *Zootaxa, 4669*(1), 1–91.

Schellinger, U. (2017). „Das Wunder in konzentrierter Form". Fanny Moser und das Charlottenburger Medium Martha Fischer (1866–1943). *Zeitschrift für Anomalistik, 17*(3), 338–349.

Schmied-Knittel, I. (2021). Zwischen Science und Séance: Die Biologin und Parapsychologin Fanny Moser (1872–1953). In M. Lessau/P. Redl/H.-C. Riechers (Hrsg.), *Heterodoxe Wissenschaft in der Moderne* (S. 69–90). Brill.

Schneider, K. C. (1926). *Euvitalistische Biologie*. Bergmann.

Schneider, K. C. (1936). Biologie des Uebersubjekts. *Zeitschrift für metapsychische Forschung, 7*(6), 233–242.

Schröder, C. (1936). Buchbesprechung: Moser, Dr. Fanny Hoppe, Der Okkultismus. *Zeitschrift für metapsychische Forschung, 7*(3), 115–120.

Steche, O. (1910). Ctenophora. *Biologisches Zentralblatt, 17*, 654–664.

Tischner, R. (1950). *Ergebnisse okkulter Forschung. Eine Einführung in die Parapsychologie*. Deutsche Verlags-Anstalt.

Tornier, G. (1912). Bericht des Vorsitzenden über das Jahr 1912. *Sitzungsberichte der Gesellschaft Naturforschender Freunde zu Berlin, Jahrgang 1912*(10), 515–517.

Totton, A. K. (1932). Siphonophora. *Great Barrier Reef Expedition 1928–1929. Scientific Reports, 4*, 317–374.

Totton, A. K. (1954). Siphonophora of the Indian Ocean together with systematic and biological notes on related specimens from other oceans. *Discovery Reports, 27*, 1–162.

Totton, A. K. (1965). *A Synopsis of the Siphonophora*. British Museum.

Verhaegen, G./Cimoli, E./Lindsay, D. (2021). Life beneath the ice: Jellyfish and ctenophores from the Ross Sea, Antarctica, with an image-based training set for machine learning. *Biodiversity Data Journal, 9*, e69374.

Vogel, L. (2011). *Schreckliche Gesellschaft. Das Spukhaus zu Stans und das Leben von Melchior Joller*. Hier und Jetzt.

Waldrich, H.-P. (2021). Vitalismus als begründetes Paradigma. In S. Krall/M. Nahm/H.-P. Waldrich (Hrsg.), *Hinter der Materie. Hans Driesch und die Natur des Lebens* (S. 201–324). Graue Edition.

Walter, D. (1936). Nochmals in Sachen des Frau Dr. Moser'schen „Okkultismus". *Zeitschrift für metapsychische Forschung, 7*(4), 160–161.

Wanner, O. (1981). Fanny Moser. *Schaffhauser Beiträge zur Geschichte, 58*(4), 163–172.

Wenzl, A. (1951). *Unsterblichkeit. Ihre metaphysische und anthropologische Bedeutung*. Lehnen.

Bildnachweise

Abb. 1: Rechte Qualle: Moser, F. (1925). Die Siphonophoren, Tafel XVIII, Figur 2. Linke Qualle: ebd., Tafel VII, Figur 6. Archiv des IGPP, 10/3 (Nachlass Fanny Moser). Collage erstellt von M. Nahm.

Abb. 2: Moser, F. (1903). Die Ctenophoren der Siboga-Expedition, Tafel II. Archiv des IGPP, 10/3.

Abb. 3: Moser, F. (1925). Die Siphonophoren, Tafel 29. Archiv des IGPP, 10/3.

Anhang 1: Liste von gültigen Quallenarten, die von Fanny Moser erstbeschrieben wurden

Die angegebenen Gattungsnamen folgen der gegenwärtigen Nomenklatur. Manche wurden von Moser ursprünglich anders genannt.

Rippenquallen

1.	*Bathyctena chuni*	Moser (1908d, 1909)
2.	*Beroë compacta*	Moser (1908d, 1909)
3.	*Beroë hyalina*	Moser (1908b, 1908c)
4.	*Beroë mitrata*	Moser (1908b, 1908c)
5.	*Beroë pandorina*	Moser (1903)
6.	*Bolinopsis mikado*	Moser (1908b, 1908c)
7.	*Callianira cristata*	Moser (1908d, 1909)
8.	*Cryptolobata primitiva*	Moser (1909)
9.	*Euplokamis crinita*	Moser (1909)
10.	*Ganesha elegans*	Moser (1903, 1907a, 1908a)
11.	*Hormiphora punctata*	Moser (1908d, 1909)
12.	*Hormiphora sibogae*	Moser (1903)
13.	*Pleurobrachia globosa*	Moser (1903)
14.	*Pleurobrachia pigmentata*	Moser (1903)
15.	*Pleurobrachia striata*	Moser (1907a, 1908a)

Staatsquallen

1.	*Abyla bicarinata*	Moser (1925)
2.	*Crystallophyes amygdalina*	Moser (1925)
3.	*Diphyes antarctica*	Moser (1925)
4.	*Heteropyramis crystallina*	Moser (1925)
5.	*Heteropyramis maculata*	Moser (1925)
6.	*Pyrostephos vonhoeffeni*	Moser (1925)
7.	*Lensia campanella*	Moser (1917)
8.	*Lensia multicristata*	Moser (1925)
9.	*Resomia convoluta*	Moser (1925)
10.	*Vogtia serrata*	Moser (1915, 1925)

Anhang 2: Liste aller derzeit bekannten zoologischen Publikationen Fanny Mosers

Die nachstehende Liste ist das Resultat einer gründlichen Recherche. Hierfür wurden die Literaturangaben in einschlägigen Publikationen über Rippen- und Staatsquallen nachverfolgt, die seit Mosers ersten Arbeiten hierzu erschienen sind – inklusive der Literaturangaben in Mosers eigenen Schriften. Zudem wurden die in Mosers Nachlass erhaltenen Sonderdrucke gesichtet sowie eine Online-Recherche durchgeführt, die Literaturdatenbanken zur Biologie wie www.zobodat.at beinhaltete. Dennoch besteht hinsichtlich der unten aufgeführten Titel keine Garantie auf Vollständigkeit.

1. Moser, F. (1902). Beiträge zur vergleichenden Entwicklungsgeschichte der Wirbeltierlunge. (Amphibien, Reptilien, Vögel, Säuger). Archiv für Mikroskopische Anatomie und Entwicklungsgeschichte, 60, 587–668 (mit 4 Tafeln).
2. Moser, F. (1903a). Beitrag zur vergleichenden Entwicklungsgeschichte der Schwimmblase. Anatomischer Anzeiger, 23, 609–611.
3. Moser, F. (1903b). Die Ctenophoren der Siboga-Expedition. Siboga-Expeditie, Band 7, 1–34 (mit 4 Tafeln).
4. Moser, F. (1904). Beiträge zur vergleichenden Entwicklungsgeschichte der Schwimmblase. Archiv für Mikroskopische Anatomie und Entwicklungsgeschichte, 63, 532–574 (mit 4 Tafeln).
5. Moser, F. (1907). Neues über Ctenophoren, Mitteilung I. Zoologischer Anzeiger, 31, 786–790.
6. Moser, F. (1907). Noch ein Reformvorschlag, die Anwendungen systematischer Namen betreffend. Zoologischer Anzeiger, 31, 920–926.
7. Moser, F. (1908). Ctenophores de la Baie d'Amboine. Revue Suisse de Zoologie, 16, 1–26 (mit einer Tafel).
8. Moser, F. (1908). Japanische Ctenophoren. Abhandlungen der mathematisch-physikalischen Klasse der königlich Bayerischen Akademie der Wissenschaften - Supplement 1(4), 1–78 (mit 2 Tafeln).
9. Moser, F. (1908). Neues über Ctenophoren, Mitteilung II. Zoologischer Anzeiger, 32, 449–454.
10. Moser, F. (1908). Neues über Ctenophoren, Mitteilung III. Zoologischer Anzeiger, 33, 756–759.
11. Moser, F. (1909). Die Ctenophoren der Deutschen Südpolar-Expedition 1901–1903. Deutsche Südpolar-Expedition, Band 11, Zoologie 3, 117–192 (mit 3 Tafeln).
12. Moser, F. (1911). Über Monophyiden und Diphyiden. Zoologischer Anzeiger, 38, 430–432.

13. Moser, F. (1912). Über die verschiedenen Glocken der Siphonophoren und ihre Bedeutung. Zoologischer Anzeiger, 39, 408–410.
14. Moser, F. (1912). Die Hauptglocken, Spezialschwimmglocken und Geschlechtsglocken der Siphonophoren, ihre Entwicklung und Bedeutung. Verhandlungen der Deutschen Zoologischen Gesellschaft, 22, 320–333.
15. Moser, F. (1912). Über eine festsitzende Ctenophore und eine rückgebildete Siphonophore. Sitzungsberichte der Gesellschaft Naturforschender Freunde zu Berlin, Jahrgang 1912, 522–544.
16. Moser, F. (1913). Zur geographischen Verbreitung der Siphonophoren nebst anderen Bemerkungen. Zoologischer Anzeiger, 41, 145–149.
17. Moser, F. (1913). Der Glockenwechsel der Siphonophoren, Pneumatophore, Urknospen, geographische Verbreitung und andere Fragen. Zoologischer Anzeiger, 43, 223–234.
18. Moser, F. (1915). Die geographische Verbreitung und das Entwicklungszentrum der Röhrenquallen. Sitzungsberichte der Gesellschaft Naturforschender Freunde zu Berlin, Jahrgang 1915, 203–219.
19. Moser, F. (1915). Neue Beobachtungen über Siphonophoren. Sitzungsberichte der königlich preussischen Akademie der Wissenschaften, Physikalisch-Mathematische Klasse, 40, 652–660.
20. Moser, F. (1917). Die Siphonophoren der Adria und ihre Beziehungen zu denen des Weltmeeres. Sitzungsberichte der kaiserlichen Akademie der Wissenschaften in Wien, Mathematisch-naturwissenschaftliche Klasse, Abteilung 1, 126, 703–763 (mit 4 Tafeln).
21. Moser, F. (1921). Nordische Siphonophoren. Sitzungsberichte der Gesellschaft Naturforschender Freunde zu Berlin, Jahrgang 1920, 167–191.
22. Moser, F. (1921). Der Glockenpfropf, ein neuer Entwicklungsmodus der Medusenglocke, und Vorläufer des Glockenkerns. Zoologischer Anzeiger, 52, 315–317.
23. Moser, F. (1921). Zur vergleichenden Morphologie der Siphonophoren. Zoologischer Anzeiger, 53, 40–43.
24. Moser, F. (1921). Die larvalen Verhältnisse der Siphonophoren in neuer Darstellung. Zoologischer Anzeiger, 53, 52–54.
25. Moser, F. (1921). Mein System der Siphonophoren. Zoologischer Anzeiger, 53, 54–57.
26. Moser, F. (1921). Ursprung und Verwandtschaftsbeziehungen der Siphonophoren: Versuch einer Urmedusentheorie. Zoologischer Anzeiger, 53, 97–100.
27. Moser, F. (1921). Die phylogenetische Entwicklung der Siphonophoren in neuer Darstellung. Zoologischer Anzeiger, 53, 100–102.
28. Moser, F. (1921). Die Geschlechtsverhältnisse der Siphonophoren in neuer Darstellung. Zoologischer Anzeiger, 53, 102–105.

29. Moser, F. (1921). Die Siphonophoren in neuer Darstellung. Sitzungsberichte der mathematisch-physikalischen Klasse der Bayerischen Akademie der Wissenschaften, Jahrgang 1921, 245–253.
30. Moser, F. (1921). Ursprung und Verwandtschaftsbeziehungen der Siphonophoren. Versuch einer Urmedusentheorie. Sitzungsberichte der Preussischen Akademie der Wissenschaften, Jahrgang 1921 (2), 611–615.
31. Moser, F. (1923-1925). Siphonophora. In: W. Kükenthal/T. Krumbach (Hrsg.), Handbuch der Zoologie; Band 1. Walter de Gruyter, Berlin: S. 485–521.
32. Moser, F. (1924). Die larvalen Verhältnisse der Siphonophoren in neuer Beleuchtung. Zoologica, 28, 1–52 (mit 5 Tafeln).
33. Moser, F. (1925). Die Siphonophoren der deutschen Südpolar-Expedition 1901–1903; zugleich eine neue Darstellung der ontogenetischen und phylogenetischen Entwickelung dieser Klasse. Deutsche Südpolar-Expedition, Band 17, Zoologie 9, 1–541 (mit 33 Tafeln).

Lücken und Tücken einer Überlieferung: Der Nachlass von Fanny Hoppe-Moser (1872–1953) im Archiv des Instituts für Grenzgebiete der Psychologie und Psychohygiene

Uwe Schellinger

Seit 1953 befindet sich ein großer Teil der privaten und wissenschaftlichen Nachlassmaterialien der schweizerischen Okkultismus- und Spukforscherin Dr. Fanny Hoppe-Moser (1872–1953) im Archiv des Instituts für Grenzgebiete der Psychologie und Psychohygiene (IGPP) in Freiburg im Breisgau.[1] Hoppe-Moser, deren erste berufliche Laufbahn in der Zoologie und Meeresbiologie stattfand, gilt als eine der bedeutendsten Persönlichkeiten der parapsychologischen Forschung in der ersten Hälfte des 20. Jahrhunderts, nicht zuletzt durch ihre Positionierung als weibliche Forscherin in einem überwiegend männlich dominierten Forschungsumfeld.

Der Nachlass Fanny Hoppe-Moser (Bestand Archiv des IGPP, 10/3) ist einer der größeren Bestände von über 40 Nachlässen in diesem Wissenschaftsarchiv, das über ein eigenständiges und spezielles Überlieferungs- und Sammlungsprofil verfügt.[2] Trotz und gerade wegen der im Folgenden zu beschreibenden besonderen Bedingungen seiner Überlieferung und der feststellbaren Lücken im Bestand kann der vorliegende Nachlass als eine der zentralen Ressourcen für die Erforschung der Geschichte des Wissenschaftlichen Okkultismus sowie der Geschichte von paranormalen Spukphänomenen in der ersten Hälfte des 20. Jahrhunderts charakterisiert werden. Der nachhaltige Erhalt des einzigartigen Nachlassbestandes im IGPP hat vor allem deswegen eine hohe Bedeutung, weil sich aufgrund einer erst spät einsetzenden und stets unsicheren wissenschaftlichen Institutionalisierung die archivische Überlieferung in den genannten unorthodoxen Forschungsfeldern vielfach als fragil und gefährdet erweist.[3]

Die Entscheidung, den schriftlichen Nachlass gemeinsam mit den umfangreichen und einzigartigen Bibliotheksbeständen nach Freiburg im Breisgau und

---

1 Zur Biographie und zur Verortung von Moser in den Wissenschaftskontexten ihrer Zeit siehe nun Schmied-Knittel 2021, 2022 und Ranneberg 2022. Vorhergehende biographisch orientierte Darstellungen stammen aus den 1980er Jahren: Wanner 1981; Bauer 1986. Vgl. zu einzelnen Aspekten in Mosers Biographie Bauer 2010 sowie Schellinger 2017.

2 Über das Archiv des Instituts für Grenzgebiete der Psychologie und Psychohygiene [im Folgenden: Archiv des IGPP] siehe u. a. Schellinger 2020.

3 Siehe hierzu Schellinger 2011. Zu Fragen der Institutionalisierung der Parapsychologie siehe Lux/Paletschek 2016.

somit nach Deutschland zu geben, fiel erst in den letzten Lebensmonaten der damals in Zürich wohnenden Fanny Hoppe-Moser.[4] Grundlegend dafür war der langjährige Kontakt der Nachlasserin zu dem Psychologen Hans Bender, dem Gründer des Instituts für Grenzgebiete der Psychologie und Psychohygiene (IGPP).[5] Dieser war durch das gemeinsame wissenschaftliche Interesse an parapsychologischen Phänomenen zustande gekommen.

Erste Verhandlungen

Hans Bender und Fanny Hoppe-Moser kannten sich seit Mitte der 1930er Jahre persönlich (Schellinger/Nahm 2021: 22–23). In den Jahren nach Ende des Zweiten Weltkriegs besuchte Bender die Spukforscherin verschiedentlich in Zürich, wo sie seit 1943 lebte, und wurde mit der Zeit zu einer Vertrauensperson für sie.

Während der letzten Kriegsjahre und bis 1948 waren die größten Teile ihrer Sammlungen, vor allem die Bibliotheksbestände, in ihrem vorherigen Wohnort München zurückgeblieben. Fanny Hoppe-Moser selbst war kriegsbedingt im Juli 1943 aus der Stadt geflüchtet. In München kümmerte sich ihre Haushälterin Betty Suttner neben vielem anderen auch um die Bücher und Sammlungen und brachte diese dann 1948 „ungeschmälert" nach Zürich.[6] Es ist davon auszugehen, dass Hoppe-Moser zuvor zumindest diejenigen Unterlagen schon mitgenommen hatte, die sie für die Erarbeitung ihres „Spuk"-Buches von 1950 brauchte. Allerdings war durch die verschiedenen Wohnungswechsel das von ihr gesammelte Material mittlerweile sehr durcheinander geraten.[7]

Spätestens seit etwa 1943 hatte Hoppe-Moser intensivere Überlegungen über die zukünftige Unterbringung ihrer Sammlungen zu Spuk und Okkultismus angestellt. In Deutschland kamen für sie eine der Akademien der Wissenschaften, in der Schweiz staatliche Stellen oder die Zentralbibliothek in Zürich in Frage. Von diesen ersten Überlegungen löste sie sich aber schnell wieder.

Seit Anfang 1949 spielte Fanny Moser mit dem Gedanken, ihre einzigartige Bibliothek zusammen mit ihren wissenschaftlichen Unterlagen der von Hans Bender 1946 ins Leben gerufenen „Forschungsgemeinschaft für psychologische Grenzgebiete" als Schenkung zu überlassen. Ein Hauptzweck dieser Forschungsgemeinschaft war es, auf die Etablierung eines eigenständigen parapsy-

[4] Dieser Beitrag beschäftigt sich nur mit dem eigentlichen Nachlassmaterial, nicht mit der Bibliothek Fanny Hoppe-Mosers, nicht mit den hinterlassenen Möbeln und Gegenständen sowie auch nicht mit den dem IGPP vererbten Immobilien.

[5] Zur Biographie von Hans Bender siehe Lux 2021.

[6] Archiv des IGPP, 10/3 („Nachlass Fanny Moser"), Korrespondenz mit Betty Suttner 1945–1948.

[7] Archiv des IGPP, E/20_7, Hoppe-Moser an Bender, 16.7.1952.

chologischen Instituts sowie auf die Errichtung eines eigenen Institutsgebäudes in Freiburg im Breisgau hinzuarbeiten.[8]

Moser sorgte sich in dieser Zeit fast panisch um den Fortbestand ihrer Bibliothek, aber auch um die Weiterführung der von ihr begonnenen Arbeiten und nicht vollendeten Publikationen. Insbesondere in Hans Bender setzte sie in der Sache erhebliche Hoffnungen: „Ihre Forschungsgemeinschaft ist jedenfalls jetzt noch die einzige Möglichkeit, mein Material entsprechend der großen Aufgabe, die vor uns steht, nutzbar zu machen und zu erhalten."[9]

Einen ersten Entschluss fasste Fanny Hoppe-Moser offenbar im Juni 1949 im Zusammenhang mit ihrem 77. Geburtstag. Wichtig war ihr, dass Hans Bender ihr zusichern sollte, dass dessen Forschungsgemeinschaft einen Zugriff von anderer Seite auf das zu überlassende Material mit Sicherheit verhindern könne. Dies sollte durch die Bildung eines internationalen Komitees gewährleistet werden, welches den Nachlass von verschiedenen Seiten kontrollieren sollte. Neben ihrer Bibliothek erwähnte Hoppe-Moser in diesem Zusammenhang ihre Aufschriften, Korrespondenzen, Notizen und Sammlungen, vor allem diejenigen über Spukfälle, die sie in jahrelanger Arbeit gesammelt hatte.[10] Sie arbeitete in diesen Jahren intensiv, aber auch in zunehmend verzweifelter Grundstimmung an der Fertigstellung ihres großen Werkes über Spuk (Moser 1950).

Hans Bender, der in diesen Jahren selbst mit der Dokumentation und der Forschung zu Spuk begonnen hatte (vgl. Fischer/Vaitl 2021), zeigte sich sehr interessiert an dem Angebot der Schweizer Wissenschaftlerin. Er teilte Fanny Hoppe-Moser deshalb mit, dass der Neubau eines eigenen Institutsgebäudes in Freiburg gut voranginge, welches dann brauchbare Unterbringungsmöglichkeiten für das Material gewährleisten würde. In der Folge konnte es Fanny Hoppe-Moser dann zunächst nicht schnell genug gehen, die Verhältnisse und die Fragen zu ihrem Nachlass zu klären. Jede Verzögerung versetzte sie merklich in größere Unruhe. Wagte es der stets sehr beschäftigte Bender, sich einmal länger nicht zu melden, oder ließ er angekündigte Besuchstermine verstreichen, wurde er zurechtgewiesen: „Das ist ja schrecklich mit Ihnen! Wenn das so weitergeht, treffen Sie mich erst wieder im Jenseits! In welchem ist fraglich!"[11]

Hans Bender hingegen dürfte bewusst gewesen sein, dass es sinnvoll war, am Ball zu bleiben. Er hielt Hoppe-Moser deshalb auf dem Laufenden über seine eigenen Forschungen und ließ sie an seinen eigenen Spukfalluntersuchungen dieser Jahre, etwa im bayerischen Vachendorf oder Lauter, teilhaben, nicht zuletzt, um weiteres Vertrauen zu ihr aufzubauen. Allerdings trat die Frage

---

8 Siehe Lux 2021: 101–103. Vgl. auch die unveröffentlichte Bachelorarbeit von Dominik Kaltenbrunn: Die Anfänge parapsychologischer Institutionalisierung in Deutschland: Hans Bender und Freiburg im Breisgau. Universität Freiburg, 2015 (vorhanden in Archiv des IGPP, 40/1_337).

9 Archiv des IGPP, E/20_6, Hoppe-Moser an Bender, 12.4.1949.

10 Ebd., Hoppe-Moser an Bender, 3.6.1949.

11 Ebd., Hoppe-Moser an Bender, 1.2.1950.

nach dem Verbleib des Nachlasses nach den ersten erfolgten Vereinbarungen immer mehr hinter dem inhaltlichen Austausch zwischen Bender und Moser zurück. Beide korrespondierten in diesen Monaten rege und nicht selten kontrovers über verschiedene Spukfälle, die Organisationsstruktur der parapsychologischen Forschung, Mosers diverse Wünsche um Materialübergaben aus dem Schrenck-Notzing-Nachlass, die jeweiligen Publikationsprojekte, Mosers ausstehendes „Spuk"-Buch sowie die anvisierte Gründung des Freiburger Instituts. Man kam aber kaum noch auf die Frage nach der Klärung der Nachlassangelegenheit zu sprechen, zu sehr waren die beiden Forscherpersönlichkeiten mit rein inhaltlichen Diskussionen beschäftigt. Zur Unklarheit über das weitere Vorgehen trug sicherlich auch bei, dass Hans Bender zum immensen Verdruss von Fanny Hoppe-Moser gleich reihenweise angekündigte Besuchstermine in Zürich absagte und es zwischen 1949 und 1951 kaum schaffte, sich mit Fanny Hoppe-Moser zu treffen.[12] Umgekehrt war Hoppe-Moser auch nicht persönlich anwesend, als am 19. Juni 1950 das Institut für Grenzgebiete der Psychologie und Psychohygiene offiziell eröffnet wurde.

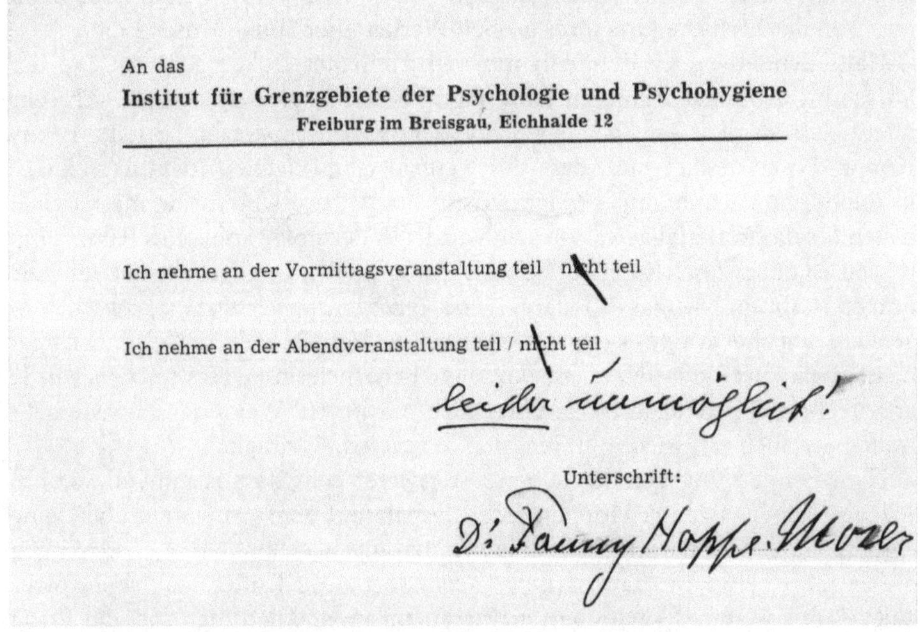

An das
Institut für Grenzgebiete der Psychologie und Psychohygiene
Freiburg im Breisgau, Eichhalde 12

Ich nehme an der Vormittagsveranstaltung teil nicht teil

Ich nehme an der Abendveranstaltung teil / nicht teil

leider unmöglich!

Unterschrift:
Dr. Fanny Hoppe-Moser

Abb. 1: Hoppe-Mosers Absage zur Eröffnungsfeier des Freiburger IGPP (1950).

12 Moser ärgerte sich sehr über Benders Unzuverlässigkeit und schrieb an ihn: „Das einzig Sichere ist doch bei Ihnen, dass wenn Sie sich ansagen, Sie dann bestimmt nicht kommen." Archiv des IGPP, E/20_6, Hoppe-Moser an Bender, 19.3.1951.

„Jung sitzt auf seinen Geldsäcken"

Für Fanny Hoppe-Moser war ein Verbleib ihres Nachlasses in ihrem Heimatland Schweiz stets die erste und gewünschte Option. Auch während ihrer ersten Verhandlungen mit Bender hatte sie stets zweigleisig gedacht und dabei immer eine Schweizer Lösung favorisiert. Die zuweilen eigensinnige Forscherin verspürte für ihr Anliegen offenbar von Hans Bender zu wenig ernsthafte Aufmerksamkeit. Demzufolge löste sie sich mit Beginn des Jahres 1950 immer mehr von dem Gedanken, Benders Institut mit ihrem Vermächtnis auszustatten, und suchte nach anderweitigen Optionen.

In Gesprächen mit dem berühmten Schweizer Psychiater Carl Gustav Jung (1875–1961) kam schließlich Anfang März 1950 eine mögliche Überlassung des Vermächtnisses an das 1948 gegründete C. G.-Jung-Institut in Zürich zur Sprache.

Hoppe-Moser stand seit Mitte der 1930er Jahre mit Carl Gustav Jung in Kontakt. Im Juli 1935 schickte sie ihm aus München auch ein Exemplar ihres zweibändigen Werkes *Der Okkultismus. Täuschungen und Tatsachen* (Moser 1935) zu, war ihr doch Jungs Interesse an paranormalen Phänomenen bekannt.[13] Wann genau sich beide persönlich kennenlernten, ist ungewiss. Der überlieferten Korrespondenz nach zu schließen, scheint der Kontakt zwischen den beiden in den 1930er und 1940er Jahren aber eher sporadischer Natur gewesen zu sein: So wollte sich Hoppe-Moser bei Jung unveröffentlichte Mitschriften einiger seiner Lehrveranstaltungen besorgen, beklagte sich bei ihm über das mangelnde Interesse in der Schweiz an ihrem „Okkultismus"-Buch, wünschte sich seinen Rat bei der Analyse eines von ihr erlebten Traumes und bat ihn um ein Gutachten zu den ersten Textfassungen ihres „Spuk"-Buches.

Am 1. März 1950 kam es in Zürich, wahrscheinlich direkt in Jungs Institut, zu einem Treffen zwischen Jung und Hoppe-Moser, die den Psychiater zuvor erneut um Rat im Vorfeld der Veröffentlichung ihres zweiten Buches über Spukphänomene ersucht hatte und ihn dann sogar überzeugen konnte, ein Vorwort dafür beizusteuern. Bei dieser Gelegenheit kam Fanny Hoppe-Moser auch auf ihre Sorgen im Hinblick auf ihr Vermächtnis zu sprechen, die sie Jung tags darauf noch einmal ausführlich darlegte:

> Die Stiftung würde meine Bibliothek umschließen, das auch seit Jahren gesammelte Spukmaterial in Mappen, das von mir jedenfalls nur noch zum Teil bearbeitet werden könnte, sonst noch einiges, und den ev. noch übrigbleibenden Rest meines, allerdings rapide hinschwindenden Vermögens, das zur größeren Hälfte dem Krieg in Deutschland zum Opfer fiel. [...] Alles für mich kommt darauf an: wo ist meine Stiftung am sichersten

13 ETH-Bibliothek, Hochschularchiv, Hs. 1056: 3314, Jung an Hoppe-Moser, 2.7.1935. Siehe zu Jungs Positionierung zu paranormalen Phänomenen schon früh Jaffé 1960. Zu Jungs Verbindung mit dem Freiburger Institut und insbesondere zu Hans Bender siehe Schellinger/Wittmann/Anton 2019.

> untergebracht, und zugleich der weiteren Forschung auf diesem speciellen Gebiet, in Fortsetzung meiner Arbeiten, zugänglich gemacht? Es ist ein sehr kostbares, selbst gesammeltes Spukmaterial, das entsprechend bearbeitet werden sollte.[14]

Jung hatte sich bei ihrem Gespräch wohl anfänglich interessiert an einer Übernahme der Sammlungen gezeigt, was bei Hoppe-Moser beträchtliche Hoffnung auslöste: „Ich habe mir nun überlegt, dass das vielleicht tatsächlich die so lange gesuchte Lösung wäre."[15] In der Verfasstheit des von C. G. Jung gegründeten Instituts sah sie eine ideale Möglichkeit, dass dort das Material gesichert und insbesondere auch seitens internationaler Kreise von Forscherinnen und Forschern damit weitergearbeitet würde: „Da der Einfluss der Seele hier ein so außerordentlicher ist" – Hoppe-Moser meinte die Spukfälle –, „wäre […] Ihr Institut hier am geeignetsten und zieht wohl an sich Arbeitsbeflissene auch aus dem Ausland her, was auch für meine Bestrebungen vorteilhaft wäre. Die Schweizer […] sind im allgemeinen zu schwerfällig für derartiges."[16]

Für Fanny Hoppe-Moser war der internationale Ruf von Jung und dessen Institutsgründung verlockend. Der Status des kurz vor der Gründung stehenden neuen Freiburger Instituts schien ihr hingegen zu diesem Zeitpunkt als zu instabil und zudem zu sehr auf die von ihr als unzuverlässig beurteilte Person von Hans Bender fokussiert. Sie habe, so Hoppe-Moser in ihrem Bittbrief an Jung, diesbezüglich „starke Bedenken". Hoppe-Moser bat C. G. Jung deshalb um einen baldigen Gegenbesuch, um das Material in Augenschein nehmen zu können, und sie betonte im März 1950, dass es ihr ausgesprochen eilig war: „Die Sache bedrückt mich schon lange und möchte ich möglichst bald meine Entscheidung treffen, um entsprechend mein Testament neu fassen zu können, denn ich stehe ganz allein."[17]

Als Fanny Hoppe-Moser jedoch zusätzliche Anforderungen und Ideen zur Sprache brachte, wie etwa die Gründung einer Art „Zentralstelle" für Spukforschung, verbunden mit einer neuen thematischen Zeitschrift, verflüchtigte sich das anfängliche Interesse von Carl Gustav Jung recht schnell.[18] Das von Hoppe-Moser gewünschte nächste Treffen wurde hinausgeschoben, und weiteren Anfragen der besorgten Forscherin begegnete Jung nun mit merklicher Reserviertheit. Insbesondere sah Carl Gustav Jung sich nicht gewillt, so teilte er Hoppe-Moser Anfang April 1950 mit, an seinem Institut in Zürich eine „parapsychologische Forschungsstätte zu eröffnen."[19]

Dies war als Absage zu verstehen. Denn Hoppe-Moser ihrerseits stellte sich explizit ein solches unabhängiges Forschungsinstitut vor, das sich unmittelbar

14 ETH-Bibliothek, Hochschularchiv, Hs. 1056: 16761, Hoppe-Moser an Jung, 2.3.1950.

15 Ebd.

16 Ebd.

17 Ebd.

18 ETH-Bibliothek, Hochschularchiv, Hs. 1056: 16762, Hoppe-Moser an Jung, 4.3.1950 sowie ebd.: 16763, Hoppe-Moser an Jung, 7.3.1950.

19 Archiv des IGPP, 10/3, Korrespondenz mit C. G. Jung, 1.4.1950.

an ihre Sammlungen anlehnen sollte. Sie hatte bereits ein Dokument aufgesetzt, in welchem das C. G. Jung-Institut in Zürich als Kooperationseinrichtung bestimmt war: „Diese Stiftung soll der Stiftung C. G. Jung Institut in Zürich in geeigneter Form angegliedert werden und zur bestmöglichen Erreichung des Zwecks unter deren Verwendung gestellt werden." Nach der Absage Jungs strich sie diese Passage eigenhändig wieder durch.[20]

Nach den für Hoppe-Moser hoffnungsvollen Märztagen 1950 nahm der Kontakt zwischen ihr und C. G. Jung kontinuierlich ab. Dessen zurückhaltende Reaktion war für die Forscherin ein weiterer Beleg für die Trägheit der Schweizer. Noch lange Zeit später beschwerte sich Hoppe-Moser über die fehlende Begeisterung und den mangelnden Investitionswillen ihrer Landsleute und besonders über den berühmten Psychiater aus Zürich: „Jung sitzt auf seinen Geldsäcken".[21]

Erste Zusagen

Nach der durch Jungs Absage eingetretenen Enttäuschung verging das Jahr 1951, ohne dass sich in der Nachlassangelegenheit Entscheidendes bewegte. Während der ersten Hälfte des folgenden Jahres 1952 nahm Fanny Hoppe-Moser von ihren Plänen, ihre Stiftung in die Schweiz zu geben, mehr und mehr Abstand. Zum Missfallen über das mangelnde Interesse des C. G.-Jung-Instituts kam ihr Ärger über die Geschäftspraktiken des Schweizer Gyr-Verlags, in dem 1950 das „Spuk"-Buch veröffentlicht worden war.[22]

Die Schweiz als Standort der geplanten Stiftung war für sie nun – für eine gewisse Zeit – keine realistische Option mehr: „Zehn Jahre habe ich mich nach allen Seiten bemüht, irgendeine Unterstützung zu erhalten. Vergebens. So freigiebig die Schweiz ist, für soziale Bestrebungen, für eigentliche Kulturbelange ist kaum etwas zu erreichen."[23] Hoppe-Moser sah keine Alternative und wandte sich deshalb erneut an Bender in Freiburg. Dieser zögerte nicht, griff Hoppe-Mosers Sorgen umgehend auf und bot seine Unterstützung und die seines Instituts an: „Es wäre sehr schade, wenn Ihre kostbare Sammlung in ungeeignete Hände kommen würde." Damit verbunden vermittelte er Moser, dass sein Institut finanziell allmählich auf festeren Füßen stehe und es mittlerweile eine gesteigerte Aufmerksamkeit staatlicher Instanzen gäbe. Es sei sogar durchaus möglich, so Bender, „dass das Institut ein Bundes-Institut wird."[24]

20 Enthalten in: Archiv des IGPP, 10/3, Stiftung Fanny Hoppe-Moser 1951–1952.
21 Archiv des IGPP, E/20_7, Hoppe-Moser an Bender, 16.7.1952.
22 Vgl. ebd., Hoppe-Moser an Bender, 8.4.1952.
23 Vgl. ebd., Hoppe-Moser an Bender, 28.6.1952.
24 Vgl. ebd., Bender an Hoppe-Moser, 2.5.1952.

Fanny Moser zeigte sich beeindruckt von solchen Aussichten. Angesichts ihres 80. Geburtstages im Mai 1952 bemerkte sie, es sei nun an der Zeit, „wo ich endlich meine Entscheidung treffen muss."[25] Nachdem sie Bender einbestellt hatte, um über die Unterbringung des zu stiftenden Materials zu sprechen, fasste Fanny Hoppe-Moser auf den Tag nachvollziehbar am 15. Juli 1952 einen vermeintlich endgültigen Entschluss, dem Institut für Grenzgebiete der Psychologie und Psychohygiene ihr Vermächtnis zu überlassen – zumindest vorläufig.[26]

Besonders wichtig waren Hoppe-Moser die Selbstständigkeit des Freiburger Instituts sowie dessen multidisziplinäre und praxisorientierte Aufstellung. Verstärkend kam hinzu, dass sie sich bei den sich massiv zuspitzenden Streitigkeiten mit den Verwaltern ihrer Münchner Immobilien ebenfalls schon vertrauensvoll an Hans Bender gewandt hatte. Allerdings verschwieg sie auch nicht, dass trotz aller Wertschätzung für Hans Bender die Freiburger Lösung für sie stets nur die zweite Wahl war: Mit „grossem Bedauern" müsse sie nun – als einzigem Weg – ihre Stiftung „dem Institut für Grenzgebiete in Freiburg i. Br." vermachen, weil man in der Schweiz keine Möglichkeiten dafür eröffnete.[27]

Marie Baum, 1952

An ihrem 80. Geburtstag am 27. Mai 1952 bekam Fanny Hoppe-Moser überraschend Besuch von ihrer fast gleichaltrigen, früheren Mitstudentin und guten Bekannten Marie Baum (1874–1964). Zusammen mit der bekannten Heidelberger Sozialwissenschaftlerin und Sozialpolitikerin entwickelte Fanny Hoppe-Moser unmittelbar danach den Gedanken, mit den Arbeiten für eine Biographie zu beginnen. Sie bat Marie Baum darum, ihr dabei behilflich zu sein, da sie sich durch die Arbeiten an ihrem ausstehenden, zweiten Band ihres „Spuk"-Buches überfordert fühlte und aufgrund ihres Alters und gesundheitlicher Probleme „Torschlussangst" hatte. Hoppe-Moser lockte die Vorstellung, zunächst Tonaufnahmen mit einem Diktaphon zu erstellen, die Baum dann transkribieren und in eine biographische Darstellung umsetzen sollte. Weiterhin schickte Fanny Hoppe-Moser wohl Ende Juni 1952 verschiedene Unterlagen zu Marie Baum nach Heidelberg. Es lässt sich der vorliegenden Korrespondenz allerdings nicht entnehmen, um welches Material es sich im Detail handelte. Hoppe-Moser sprach von einem „Gerippe", dessen Aussagekraft begrenzt wäre. Mit hoher Wahrscheinlichkeit befand sich unter den zugeschickten Un-

25 Vgl. ebd., Hoppe-Moser an Bender, 28.6.1952.

26 Vgl. ebd., Hoppe-Moser an Bender, 16.7.1952. Offenbar erhielt Hoppe-Moser an diesem Tag gleich von mehreren Seiten Ratschläge dahingehend, ihr Vermächtnis unterzubringen.

27 So Hoppe-Moser im Exposé „Zweck und Ziel meiner Stiftung" (vermutlich August 1952), in: Archiv des IGPP, 10/3, Stiftung Fanny Hoppe-Moser 1951–1952.

terlagen aber der autobiographische Text „Cassandra – ein Frauenleben in drei Generationen", zudem möglicherweise noch Tagebuchaufzeichnungen.[28] Auf diese Weise gab Fanny Hoppe-Moser schon vor ihrem Tod verschiedene biographische Materialien aus der Hand.

„Vergebliche Bemühungen": Fanny Moser und die Schweiz

Trotz ihrer ersten Zusage an Hans Bender hoffte Fanny Hoppe-Moser bis weit in das Jahr 1952 hinein, ihre Stiftung doch noch für die Schweiz sichern zu können:

> Als Tochter und Schwester der beiden Schaffhauser Moser, die ihrer Heimat so grosse Opfer brachten, ist mein Traum und Wunsch, meinerseits der Heimat die Frucht jahrzehntelanger Arbeit unter z. T. schweren Opfern mit dieser Stiftung zukommen zu lassen und damit einer neuen, unserer Erkenntnis und unserer Weltanschauung viel verheissenden Wissenschaft die Grundlagen zu verschaffen.[29]

Um dieses Ziel doch noch zu erreichen, verhandelte die 80-Jährige im Juli und August 1952 eine Zeitlang gewissermaßen parallel: zum einen erneut mit Hans Bender in Freiburg und zum anderen mit verschiedenen Schweizer Wissenschaftlern. Die in ihren Aktionen fortschreitend ungeordneter wirkende Fanny Hoppe-Moser konnte sich offensichtlich nur schwer für eine Richtung entscheiden. Ihre Vorstellung war vielmehr nun, dass man Bender als Experten heranziehen könne, um auch in der Schweiz ein ähnliches Institut wie in Freiburg i.Br. zu etablieren. Dort könnten dann ihre Forschungsmaterialien gelagert und gesichtet werden. Ansprechpartner in der Schweiz war für Hoppe-Moser inzwischen der Psychologieprofessor Wilhelm Keller (1909–1987) von der Universität Zürich. Keller sagte ihr eine Besprechung in der Sache zu und schlug ihr vor allem vor, eine Gelehrtenkommission für die geplante Stiftung zusammenzustellen, um „einer Abwanderung ins Ausland" vorzubeugen. Zu diesem Zweck kontaktierte Keller ihm als geeignet erscheinende Kollegen von der Züricher Universität.[30] In einem vierseitigen Exposé zu ihrem Gesamtvermächtnis, das im Wortlaut zur Vorlage für ihr späteres Testament werden sollte, formulierte Fanny Hoppe-Moser, verbunden mit einem Forderungskatalog, im Juli 1952 noch einmal ihre Hoffnung, dass ihr Vermächtnis in der Schweiz verbleiben könne:

---

28 Hoppe-Moser an Baum, 6.6.1952; Hoppe-Moser an Baum, 28.6.1952; Hoppe-Moser an Baum, 10.7.1952. Alle enthalten in: Archiv des IGPP, 10/3, Korrespondenz mit Marie Baum 1952.

29 Exposé „Zweck und Ziel meiner Stiftung" [vermutlich August 1952], in: Archiv des IGPP, 10/3, Stiftung Fanny Hoppe-Moser 1951–1952.

30 Vgl. ebd., Hopper-Moser an Keller, 31.7.1952 sowie Keller an Blanke, Milt und Weiß, 6.8.1952.

> Wenn es einem Schweizer Aktionskomitee gelingt, [...] in meiner Heimat spätestens bis zu einem halben Jahr nach meinem Tode eine entsprechende, in Wissenschaft und Öffentlichkeit mit allen ihren Mitgliedern verantwortlich für die Parapsychologie und ihrer Grenzgebiete eintretende Gesellschaft mit einem selbstständigen Institut von mindestens 3 Räumen und einer bezahlten Dauerkraft als bescheidenen Anfang zu gründen, übergibt der geschäftsführende Vorstand des Instituts für Grenzgebiete der Psychologie und Psychohygiene e.V. in Freiburg i.Br. (zur Zeit Prof. Bender) das Legat an diese Körperschaft.[31]

Hans Bender in Freiburg war in diesem Plan demnach nur als Übergangslösung vorgesehen.

Ebenfalls Interesse zeigte der Philosoph Walter Robert Corti (1910–1990), der die Hoppe-Moser-Sammlungen in sein „Archiv für Genetische Philosophie" in Zürich aufnehmen wollte, eine von Corti gegründete Spezialbibliothek (Corti 1963). Auch Corti wollte unbedingt verhindern, dass die Stiftung die Schweiz verlässt:

> Dass ein derart bedeutendes Legat der Schweiz verloren gehen soll, ist keineswegs aus nationalen Überlegungen allein höchlichst zu bedauern. Die Angliederung an das Bendersche Institut würde bedeuten, dass eine Prachtseule [sic] mehr nach Freiburg getragen wird. [...] Während das Legat dort nur schon vorhandene Bestände bereichert, schafft es bei uns etwas Neues.[32]

Alle diese Vorstöße erwiesen sich letztendlich jedoch als halbherzig und nicht zielführend. Hinzu kam, dass Fanny Hoppe-Moser in allerhöchstem Maße erbost darüber war, dass – ohne ihr Wissen – von dem Schweizer Parapsychologen und Herausgeber der Zeitschrift „Neue Wissenschaft" Peter Ringger (1923–1998) Mitte September 1952 eine „Gesellschaft für Parapsychologie" gegründet worden war, die als Arbeitsziel die Zusammenstellung von Arbeitsgruppen sowie die Anlage einer eigenen Bibliothek ausgerufen hatte.[33] Fanny Hoppe-Moser sah sich dadurch in ihrem Alleinstellungscharakter mehr als brüskiert. Darüber hinaus hielt sie die Schweizer Gruppe um Ringger in der Beschäftigung mit dem Mediumismus und im Umgang mit personalen Medien für wissenschaftlich völlig ungeeignet und hielt ihr gar „Pseudowissenschaft" vor. Nach einer „gründlichen Aussprache" mit Wilhelm Keller fasste die gekränkte Fanny Hoppe-Moser deshalb im Oktober 1952 den endgültigen Entschluss, ihr Material außer Landes zu geben.[34] Ihre letzten „vergeblichen Bemühungen" um den Verbleib ihrer Stiftung in der Schweiz dokumentierte Fanny Hoppe-Moser schließlich sorgfältig in einer eigenen Akte.[35]

---

31 Enthalten in: Archiv des IGPP, E/20_7. Vgl. auch die Unterlagen in Archiv des IGPP, 10/3, Stiftung Fanny Hoppe-Moser 1951–1952.

32 Archiv des IGPP, 10/3, Stiftung Fanny Hoppe-Moser 1951–1952, Corti an Hoppe-Moser, 9.8.1952. Corti war von 1942 bis 1957 Redakteur der Schweizer Kulturzeitschrift *Du*, in der Hoppe-Moser ihren letzten Aufsatz veröffentlichte (Moser 1952).

33 Siehe hierzu „Mitteilungen der SPG", in *Neue Wissenschaft* 3 (1952), 35–36.

34 Archiv des IGPP, E/20_7, Hoppe-Moser an Bender, 3.10.1952. Vgl. auch Archiv des IGPP, 10/3, Stiftung Fanny Hoppe-Moser 1951–1952, Hoppe-Moser an Keller, 5.10.1952.

35 Archiv des IGPP, 10/3, Stiftung Fanny Hoppe-Moser 1951–1952.

„Die Würfel sind gefallen“: Die Wahl der zweiten Wahl

Hans Bender in Freiburg, der von Fanny Hoppe-Moser durchgängig auf dem Laufenden gehalten wurde, realisierte zu dieser Zeit, dass er seine eigenen Bemühungen um den Nachlass noch einmal intensivieren musste. Er hielt wenig von dem, in verschiedenen Papieren seit etwa Juli 1952 projektierten „Schweizer Aktionskomitee“, das ihn nur zur Interimslösung degradiert hätte.[36] Deshalb versuchte er, Fanny Hoppe-Moser in deren Zweifeln zu bestärken:

> Es wäre Ihrem Werk und damit unserer Forschung nicht gedient, wenn eine Gruppe die von Ihnen gestellten Bedingungen nur formaliter erfüllen würde. Der Einsatz für dieses Forschungsgebiet muss, um fruchtbar zu sein, ein Einsatz des ganzen Menschen mit dem ganzen Gewicht seiner sozialen und wissenschaftlichen Position sein. Mit der linken Hand und im Verborgenen kann man diese Forschung [...] nicht betreiben.[37]

Das Freiburger Institut, so Bender, könne hingegen die von Hoppe-Moser gewünschten räumlichen Voraussetzungen bieten: Man wolle zwei Räume dafür einrichten, und Bender versicherte: „Dadurch würde Ihre Stiftung als ‚Moser-Stiftung‘ geschlossen aufgestellt.“[38] Garantiert wurde auch eine klare Trennung der Moser-Bibliothek von den sonstigen Bibliotheksbeständen, was ebenfalls die Bedeutung des Nachlasses unterstreichen sollte.

Als sich die Idee mit der Schweizer Kommission tatsächlich als schwer umsetzbar herausstellte und sich ohnehin alles viel zu lang hinzog, fasste Hoppe-Moser Anfang Oktober 1952 nach einer nochmaligen Rücksprache mit Wilhelm Keller einen endgültigen und für Hans Bender positiven Entschluss: „Die Würfel sind gefallen [....] Die Schweiz ist jetzt kein Boden um meine Stiftung entsprechend fruchtbar zu verwerten und meine Lebensarbeit fortzusetzen. Also bleibt nur Freiburg.“[39] Die Entscheidung über den Verbleib des Nachlasses war gefallen. Sämtliche Bemühungen für einen Verbleib in der Schweiz waren gescheitert. Hans Bender hingegen hatte abgewartet, immer wieder die Vorzüge der eigenen Einrichtung betont und schließlich den Zuschlag erhalten.

Fanny Hoppe-Moser war es nun wichtig, dass der Transport ihrer Materialien nach Freiburg gut bewerkstelligt werde. Ende Oktober 1952 bat sie Bender ausdrücklich, „die Verpackung und Versendung des Ganzen“ zu überwachen, und sie bemerkte: „Je bälder [...] je besser.“[40]

Nachdem er sich die Jahre zuvor äußerst rar gemacht hatte, besuchte Hans Bender Fanny Hoppe-Moser drei Monate vor deren Tod dann noch einmal persönlich in Zürich im Sennhauserweg, bewaffnet mit einem großen Blumen-

---

36 Enthalten in: Archiv des IGPP, E/20_7; siehe weiterhin die Unterlagen in Archiv des IGPP, 10/3, Stiftung Fanny Hoppe-Moser 1951–1952.

37 Archiv des IGPP, 10/3, Stiftung Fanny Hoppe-Moser 1951–1952, Bender an Hoppe-Moser, 19.7.1952.

38 Vgl. ebd., Bender an Hoppe-Moser, 21.7.1952.

39 Archiv des IGPP, E/20_7, Hoppe-Moser an Bender, 3.10.1952.

40 Archiv des IGPP, E/20_8, Hoppe-Moser an Bender, 31.10.1952.

strauß. Man besprach die Nachlassangelegenheiten, vor allem die finanziellen Dinge und die belastenden Immobilienangelegenheiten. Es ist davon auszugehen, dass bei dieser Gelegenheit auch die Modalitäten des Nachlasstransports nach Freiburg zur Sprache kamen.[41] Fanny Hoppe-Moser war in den letzten Wochen ihres Lebens außerordentlich deprimiert – zumindest ihre Nachlassangelegenheiten hatte sie nun jedoch weitgehend geklärt.

Ein Nachlass kommt nach Freiburg

Fanny Hoppe-Moser verstarb im Alter von 80 Jahren am 24. Februar 1953.[42] In ihrem Testament vom 14. Januar 1953 hatte Hoppe-Moser, wie zuvor mit Hans Bender seit 1949 ausgehandelt, das Institut für Grenzgebiete der Psychologie und Psychohygiene mit einem Erbe in größerem Umfang bedacht: Neben lukrativen Anteilen an drei Liegenschaften in München, der gesamten Bibliothek, den Urheber- und Verwertungsrechten an Hoppe-Mosers Publikationen, Büsten, Porzellan, Gemälden, Büroinventar und Möbeln zählte zu dem Erbe auch: „Mein Archiv, bestehend aus meinen Manuskripten und den Mappen mit wissenschaftlichem Material, z.T. von mir selbst gesammelt für die Fortführung der von mir begonnenen Arbeiten." Als „wissenschaftlich kostbarstes" Objekt in ihrem Nachlass bezeichnete Hoppe-Moser eine „Kristallflasche mit Stöpsel", darin das Ektoplasma aus einer „denkwürdigen Sitzung" mit dem Medium Oskar R. Schlag (1907–1990) im Februar 1931 in Zürich, an der unter anderem die berühmten Psychologen Carl Gustav Jung und Eugen Bleuer teilgenommen hatten.[43] Hoppe-Moser war es wichtig, dass ihr gesamter Nachlass „auf Dauer zusammen bleiben" und als „Stiftung Fanny Moser" separat von den anderen Beständen des Freiburger Instituts aufbewahrt werden sollte.[44] Sie hatte den Wunsch, so hatte sie es Bender mitgeteilt, „nicht einfach namenlos in der Schrenckschen oder andere(n) Bibliothek aufzugehen."[45]

Was den Transport der ihm zugesagten Bibliotheks- und Nachlassmaterialien sowie des Mobiliars und der anderen überlassenen Gegenstände anbelangte, forcierte Bender schon im April 1953 merklich das Tempo. Da die baldige Auflösung von Mosers Züricher Wohnung angekündigt war, wollte er nun keine Zeit mehr verlieren. Es galt, umgehend mit den Vorbereitungen des

41 Vgl. ebd., Hoppe-Moser an Bender, 23.11.1952.

42 Als Nachrufe siehe Frei 1952/53; Naegeli 1953.

43 Zur experimentellen Entstehung des Fläschchens vgl. Moser 1935: 892–895. Zu Oskar Schlag siehe Faivre 2006 sowie Mulacz 1994/1995.

44 Archiv des IGPP, E/20_6, Abschrift des Testaments, 14.1.1953.

45 Archiv des IGPP, E/20_7, Hoppe-Moser an Bender, 16.7.1952. Gemeint war die bereits am IGPP vorhandene Bibliothek aus dem Nachlass des Parapsychologen Albert von Schrenck-Notzing (1862–1929).

Transports zu beginnen.[46] Vermutlich wurde im 25. April 1953 bei einer einberufenen Erbenkonferenz in der Wohnung der Verstorbenen dann Näheres besprochen. Für die Vorbereitungen des Transports war vor Ort hauptsächlich Fanny Hoppe-Mosers langjährige Haushälterin Betty Suttner verantwortlich, die von Bender entsprechend instruiert wurde.[47] Die zu verpackenden Archivmaterialien befanden sich in der Wohnung in einem fast zwei Meter hohen alten Schweizerschrank im Arbeitszimmer der Spuk-Forscherin. Die von Hoppe-Moser besonders erwähnte „Kristallflasche mit Ektoplasma", gewissermaßen eine Art okkulte Reliquie, befand sich jedoch nicht dort und konnte von Suttner erst nach längerer Suche in der Wohnung aufgefunden werden.

Am 19. Juni 1953 wurden „die dem Institut vermachten Gegenstände", das heißt mit hoher Wahrscheinlichkeit inklusive der schriftlichen Nachlassmaterialien, von einer beauftragten Speditionsfirma abgeholt. Offenbar gab es aber in Zürich noch verschiedene logistische Probleme. Wie Bender vermeldete, kam der Transport schließlich erst mit einer Verspätung von zwei Tagen am Montag, den 22. Juni 1953 im Institut für Grenzgebiete der Psychologie und Psychohygiene an.[48] Bender hatte darum gebeten, dass man die Transportkosten durch Nachlassmittel bezahlen könnte, was seitens der Testamentsvollstrecker jedoch abgelehnt wurde.[49] Bei alledem bestand die Unsicherheit, dass die mit verschiedenen Einspruchsrechten verbundenen und somit noch nicht gänzlich geklärten Erbschaftsangelegenheiten jederzeit einen Rücktransport nach Zürich bedeuten konnten.

Keine vier Monate nach dem Tod von Fanny Hoppe-Moser und somit vergleichsweise schnell waren größere Teile ihres beweglichen Besitzes sowie ihre wissenschaftlichen Materialien auf diese Weise nach Freiburg verbracht worden, wenn auch erst einmal nur als vorläufige, rechtlich noch nicht abgesicherte Lösung. Im Institutsgebäude auf der Eichhalde wurde, dem Willen Hoppe-Mosers entsprechend, ein eigener Raum zur Unterbringung der Materialien eingerichtet. Dort wurden später allerdings nur die Bibliotheksbestände aufgestellt.

---

46 Archiv des IGPP, E/20_6, Bender an RA Gmür, 2.4.1953 und 14.4.1953. Die testamentarischen Angelegenheiten Hoppe-Mosers wurden von der Züricher Anwaltskanzlei Heggeler/Pestalozzi/Gmür bearbeitet.

47 Archiv des IGPP, E/20_6, Bender an Suttner, 19.5.1953.

48 Archiv des IGPP, E/20_6, Bender an RA Gmür, 12.6.1953 und 18.6.1953 sowie Bender an Suttner, 22.6.1953.

49 Archiv des IGPP, E/20_6, Bender an RA Gmür, 23.5.1953 sowie RA Gmür an Bender, 28.5.1953. Entsprechend lange zögerte Bender die Bezahlung des Transports hinaus. Vgl. ebd.: Schenker & Co. GmbH/Freiburg an Institut für Grenzgebiete der Psychologie und Psychohygiene, 10.9.1953. Noch im März 1954 mahnte die Spedition, dass Bender die Rechnung für den Transport in Höhe von 449 DM noch nicht vollständig bezahlt hatte.

Marie Baum, 1953

Schon Ende Mai 1953 hatte Marie Baum denjenigen Teil der Nachlassunterlagen, der sich fast ein Jahr lang bei ihr befunden hatte, an Hans Bender nach Freiburg geschickt. Nach Fanny Hoppe-Mosers Tod, nachdem also, so Baum, „dieses seltsame, reiche, tragische Leben zu Ende gegangen" war, sah sie sich nicht mehr autorisiert, alleine an der geplanten Biografie weiterzuarbeiten.[50] Der Sendung fügte sie drei ausführliche Briefe von Fanny Hoppe-Moser aus dem Jahr 1952 hinzu, in denen es unter anderem um das Vorhaben der Biografie ging.[51] Mit der Überlassung des Materials an das Freiburger Institut erfüllte Marie Baum auch eine Bitte der verstorbenen Nachlasserin. Hans Bender antwortete Maria Baum verspätet in den Tagen, als er den Transport des Gesamtnachlasses aus Zürich erwartete, und bestätigte dankend den Eingang der „Briefe und Unterlagen von Frau Dr. Hoppe-Moser."[52] Allerdings wird auch hier nicht transparent, um welche „Unterlagen" aus dem Nachlass es sich im Einzelnen handelte. Ob und in welcher Weise diese dem Gesamtbestand hinzugefügt wurden, ist nicht bekannt.

Drei Kisten: Der Nachlass im IGPP

Die zeitgenössischen Angaben über das von Fanny Hoppe-Moser überlassene Archivgut sind für größere Teile hilfreich, für andere ausgesprochen rudimentär. Neben den Münchener Immobilien, der reichhaltigen Bibliothek, verschiedenen beweglichen Einrichtungsgegenständen, Gemälden, Möbeln und der Büroausstattung umfasste Hoppe-Mosers Vermächtnis insbesondere ihre umfangreichen schriftlichen Sammlungen: „Manuskripte und Mappen mit wissenschaftlichem Material für die Weiterarbeit".[53] Hoppe-Moser selbst hatte ihr „Archiv" zunächst thematisch nach ihren beiden großen Publikationen organisiert: ihrem ersten, zweibändigen Buch „Der Okkultismus: Täuschungen und Tatsachen" (1935) sowie nach dem zweiten Buch „Spuk: Irrglaube oder Wahrglaube?" (1950).[54] Im Zusammenhang mit dem ersten Buchprojekt hatte sie Mappen mit Besprechungen und Kritiken sowie „Verbesserungen" für eine (geplante, aber nie realisierte) Neuauflage zusammengestellt, weiterhin verschiede-

---

50 Archiv des IGPP, E/20_6, Baum an Bender, 28.5.1953.

51 Diese Briefe vom 6.6.1952, 28.6.1952 und 10.7.1952 wurden später im Archiv des IGPP aus diesem Provenienzbezug entfernt und dem Nachlass Fanny Hoppe-Moser beigefügt. Im Nachlass von Marie Baum in der Universitätsbibliothek Heidelberg sind keine Belege zu Fanny Hoppe-Moser enthalten.

52 Archiv des IGPP, E/20_6, Bender an Baum, 20.6.1953.

53 So in verschiedenen Ausarbeitungen zu ihrem Vermächtnis aus der zweiten Jahreshälfte 1952. Vgl. Archiv des IGPP, 10/3, Stiftung Fanny Hoppe-Moser 1951–1952.

54 Vgl. ebd., undatierte Übersicht „Archiv" (vermutlich 1951 oder 1952).

ne thematische Materialien, etwa zu den mediumistischen Brüdern Rudi und Willy Schneider, zu „Rechengenies“ oder zu zwei Gerichtsprozessen gegen den Zoologen und Parapsychologen Christoph Schröder (1871–1952), der damals gegen Mosers Okkultismus-Buch vorgehen wollte. Zu ihrem zweiten Buch über „Spuk“ führte sie ebenfalls Buchbesprechungen, dann insgesamt 28 Mappen mit Unterlagen zu gesammelten oder selbst untersuchten Spukfällen sowie Materialien für eine geplante „zweite Auflage“ des Werkes auf. Vermutlich meinte Fanny Hoppe-Moser an dieser Stelle den lange geplanten zweiten Band dieses Buches, dessen Fertigstellung ihr zu Lebzeiten allerdings nicht mehr gelang.

Noch weitaus ausführlicher dokumentiert sind die Inhalte dieses Archivs dann in einer von Hoppe-Moser erstellten (undatierten) mehrseitigen Gliederung, die eine sehr gute Orientierung zu den Materialsammlungen der Nachlasserin bietet. Unterteilt ist in: Material zum Okkultismus („A“), Unterlagen zum ersten Spuk-Buch („B“), Unterlagen zum geplanten zweiten Spuk-Buch („C“) sowie zuletzt „Korrespondenz zum Spuk“ („D“).[55]

Fanny Hoppe-Moser gab Anfang der 1950er Jahre zudem an, dass ihre Sammlung mittlerweile auch „das kostbare Material“ des katholischen Priesters und Hochschulprofessors August Friedrich Ludwig (1863–1948) enthielt, welches dieser ihr anvertraut hatte. Der promovierte Theologe hatte sich schon seit dem ersten Jahrzehnt des 20. Jahrhunderts ähnlich intensiv wie Hoppe-Moser mit parapsychologischen Themen und Spukfällen auseinandergesetzt und dazu vielfach publiziert. 1922 hatte er schließlich eine „Geschichte der okkultistischen Forschung“ verfasst (Ludwig 1922); zudem war Ludwig Mitarbeiter der Zeitschriften „Psychische Studien“ und „Zeitschrift für Parapsychologie“ gewesen. Zuwachs hatte das Hoppe-Moser-Archiv weiterhin durch eine kleine Sammlung des Generalmajors a.D. und Okkultisten Joseph Peter (1852–1929) erhalten. Fanny Hoppe-Moser hatte demnach auch Materialien anderer Provenienz in ihrer Sammlung einverleibt. Denn sie war – trotz ihrer sehr unübersichtlichen eigenen Aktenführung – durchaus der Ansicht, dass wichtige Unterlagen zu ihrem Forschungsbereich ohnehin bei ihr am besten aufgehoben seien. So versuchte Hoppe-Moser noch im September 1951, Hans Bender zu überreden, ihr das gesamte Material zum Medium Rudi Schneider (1908–1957) aus dem im IGPP verwahrten Nachlass von Albert von Schrenck-Notzing zu übergeben. Dieses sei bei ihr, so war sie überzeugt, „jedenfalls [...] am sichersten.“[56]

Offenbar überschätzte sie sich in diesem Punkt: Eine geordnete Ablage gehörte allem Anschein nach nicht zu den herausgehobenen Stärken der Forsche-

55 Im Bestand hinterlegt in einer großformatigen Mappe mit der Aufschrift „Spukmaterial/Verzeichnis“. Allerdings ist diese Gliederung offensichtlich nicht vollständig überliefert, es fehlen Seiten. In dieser Mappe befinden sich noch andere Materialien, vor allem weitgehend ungeordnete Typoskriptseiten.

56 Archiv des IGPP, E/20_6, Hoppe-Moser an Bender, 14.9.1951. Hans Bender hat auf diesen Wunsch nicht reagiert.

rin. Im Zuge der Entscheidungsfindung, ihre Stiftung nach Freiburg zu geben, hatte Fanny Hoppe-Moser darüber berichtet, dass in den Jahren zuvor durch die kriegsbedingte Flucht aus München im Juli 1943 und ihre nachfolgenden verschiedenen Wohnungswechsel das von ihr gesammelte Material sehr durcheinander geraten war. Sie beteuerte, dass gerade gegen Ende ihres Lebens das Ordnungschaffen ihre Kräfte überstieg. In Hans Bender setzte sie die Hoffnung, er könne „aus dem Chaos [...] doch noch etwas machen."[57]

Es gibt keine Hinweise darauf, dass nach dem im Juni 1953 erfolgten Transfer der beweglichen Nachlassmaterialien in das Freiburger Institut noch einmal (oder überhaupt) eine detaillierte Bestandsaufnahme der tatsächlich überlassenen Unterlagen erstellt worden war. Es kann deshalb auch nicht gesagt werden, welchen Umfang der Nachlass Fanny Hoppe-Moser letztendlich hatte, als er nach Freiburg kam, und welche Unterlagen er damals im Einzelnen beinhaltete – etwa im Abgleich zu den von Hoppe-Moser selbst zuvor erstellten Gliederungen. Ohnehin kann man vermuten, dass das wesentliche Interesse von Hans Bender in diesem Fall zunächst und in der Hauptsache den einzigartigen Bibliotheksbeständen und eher sekundär dem kaum strukturierten, losen Schriftgutmaterial galt.[58]

Von 1953 an befand sich der Nachlass etwas mehr als vier Jahrzehnte im Institutsgebäude des IGPP (Eichhalde 12) oberhalb Freiburgs. Der – offenbar in mindestens drei größeren Kisten verstaute – Bestand war Teil der immer mehr anwachsenden Sammlungen des IGPP, für die man dort seit den 1970er Jahren allmählich die Bezeichnung „Archiv" verwendete (Schellinger 2020). Aus dieser Zeit dürfte auch ein erstes und das bisher einzige feststellbare Inhaltsverzeichnis zu einem „Nachlaß F. Moser" stammen. Die Notizen, wohl Anfang oder Mitte der 1970er Jahre von einer studentischen Mitarbeiterin erstellt, beschreiben auf drei Seiten wenig systematisch und nur grob die Inhalte von „Kiste 1", „Kiste 2" und „Kiste 3": Fotos, Zeitungsauschnitte, Korrespondenzen, Akten, Mappen (Ordner).[59] Untergebracht waren die Kisten jahrzehntelang auf dem Dachboden des Institutsgebäudes. Dort dürften mit Sicherheit keine idealen Lagerungsbedingungen vorgeherrscht haben. Wie heute feststellbar ist, haben Temperaturschwankungen, Luftfeuchtigkeit und andere Umwelteinflüsse den Unterlagen merklich zugesetzt. Mitte der 1990er Jahre wurden Mosers Nachlassmaterialien zusammen mit allen anderen Archivbeständen in die neuen

57 Vgl. ebd., Hoppe-Moser an Bender, 16.7.1952.

58 Offenbar wurde dem Nachlass – etwa im Gegensatz zur hinterlassenen Bibliothek – kaum materieller Wert zugemessen. Hierauf deuten Unterlagen zur Berechnung der Erbschaftssteuer aus dem Jahr 1957 hin; vgl. Archiv des IGPP, E/20_10.

59 Enthalten in Archiv des IGPP, E/20_11. Die undatierten Notizen wurden auf den Blättern eines zeitgenössischen psychologischen Test-Fragebogens („Polaritätsprofil") erstellt, was auf eine Entstehung zu Beginn oder Mitte der 1970er Jahre hindeutet. Sie wurden offenbar in der Akte mit der eigentlichen Laufzeit 1953 bis 1958 zurückgelassen. Ich danke Eberhard Bauer für weiterführende Hinweise.

Räumlichkeiten des IGPP in der Freiburger Innenstadt gebracht. 1999 bekam der Bestand im Zusammenhang mit der Erarbeitung einer ersten Archivtektonik für das IGPP nach einer ersten Vorordnung die Bestandsnummer „Archiv des IGPP, 10/3" zugewiesen.

„Allerhand zum Spuk" und „Okkultismus: Rest": Inhalte und Verluste

Der Bestand Archiv des IGPP, 10/3 (Nachlass Fanny Hoppe-Moser) ist aktuell in fünf Teile gegliedert: Dokumente der privaten Lebensführung (I), Korrespondenzen (II), Materialsammlungen (III), Werkmanuskripte (IV), Sonstige Sammlungen (V).[60] Unter den Dokumenten der privaten Lebensführung (aktuell 18 Archiveinheiten), die im Jahr 1883 beginnen, befinden sich unter anderem mehrere Tagebücher und Kalendarien, Reiseaufzeichnungen, ein undatierter Lebenslauf („Curriculum vitae"), Dokumente zur Studienzeit Fanny Mosers von 1895 bis 1912, Unterlagen zum 1926 verstorbenen Ehemann Jaroslav Hoppe sowie der autobiographische Text „Cassandra – ein Frauenleben in drei Generationen 1805-195?".[61] Fanny Hoppe-Moser hat ihre wissenschaftliche Korrespondenz vielfach ihren thematischen Materialsammlungen beigeordnet. In einer weiteren Gruppe (aktuell insgesamt 76 einzelne Archiveinheiten) liegt darüber hinaus eine eigenständige Zusammenstellung Mosers von Korrespondenzen vor. Unter den zahlreichen Briefpartner:innen finden sich Wissenschaftler:innen wie Sigmund Freud, Carl Gustav Jung, Pascual Jordan oder Toni Wolff, aber auch Künstler:innen wie die Tänzerin und Bildhauerin Oda Schottmüller und der Opernsänger Johannes Messchaert. Bei der umfangreichen Rubrik der „Materialsammlungen" von Fanny Hoppe-Moser handelt es sich wohl um diejenigen Unterlagen, die sie selbst als ihr „Archiv" bezeichnet hatte und für deren größten und qualitativ dichtesten Teil sie selbst eine Unterteilung in „A", „B", „C" und „D" vorgenommen hatte (aktuell 118 Archiveinheiten).[62] Vorhanden sind hier Materialien und Unterlagen, die im Zusammenhang mit der Publikation des Werks „Der Okkultismus: Täuschungen und Tatsachen" von 1935 stehen („A"), etwa zahlreiche gesammelte Kritiken und Besprechungen, Verhandlungen mit dem Verlag von Ernst Reinhardt in München oder Unterlagen aus Gerichtsverfahren. Ein wichtiger Teilbestand sind zudem die Unterlagen, die die empirische Basis für das Buch „Spuk" lieferten („B"), das heißt Mosers Recherchen zu zahlreichen Spukfällen. Zudem gibt es auch hier Materialien und Korrespondenzen zur Entstehung und Drucklegung

[60] Angelehnt an Deutsche Forschungsgemeinschaft/Unterausschuß für Nachlaßerschließung 1997. Zugrunde liegt hier die Vorordnung des Nachlasses mit Stand vom 13.5.2022. Siehe generell zur Bestandsgattung Nimz 1997.

[61] Vgl. hierzu den Beitrag von Ranneberg im vorliegenden Band.

[62] Im Bestand hinterlegt in einer großformatigen Mappe mit der Aufschrift „Verzeichnis". Allerdings ist diese Gliederung nicht vollständig überliefert, es fehlen Seiten.

des Buches sowie in größerem Umfang Besprechungen. In dieser Rubrik befinden sich weiterhin die Materialien zu Spukfällen für einen geplanten zweiten Band des „Spuk"-Buches („C"). Allerdings dürfte es sich bei diesen Materialien, beruhend auf Forschungen, Sammlungen und Zuarbeiten anderer Personen seit der zweiten Hälfte der 1930er bis Anfang der 1950er Jahre, nicht mehr um das ursprünglich einmal vorhandene Gesamtkonvolut handeln. Diese Fälle tauchen in Hoppe-Mosers erstem „Spuk"-Band jedenfalls nicht auf und sind somit unpubliziert. Zu den heterogenen Archivalien in dieser Rubrik zählen weiterhin beispielweise überlassene Sammlungen der Parapsychologin Gerda Walther (1897–1977) ebenso wie Unterlagen zu einem Streit Hoppe-Mosers mit dem Schweizer Schriftsteller-Verein, unzählige Literaturexzerpte, Unterlagen zu den Verhandlungen über den Verbleib des Nachlasses in den Jahren 1951/1952, aber auch eine für Hoppe-Moser vermutlich von ihrer Haushälterin erarbeitete „Büchergestellordnung" (undatiert). Hinzu kommen zahlreiche weitere Einheiten mit Fallsammlungen, Materialzusammenstellungen, Korrespondenzen, Presseausschnitten und Typoskripten zu Spuk und Okkultismus sowie zu weiteren wissenschaftlichen Grenzgebieten, die nicht in den oben genannten überlieferten Gliederungen auftauchen. In diesen Einheiten scheint die ursprüngliche innere Ordnung Hoppe-Mosers durcheinandergeraten zu sein, mehrfach gibt es gänzlich unstrukturierte Ablagen. Allein unspezifische Aktentitel wie etwa „Allerhand zum Spuk", „Allerlei Loses" oder „Okkultismus: Rest" deuten auf sehr disparate Inhalte hin.

Die Gruppe der vorhandenen Werkmanuskripte umfasst vergleichsweise wenige Unterlagen (aktuell sieben Archiveinheiten). Hierunter zählen der unpublizierte Text „Prophezeiungen" aus dem Jahr 1947 sowie die Textfassung des Aufsatzes „Der Einfluss der Seele im Spuk", dessen Veröffentlichung 1949 von der Zeitschrift *Schweizer Rundschau* ablehnt wurde. Weiterhin zählt hierzu ein umfangreicher, allerdings auch in einem außerordentlich ungeordneten Zustand überlieferter Entwurf zu Hoppe-Mosers geplantem zweitem Band zum Thema „Spuk".

Bei den sonstigen Sammlungen (V) (aktuell 72 Archiveinheiten) handelt es sich unter anderem um Sonderdrucke von eigenen wissenschaftlichen Arbeiten Hoppe-Mosers, hier auch zur Zoologie und Biologie, sowie um Sonderdrucke und Publikationen anderer Autorinnen und Autoren. Des Weiteren liegen diverse Druckschriften, Sammlungen von Postkarten sowie schließlich umfangreiche Presseausschnittsammlungen vor, letztere in einem teilweise sehr schlechten Erhaltungszustand. Hinzu kommt eine große Sammlung von annähernd 200 Fotografien, zumeist aus dem privaten oder familiären Kontext. Vorhanden sind im Gesamtkonvolut zudem noch völlig ungeordnete Teile und verstreute Papierunterlagen. Als Besonderheit ist zuletzt das von der Nachlasserin immer wieder als „kostbarstes“ Stück beschriebene Glasfläschchen mit „Teleplasma“ aus einer Sitzung mit dem Medium Oskar Schlag zu nennen.[63]

Angesichts des vorliegenden Bestandes wird mehr als deutlich, dass Fanny Hoppe-Moser durchaus versucht hat, ihr Material nach bestimmten thematischen und/oder formalen Gesichtspunkten zu sortieren, zuweilen aber ihre eigenen Ordnungsprinzipien aufgelöst hat. Eine weitere Problematik des vorliegenden Nachlasses liegt in vielen feststellbaren Lücken und Verlusten. Im Juni 1950 berichtete Fanny Hoppe-Moser Hans Bender über ihre eigenen Forschungserfahrungen: „Das Verschwinden von wichtigen Akten ist wirklich ein Verhängnis beim Okkultismus wie beim Spuk“.[64] Diese Feststellung kann auch für ihr eigenes Material getroffen werden: Es ist offensichtlich, dass die Sammlungen von Fanny Hoppe-Moser im Verlauf der Jahrzehnte nicht nur gehörig durcheinander gebracht wurden, sondern dass es auch zu unkontrollierten Entnahmen und vermutlich unersetzbaren Verlusten gekommen ist.

Schon beim ersten Versuch einer Bestandsaufnahme des Nachlasses Anfang oder Mitte der 1970er Jahre konstatierte die damalige Bearbeiterin „jede Menge leerer (geplünderter?) Ordner“. Sie listete insgesamt 16 Mappen oder Ordner auf, die sie beschriftet, aber in leerem Zustand vorgefunden hatte, so etwa Materialsammlungen zum so genannten Insterburger Hellseherprozess, zu verschiedenen Spukfällen oder zum Fall des Mediums Stella C.[65] Es ist heute nicht mehr nachvollziehbar, ob die in diesen Mappen ursprünglich enthaltenen Unterlagen schon zu Lebzeiten von Fanny Hoppe-Moser oder erst nach der Überführung des Nachlasses nach Freiburg verschwunden sind.

Auch der heutige Zustand des noch unerschlossenen Bestandes offenbart gravierende Lücken. So ist beispielsweise eine Mappe mit der Beschriftung „Fall Hindelang, Bayern“ vollständig leer. In einer weiteren Akte fehlen Unterlagen, die Hoppe-Moser von einem Pfarrer Wolff aus Graubünden erhalten und folgendermaßen betitelt hatte: „Allerhand Spuk in 17 Jahren gesammelt“. In der Abteilung zum „Okkultismus“ findet sich eine Mappe zum Medium Rudi Schneider (1908–1957): heute so gut wie vollständig leer. In einer weiteren Mappe zum berüchtigten Hellseher „Hanussen“ (d. i. Hermann Steinschneider, 1889–1933) haben sich ebenfalls nur Fragmente der ursprünglichen Inhaltsangabe erhalten. In anderen Mappen fehlen die Schreiben von bedeutenden Persönlichkeiten wie Charles Richet, Hans Driesch oder Henri Bergson.[66] Ebenso vermisst man – orientiert man sich zumindest an den Altsignaturen und Aktenaufschriften von Hoppe-Moser selbst – in den Sammelakten zu einzelnen Spukfällen einzelne Vorgänge wie etwa den „Fall Glück, Freising“,

---

63 Die Aufschrift auf dem Originalkarton lautet hier: „Medium Schlag. Flasche mit ‚Teleplasma‘ von Direktor Müller Kilchberg als Vermächtnis nach seinem Tod von seiner Frau erhalten“.

64 Archiv des IGPP, E/20_6, Hoppe-Moser an Bender, 12.6.1950.

65 Vgl. die undatierte Auflistung in Archiv des IGPP, E/20_11.

66 Vgl. z. B. die Einheiten mit den Titeln „Material Okkultismus: Korrespondenz München“ oder „Wichtige Briefe“.

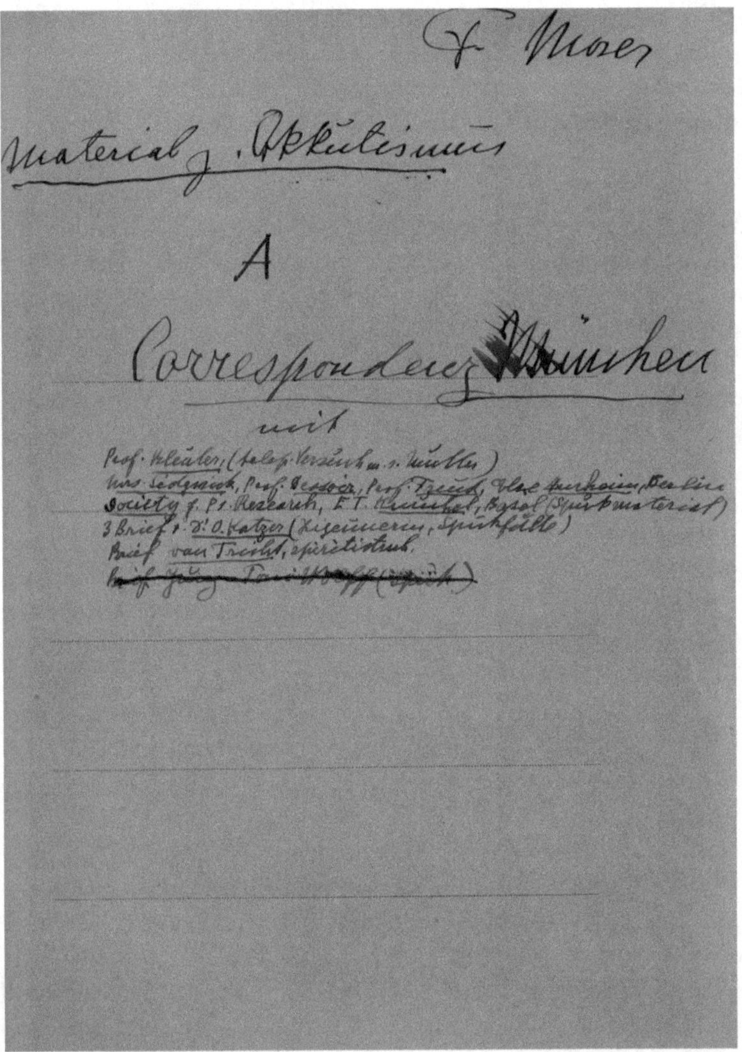

Abb. 2: Deckel von Hoppe-Mosers Akte, in der sie ursprünglich ihre Korrespondenz mit Siegmund Freud und anderen Wissenschaftlern aufbewahrte.

einen „Stallspuk Bauer Erhardt“ im schweizerischen Emmental, aber auch die Unterlagen zu einem mit Professor Bender in Zusammenhang stehenden „Fall […] im Schwarzwald.“[67] Die von Hoppe-Moser vorgenommene Signaturvergabe deutet schließlich darauf hin, dass aus diesem Teilbestand mindestens drei Sammelmappen gänzlich fehlen. Übersieht man die Liste der fehlenden Dokumente insgesamt, so gewinnt man den Eindruck, dass es sich hierbei

[67] Hier dürfte es sich mit hoher Wahrscheinlichkeit um einen von Hans Bender 1939 an Fanny Hoppe-Moser berichteten Fall handeln; vgl. hierzu Schellinger/Nahm 2021: 90–92.

nicht um zufällige Verluste handelt, sondern womöglich gezielte Entnahmen. Glücklicherweise sind hingegen Schriftstücke von bekannten Wissenschaftlerinnen und Wissenschaftlern wie etwa Pascual Jordan oder C. G. Jung, die in Hoppe-Mosers eigener Gliederung als Abteilung „D" mit „Korrespondenz zum ‚Spuk'" bezeichnet wurden und dort fehlen, heute andernorts, nämlich in der allgemeinen Korrespondenzsammlung des Nachlasses überliefert.

Rezeption und Forschungsoptionen

In ihrem Testament hatte Fanny Hoppe-Moser verfügt, dass ihr Nachlass „allen entsprechend wissenschaftlich vorgebildeten Personen" zugänglich gemacht werden sollte.[68] Einen solchen öffentlichen Zugang gab es allerdings über lange Zeiträume nicht oder – wie im Folgenden geschildert – nur vereinzelt.

Am 15. Februar 1965 besuchte der schwedische Psychoanalytiker Ola Andersson (1919–1990) das IGPP. Andersson recherchierte schon seit 1960 im Auftrag des „Sigmund Freud Archivs" außerordentlich akribisch zur eigentlichen Identität und zur Biographie der Freud-Patientin „Emmy von N." – wie seitdem bekannt, handelte es sich hier um Fanny Moser von Sulzer-Wart, verheiratete Moser (1848–1925) und somit um die Mutter von Fanny Hoppe-Moser. Aufgrund von Hinweisen aus der Schweiz hatte sich der schwedische Forscher an Hans Bender in Freiburg gewandt und bat um einen Besuchstermin und um „Einblick in die Fanny-Moser-Sammlungen".[69] Bender berichtete Andersson daraufhin von der Existenz eines in der Sammlung vorhandenen Schreibens von Freud und gewährte ihm schließlich die Einsichtnahme dieses Briefes vom 13. Juli 1918 sowie von Fotos im Hoppe-Moser-Nachlass.[70] Hans Bender, so berichtete Andersson danach, habe ihn in der Sache um Vertraulichkeit gebeten, erlaubte jedoch offenbar die Herstellung von Kopien, die Andersson danach pflichtgemäß an das Sigmund-Freud-Archiv ablieferte. Im Juli 1965 referierte Andersson dann auf einem internationalen Psychoanalytiker-Kongress in Amsterdam über seine Recherchen, erst 1979 erfolgte eine Publikation dazu.[71]

Vermutlich war der Schaffhauser Arzt und Psychiater Oscar Wanner (1920–2009), von 1953 bis 1983 Direktor der Psychiatrischen Klinik Breitenau, der erste Interessent, der um das Jahr 1980 für einen biographischen Beitrag in den *Schaffhauser Beiträgen zur Geschichte* von externer Seite einen umfassenderen Einblick in den Nachlass erhielt und dort „unveröffentlichte Briefe und Manuskripte" entdecken konnte, aus denen er später in Teilen zitierte (Wan-

[68] Archiv des IGPP, E/20_6, Abschrift des Testaments, 14.1.1953.
[69] Archiv des IGPP, E/21_12, Andersson an Bender, 20.1.1965.
[70] Vgl. ebd., Bender an Andersson, 28.1.1965.
[71] Vgl. hierzu Tögel 2011 sowie grundlegend: Andersson 1979.

ner 1981: 172).[72] Erstmals stand dann 1986 – mehr als drei Jahrzehnte nach Hoppe-Mosers Tod – mit dem Schreiben zwischen Fanny Hoppe-Moser und Sigmund Freud vom 13. Juli 1918 ein konkretes Dokument aus dem Nachlass im Mittelpunkt eines wissenschaftlichen Beitrags.[73]

Danach geriet der Nachlass von Fanny Hoppe-Moser erneut für eine längere Zeit aus dem Blickfeld der Forschung. Es dauerte siebzehn weitere Jahre, bis 2003 in einer wissenschaftlichen Publikation erneut auf eine Archivalie aus dem im IGPP aufbewahrten Nachlass hingewiesen wurde (Scherb 2003: 176–177).[74] Nach einem Hinweis auf einen weiteren Brief von Freud an Hoppe-Moser vom 10. Oktober 1918 bald danach (Institut für Grenzgebiete der Psychologie und Psychohygiene e.V. Freiburg 2004: 6, 49)[75] und einer weiteren Nutzung 2005 (Andresen 2005)[76] dauerte es dann noch einmal 16 Jahre, bis Unterlagen aus dem Nachlass für weitere wissenschaftliche Artikel herangezogen wurden (Schmied-Knittel 2021, 2022; Ranneberg 2022). Diese geringe Rezeption – ganz anders, als von der Nachlasserin ursprünglich verfügt – und die enormen Vakanzen mit einer gänzlichen Nichtberücksichtigung verwundern. Sie lassen sich mit dem unerschlossenen Zustand des Nachlasses zwar nicht vollständig, aber doch teilweise erklären. An diesem wenig befriedigenden Status quo hat sich bis in die Gegenwart im Grunde kaum etwas geändert. Der Nachlass von Fanny Hoppe-Moser, Bestand 10/3 im Archiv des IGPP, ist inzwischen zwar grob vorgeordnet, aber noch keineswegs archivisch erschlossen und verzeichnet. Für die Recherche bedeutet dies weiterhin erschwerte Bedingungen, die sich zukünftig hoffentlich verbessern lassen. Zudem werden sich die Fragestellungen erweitern müssen: Bis in die 2000er Jahre waren Leben und Werk von Fanny Hoppe-Moser in erster Linie für die Schaffhauser Lokalgeschichte sowie für das engere Feld der Okkultismus- und Parapsychologiegeschichte von Interesse. Im Fokus standen dabei vor allem und zunächst Hoppe-Mosers gedruckte Schriften. Darüber hinausreichend dürften zukünftig gerade die ungedruckten

72 Wanner hat die Funde im Nachlass jedoch nicht sichtbar in seinen Beitrag eingearbeitet.

73 Gemeint ist Bauer 1986; zuvor war der Freud-Brief allerdings schon Thema bei Andersson 1979. Darauf aufbauend später noch einmal bei Tögel 2011. Zum Original: Archiv des IGPP, 10/3, Freud an Moser, 13.7.1918.

74 Besprochen wird hier der Status von Fanny Moser als geduldete (aber nicht vollimmatrikulierte) Studentin der Universität Freiburg 1896/1897, belegt durch Mosers Studienbuch; vgl. dazu auch Scherb 2002. Die Autorin Ute Scherb, die ein Forschungsprojekt zur Geschichte des Frauenstudiums an der Universität Freiburg bearbeitete, war seinerzeit vom Autor dieses Beitrags auf diese Quelle aufmerksam gemacht worden.

75 Es ist unbekannt, wo sich das Original dieses zweiten Freud-Briefes aktuell befindet, im hier vorliegenden Nachlass ist er nicht mehr vorhanden, das Schreiben muss als verschollen angesehen werden. Ein dritter Freud-Brief an Fanny Moser befindet sich – wahrscheinlich als Durchschlag oder Abschrift – in der *Library of Congress* in Washington (vgl. hierzu Tögel 1999, 2011). Auch hier stellt sich die Frage nach Existenz und Verbleib des Originalbriefes.

76 Hierbei ging es um den Kontakt zwischen der von den Nationalsozialisten ermordeten Tänzerin Oda Schottmüller (1905–1943), einem Mitglied der Widerstandsgruppe „Rote Kapelle", und Fanny Hoppe-Moser.

Archivalien ihres Nachlasses trotz der festzustellenden Lücken und Verluste wertvolle Ressourcen für ganz unterschiedliche Ansatzpunkte sein.

Hinzu kommt der Blick auf weitere archivische Quellenbestände an anderen Standorten, die Unterlagen zu Fanny Hoppe-Moser beinhalten. Nur beispielhaft seien hier einige erwähnt: Neben der hier schon aufgeführten Korrespondenz mit Carl Gustav Jung im Hochschularchiv der ETH Zürich[77] liegt Korrespondenz mit dem Gründer der Münchener Stadtbibliothek Monacensia, Hans Ludwig Held (1885–1954), im dortigen Literaturarchiv vor.[78] Auch im Nachlass des bekannten Biologen und Zoologen Hans Driesch (1867–1941) in der Universitätsbibliothek Leipzig befinden sich einzelne Schriftstücke von Hoppe-Moser[79], ebenso im Nachlass der Schriftstellerin Ricarda Huch (1864–1947) im Deutschen Literaturarchiv in Marbach.[80] Weiterhin sind Materialien zu Fanny Hoppe-Moser im überlieferten Nachlass ihrer Schwester Mentona Moser (1874–1971) im Bundesarchiv in Berlin[81] sowie in den Unterlagen des Schweizerischen Schriftstellerverbandes im Schweizerischen Literaturarchiv in Bern zu erwarten.[82] Schließlich befinden sich wichtige biographische Unterlagen, Postkarten, Fotografien und Objekte im Nachlass von Barbara (Betty) Suttner (1894–1978), von wo aus sie dem Moser Familienmuseum Charlottenfels in Neuhausen am Rheinfall übergeben wurden.[83]

150 Jahre nach ihrer Geburt und 70 Jahre nach ihrem Tod erweist sich die Quellenlage für weitere Forschungen zu Leben und Werk von Fanny Hoppe-Moser somit als durchaus erfolgversprechend. Trotz seiner Lücken und Tücken in der Überlieferung kommt dem Nachlass im Archiv des Instituts für Grenzgebiete der Psychologie und Psychohygiene dabei eine herausragende Bedeutung zu.

Literatur

Andersson, O. (1979). A supplement to Freud´s case history of „Frau Emmy von N." in Studies in Hysteria 1895. *Scandinavian Psychoanalytical Review, 2*, 5–16.

Andresen, G. (2005). *Die Tänzerin, Bildhauerin und Nazigegnerin Oda Schottmüller 1905–1943*. Lukas.

Bauer, E. (1986). Ein noch nicht publizierter Brief Sigmund Freuds über Mesmerismus. *Freiburger Universitätsblätter, 93*, 93–110.

[77] Bestand ETH-Bibliothek Zürich, Hochschularchiv, Hs. 1056.
[78] Bestand Monacensia Literaturarchiv, Nachlass Hans Ludwig Held.
[79] Bestand Universitätsbibliothek Leipzig, NL 250.
[80] Bestand Deutsches Literaturarchiv Marbach, A: Huch, Ricarda.
[81] Bestand Bundesarchiv Berlin, NY 4179.
[82] Bestand Schweizerisches Literaturarchiv, 01-a-15.
[83] Bestand Moser Familienmuseum Charlottenfels, Nachlass Barbara (Betty) Suttner. Ich danke Mandy Ranneberg für erklärende Auskünfte.

Bauer, E. (2010). Fanny Mosers „Spuk". Sondierungen und Rekonstruktionen an drei historischen RSPK-Berichten. *Zeitschrift für Anomalistik, 10*(3), 322–348.

Corti, W. R. (1963). *Das Archiv für genetische Philosophie, Zur Biographie einer Bibliothek.* Bauhütte der Akademie.

Deutsche Forschungsgemeinschaft/Unterausschuß für Nachlaßerschließung (1997). *Regeln zur Erschließung von Nachlässen und Autographen (RNA).* Deutsches Bibliotheksinstitut.

Faivre, A. (2006). Schlag, Oscar Rudolf. In W. Hanegraaff (Hrsg.), *Dictionary of Gnosis and Western Esotericism,* S. 1040–1042. Brill.

Fischer, A./Vaitl, D. (Hrsg.) (2021). *Spuk! Die Fotografien von Leif Geiges.* Michael Imhof.

Frei, G. (1952/1953). Dem Andenken von Dr. Fanny Moser. *Neue Wissenschaft, 3* (8/9), 269-272.

Institut für Grenzgebiete der Psychologie und Psychohygiene e.V. Freiburg (2004). *Tätigkeitsbericht/Biennial Report 2002/2003.* Institut für Grenzgebiete der Psychologie und Psychohygiene e.V.

Jaffé, A. (1960). C. G. Jung und die Parapsychologie. *Zeitschrift für Parapsychologie und Grenzgebiete der Psychologie, 4* (1), 8–23.

Ludwig, A. (1922). *Geschichte der okkultistischen (metaphysischen) Forschung von der Antike bis zur Gegenwart.* Baum.

Lux, A. (2021). *Wissenschaft als Grenzwissenschaft. Hans Bender (1907–1991) und die deutsche Parapsychologie.* De Gruyter.

Lux, A./Paletschek, S. (Hrsg.) (2016). *Okkultismus im Gehäuse. Institutionalisierungen der Parapsychologie im 20. Jahrhundert im internationalen Vergleich.* De Gruyter.

Moser, F. (1935). *Der Okkultismus. Täuschungen und Tatsachen.* Ernst Reinhardt. (2 Bde.).

Moser, F. (1950). *Spuk: Irrglaube oder Wahrglaube? Eine Frage der Menschheit.* Gyr.

Moser, F. (1952). Spuk in neuer Sicht. *Du,* November 1952, 11–14 u. 63–64.

Mulacz, P. (1994/1995). Oscar R. Schlag. *Journal of the Society for Psychical Research, 60,* 263–267.

Naegeli, W. (1953). Fanny Hoppe Moser †. *Schaffhauser Nachrichten,* 5.3.1953.

Nimz, B. (1997). Die Erschließung von Nachlässen in Bibliotheken und Archiven. *Archivpflege in Westfalen und Lippe, 45,* 43–46.

Ranneberg, M. (2022). Fanny Hoppe-Moser (1872–1953) und ihre „Vaterstadt". In Historischer Verein des Kantons Schaffhausen (Hrsg.), *Schaffhauser Geschichte im Fokus, Festschrift für Hans Ulrich Wipf* (S. 205–220). Chronos.

Schellinger, U. (2011). Kaum zu fassen. Die spezifische Problematik der historischen Überlieferung paranormaler Erfahrungen im 20. Jahrhundert. *Zeitschrift für Anomalistik, 11,* 166–196.

Schellinger, U. (2017). „Das Wunder in konzentrierter Form". Fanny Moser und das Charlottenburger Medium Martha Fischer (1866–1943). *Zeitschrift für Anomalistik, 17,* 338–349.

Schellinger, U. (2020). Das Forschungsarchiv [des IGPP] – Entwicklung und Bestände. In D. Vaitl (Hrsg.), *An den Grenzen unseres Wissens. Von der Faszination des Paranormalen* (S. 444–453). Herder.

Schellinger, U./Nahm, M. (2021). *Freiburgs Gespenster. Spuk und Geister in der Stadt von 1800 bis heute.* Institut für Grenzgebiete der Psychologie und Psychohygiene e.V.

Schellinger, U./Wittmann, M./Anton, A. (2019). „Das ist alles so eigentümlich verschachtelt". Hans Bender und Carl Gustav Jung im Gespräch über Synchronizität (1960). *Zeitschrift für Anomalistik, 19*, 420–467.

Scherb, U. (2002). *„Ich stehe in der Sonne und fühle, wie meine Flügel wachsen". Studentinnen und Wissenschaftlerinnen an der Freiburger Universität von 1900 bis in die Gegenwart.* Helmer.

Scherb, U. (2003). „Zu mir sagte man nur aus Versehen Heil Hitler". Das Leben der Olga Hempel geb. Fajans. *Zeitschrift des Breisgau-Geschichtsvereins „Schau-ins-Land", 122*, 169–188.

Schmied-Knittel, I. (2021). Zwischen Science und Séance. Die Biologin und Parapsychologin Fanny Moser (1872–1953). In M. Lessau/P. Redl/H.-C. Riechers (Hrsg.), *Heterodoxe Wissenschaft in der Moderne* (S. 69–90). Brill.

Schmied-Knittel, I. (2022). Occultism as a Ressource. The Parapsychologist Fanny Moser (1872–1953). *Journal for Anomalistics 22*, 286–307.

Tögel, C. (1999). „My bad diagnostic error". Once more about Freud an Emmy v. N. (Fanny Moser). *International Journal of Psychoanalysis, 80* (6), 1165–1173.

Tögel, C. (2011). Wie „Emmy von N." identifiziert wurde. K. R. Eisslers und Ola Anderssons Recherchen: Mit einem Anhang: Drei Briefe Freuds an Fanny Moser jun. *Luzifer-Amor: Zeitschrift zur Geschichte der Psychoanalyse, 24*(48), 32–52.

Wanner, O. (1981). Fanny Moser. In Historischer Verein des Kantons Schaffhausen (Hrsg.), *Schaffhauser Biographien, Vierter Teil* (S. 163–172). Karl Augustin.

Bildnachweise

Abb. 1: Archiv des IGPP, E/20_1

Abb. 2: Archiv des IGPP, 10/3 (Nachlass Fanny Moser)

Mein Weg zu und mit Fanny Moser – eine (persönliche) Rekonstruktion

Eberhard Bauer

Erste Annäherungen

Der Name Fanny Moser begleitete mich von Anfang an. Er war im Arbeits- und Forschungskontext präsent, den ich vorfand und mit dem ich mich vertraut machte, als ich Anfang der 1970er Jahre zuerst studentischer Mitarbeiter und später Assistent am Freiburger *Institut für Grenzgebiete der Psychologie und Psychohygiene e. V.* (IGPP) wurde, das damals noch ganz im Zeichen des Institutsgründers Professor Hans Bender (1907–1991) stand. Er war zweifellos die dominierende und populärste Figur der deutschen Parapsychologie nach dem Zweiten Weltkrieg, hatte 43-jährig 1950 in seiner Geburts- und Heimatstadt Freiburg im Breisgau das IGPP auf der „Eichhalde 12" im Stadtteil Herdern gegründet, es bis zum seinem Tode am 7. Mai 1991 geleitet und zwischen 1954 und 1975 als international bekannter Professor für Grenzgebiete der Psychologie im Rahmen der akademischen Psychologie das Fach Parapsychologie in Forschung und Lehre an der Universität Freiburg mit großer öffentlicher Resonanz vertreten, häufig unter dem halb ironisch, halb anerkennend gemeinten Label „Spuk-Professor".[1] In diesem Sinne entsprach Hans Bender sicher der Idealvorstellung, die Fanny Moser von einem vorurteilsfreien, im akademischen Milieu verankerten, parapsychologischen Forscher hegen mochte, zumal

1 In den letzten Jahren haben Hans Benders Biographie und seine akademische Karriere, jenseits von Freund und Feind (vgl. Gruber, E. 1993; Schäfer 1994), zunehmend das Interesse von Zeithistorikern und Kulturwissenschaftlern gefunden (vgl. Hausmann 2006; Lux 2016), was für seine fortdauernde Präsenz spricht. Diese dokumentierte sich auch in dem von der Deutschen Forschungsgemeinschaft (DFG) geförderten geschichtswissenschaftlichen Projekt „Hans Bender – Parapsychologie im Schnittpunkt von wissenschaftlicher Disziplinbildung, gesellschaftlicher Nachfrage und medialer Öffentlichkeit", das von 2011 bis 2017 von der Freiburger Historikerin Sylvia Paletschek unter Mitarbeit der Historikerin Anna Lux im Rahmen des DFG-Forschungsverbundes „Gesellschaftliche Innovation durch nichthegemoniale Wissensproduktion. ‚Okkulte' Phänomene zwischen Mediengeschichte, Kulturtransfer und Wissenschaft, 1770 bis 1970" durchgeführt worden war, vgl. die in diesem Forschungskontext entstandenen Publikationen von Lux/Paletschek/Burgholtz 2013, Lux/Paletschek 2016 sowie die abschließende Monographie (Lux 2021) über Hans Bender, sein Institut und die Universität Freiburg, die sich auf den Bender-Nachlass im IGPP-Archiv und Gespräche mit Zeitzeugen, zum Beispiel mit mir, stützte.

er schon früh das Tabu-Thema „Spuk“ auf seine Forschungsagenda gesetzt hatte.[2]

Als Benders Assistent gehörten zu meinem Aufgabenbereich alle Aspekte, die mit Forschung, Beratung und Information auf den Grenzgebieten der Psychologie zu tun hatten einschließlich der Übernahme einschlägiger Lehrveranstaltungen im Rahmen der Universität Freiburg.[3] Das „Moser-Legat“ war ein fester Begriff des Institutsalltags – vielleicht sollte man besser sagen: der Instituts-Folklore – und zeigte sich im so genannten Moser-Zimmer im Souterrain des Instituts, in dem die ca. 1.000 Bände umfassende Moser-Bibliothek geschlossen aufgestellt war (bis zum 1984 erfolgten Umzug des Gesamtbestandes in die Universitätsbibliothek Freiburg mit eigener Signaturgruppe), sowie im Moser-Nachlass, der, in Kisten provisorisch verpackt, auf dem Dachboden des Eichhalde-Instituts aufbewahrt wurde und hin und wieder seinem Dornröschenschlaf entrissen wurde, wenn bestimmte historische Fragestellungen oder Nachforschungen aus der Frühgeschichte der Parapsychologie, insbesondere dem „Wissenschaftlichen Okkultismus“ in Deutschland, zur Bearbeitung anstanden.[4]

Als sich 1970 der Walter-Verlag mit Sitz in Olten/Schweiz bereit erklärt hatte, die von Prof. Bender 1957 gegründete *Zeitschrift für Parapsychologie und Grenzgebiete der Psychologie* verlegerisch zu betreuen, bestand eine der Abmachungen darin, dass Bender als prominenter Buchautor in Erscheinung treten sollte, um dank seiner Popularität zur Stabilisierung der Auflagenhöhe einer parapsychologischen Fachzeitschrift beizutragen, die immer ein verlegerisches Risiko darstellte. Im gleichen Jahr – ich war 26-jähriger Psychologiestudent kurz vor dem Diplom – hatte er mir die Redaktionstätigkeit für diese Zeitschrift übertragen, was einen gewissen Vertrauensvorschuss in meine noch unerprobten editorischen Fähigkeiten zeigte. Damit wurde auch ein Projekt wiederbelebt, das offenbar auf eine längere interne Verlagsgeschichte zurückblicken konnte – nämlich die Herausgabe einer gekürzten und neubearbeiteten Auflage von Fanny Mosers Hauptwerk über den *„Okkultismus“* (Moser 1935), das ich damit – quasi unfreiwillig – „geerbt“ hatte. Mit diesem Editionsprojekt war eine Art Passionsgeschichte verbunden, die schon lange Jahre zurückreichte. Offenbar hatte schon Mitte/Ende der 1950er Jahre der Plan bestanden, das Mosersche Werk im Walter-Verlag neu aufzulegen, und es existierte im Institut bereits eine stark gekürzte und lektorierte Version, vorgenommen von Dr. med. Rudolf Tischner (1879–1961), einem Augenarzt, Homöopathen und – neben Bender

[2] Vgl. die fotografische Dokumentation der schon Ende der 1940er Jahre einsetzenden Spuk-Untersuchungen Benders im Katalog *Spuk!* (Fischer/Vaitl 2021).

[3] Vgl. das von Anna Lux und Ehler Voss geführte biographische Interview mit mir (Bauer 2016), abgedruckt in Lux/Paletschek 2016.

[4] Dies war der Fall bei meinen Vorbereitungen zur Neuausgabe von Mosers *Okkultismus* (siehe weiter unten) oder bei meiner Edition des Freud-Briefes vom 13. Juli 1918 an Fanny Moser unter Rückgriff auf ihren Nachlass, besonders ihr Tagebuch; vgl. Bauer 1986.

– einem weiteren bedeutenden Pionier der parapsychologischen Forscher in Deutschland, der bei *seinen* Ergänzungen im Moserschen Text – nicht ohne Spitzen gegen die Verfasserin – in erster Linie auf seine eigenen Arbeiten verwies bzw. diese referierte. Bender sollte die Schlussredaktion des Textes übernehmen, zu der es aber nie gekommen war. In Tischners Spätwerk, seiner 1960 erschienenen *Geschichte der Parapsychologie*, heißt es dazu: „Außerdem bearbeitete Tischner F. Mosers Werk ‚Okkultismus' [...], das Hans Bender unter dem Titel ‚Vom Okkultismus zur Parapsychologie' erweitert und herausgegeben hat (Olten 1959)" (Tischner 1960: 250).[5] Dass das Bearbeitungsprojekt noch Anfang der 1970er Jahre nicht ganz von Benders Agenda verschwunden war, zeigte sich im Literaturverzeichnis zu seinem populärsten Buch *Unser sechster Sinn* (Bender 1971); im Literaturverzeichnis wird das Mosersche Hauptwerk von 1935 explizit aufgeführt mit dem Zusatz in Klammern: „(Neuaufl. in Vorbereitung)".

Obwohl – oder: gerade weil – meine Forschungsinteressen am Institut schon früh auch die Kultur- und Wissenschaftsgeschichte von Spiritismus, Okkultismus und Parapsychologie umfassten (Bauer 1967), wurde mir rasch klar, dass eine solche aktualisierte Überarbeitung, die quasi Mosers Rezeptionsgeschichte der einschlägigen Literatur nochmals um 40 Jahre fortschreiben sollte, in einem überschaubaren Zeitrahmen und angesichts meiner sonstigen Aufgaben am Institut gar nicht zu schaffen war. Mit dem Walter-Verlag kam es schließlich – nach längeren Verhandlungen – zu einer Kompromisslösung, an der ich beteiligt war: Vereinbart wurde eine originalgetreue Wiedergabe des Werkes in einem Band, der 1974 unter dem neuen Titel „Das große Buch des Okkultismus" (Moser 1974) – so der Vorschlag des späteren AURUM-Verlegers Günther Berkau – erschien und zu dem Hans Bender ein „Geleitwort" (Bender 1974: V-VIII) beisteuerte, in dem er die historische Einzigartigkeit des Werkes hervorhob – „schlechterdings unentbehrlich" – und die Bedeutung Mosers als Mäzenin seines Instituts unterstrich. Ich selbst verfasste ein 38-seitiges „Supplement zum Reprint 1974 der Ausgabe von 1935", das aus textkritischen Vorbemerkungen, einer ausgewählten Bibliographie und einer Errata-Liste bestand und der Reprint-Ausgabe beilag. Dass es mit der historisch-philologischen Akribie Fanny Mosers im Argen lag (einschließlich ihrer Zitationsweise), war auch früheren sachkundigen Benutzern und Kommentatoren des Werkes aufgefallen und minderte seine Zuverlässigkeit als Quellenwerk um einiges. So schreibt der genannte Rudolf Tischner in seiner 1950 erschienenen Monographie „Ergebnisse okkulter Forschung", in der er sich mit Mosers Wiedergabe eines eigenen ASW-Experimentes kritisch auseinandersetzt, Folgendes:

[5] In seiner Würdigung zu Tischners 80. Geburtstag erwähnt auch Bender dessen Bearbeitung des Moserschen Werkes, „das mit einer Ergänzung von H. Bender 1960 im Otto Walter Verlag (Olten/Freiburg i. Br.) erscheinen wird" (Bender 1959/60: 73).

> Wenn man dann noch bedenkt, dass sich in dem Werk [Okkultismus, EB] bei der Schreibung von Eigennamen gegen 400 Fehler finden und auch sonst an Dutzenden von Stellen Fremdwörter falsch geschrieben sind, so bekommt man keinen guten Eindruck von der diesem Werke gewidmeten Sorgfalt. Aus Mangel einer Bücherei kann ich im übrigen das Werk nicht auf Zuverlässigkeit nachprüfen. (Tischner 1950: 6)

Die freilich – so kann man heute getrost hinzufügen – gewiss nicht den Ansprüchen des historisch versierten Tischners genügt hätte, wie man seiner eigenen Redaktion des Moserschen Textes (siehe oben) entnehmen kann.[6]

Die von mir zusammengestellte Auswahlbibliographie im Supplement – der Forschungsstand umfasste die frühen 1970er Jahre – orientierte sich nach Möglichkeit an Mosers thematischen Schwerpunkten in ihrer Darstellung paranormaler („okkulter") Phänomene und spiegelte gleichzeitig die Bestände der IGPP-Bibliothek wider, die seit 1970 in raschem Aufbau begriffen war, unter anderem durch das damalige Förderungsprogramm für Spezialbibliotheken seitens der *Deutschen Forschungsgemeinschaft* (DFG).[7] Jedem, der damals am Eichhalde-Institut wissenschaftlich arbeitete, war bekannt, welche Schätze die Fanny-Moser-Bibliothek barg. Man musste ja nur Mosers eigene Darstellung in ihrem Okkultismus-Buch nachlesen, wo sie – im Anschluss an eine detailliert beschriebene Tisch-Levitation bei einer mediumistischen Sitzung, die sie existentiell erschütterte – schilderte, wie sie sich über Jahrzehnte im Privatstudium ein enzyklopädisches Wissen auf den Grenzgebieten aneignete:

> Bücher, Bücher und immer wieder Bücher. Alte und neue Literatur, die Schriften der verlachten Magnetiseure, Werke über Hypnotismus und Psychologie, Psychopathologie und Psychiatrie, Biologie, Physik und Physiologie, alte und neue Philosophen, die Gnostiker, Heiligengeschichten, Reisebeschreibungen, Biographien und Memoiren von Künstlern, Gelehrten, Dichtern, Weltreisenden, Werke über Taschenspielerkunst – alles musste heran. Ich war unersättlich. Das Gebiet wuchs immer mehr und dehnte sich nach allen Seiten aus. Kein Feld, das nicht irgendwie im Zusammenhang damit zu stehen schien. Gerade das war das Fesselnde, dass es über die engeren Grenzen eines Fachgebietes hinausging und große Ausblicke, tiefe innere Zusammenhänge auch mit dem Fernliegenden gewährte, –

---

[6] Tischner war Herausgeber wichtiger Quelleneditionen zur frühen Parapsychologie (auf die sich Moser stützte), und sein Kompendium zur Geschichte der (deutschen) Parapsychologie ist nach wie vor unerreicht (vgl. Tischner 1960). Eine moderne Darstellung der Geschichte der deutschen Parapsychologie von 1870 bis ca. 1939 – in etwa mit der in Mosers *Okkultismus* abgehandelten Zeitspanne vergleichbar – stammt von der australischen Wissenschaftshistorikerin Heather Wolffram, die – obwohl sie einen Forschungsaufenthalt am Freiburger Institut mit vollem Zugang zu Bibliothek und Archiv und informierten Gesprächspartnern absolvierte – das Werk und die Bedeutung Fanny Mosers völlig übergeht, was freilich nicht ohne tiefere Ironie ist; erwähnt wird allein der von mir publizierte Freud-Brief an Fanny Moser (vgl. Wolffram 2009: 279).

[7] Eine der besten Quellen zur Erschließung des modernen parapsychologischen Schrifttums resp. Forschungsstandes in englischer Sprache ist die nach thematischen Schwerpunkten geordnete Bibliographie von Rhea A. White (1990): *Parapsychology: New Sources of Information, 1973–1989*. Eine annotierte Bibliographie zum Thema „Poltergeister" zwischen 1880 und 1975 (nur in englischer Sprache) umfasst mehr als 1.100 Nachweise, darunter zwei englische Rezensionen von Mosers Spuk-Buch (vgl. Goss 1979).

> wie wenn man plötzlich aus einer engen Kammer ins Freie tritt mit dem Blick ins Weite. (Moser 1935: 45)

In dieser über tausend Bände umfassenden „Fanny-Moser-Bibliothek" haben sich – gleichsam wie in geologischen Schichten – hundert Jahre parapsychologischer Forschung niedergeschlagen, ein getreues Spiegelbild der Themen, Motive, Fragestellungen, Kontroversen, die sich auf diesem Gebiet seit seinen Anfängen im Okkultismus und Spiritismus des 18. und 19. Jahrhunderts bis hin zur Herausbildung einer experimentellen Wissenschaft in den zwanziger und dreißiger Jahren des 20. Jahrhunderts unterscheiden lassen.[8] Und bis heute finden sich Überraschungen in diesen Beständen. Ein rezentes Beispiel: Der Marquis de Puységur (1751–1825) – einer der „verlachten Magnetiseure" – gehört zu den zentralen Figuren der Frühgeschichte der Hypnose, die sich kulturgeschichtlich in Form des Mesmerismus oder Animalischen Hypnotismus vorbereitete. Sein 1784 erschienenes Werk *„Mémoires pour server à l'histoire et à l'établissement du magnétisme animal"* beschreibt – vorbereitet durch Franz Anton Mesmer (1734–1815) – die Entdeckung des „künstlichen Somnambulismus" und gilt in wissenschaftshistorischer Perspektive als Meilenstein der Tiefenpsychologie und der Psychotherapie. Ein viertes Exemplar des extrem seltenen Werkes ist Bestandteil der Fanny-Moser-Bibliothek. Im Freiburger Exemplar findet sich die handschriftliche Widmung „Monsieur de Germanie", über dessen Identität – vielleicht ein Spitzname? – nichts weiter bekannt ist. Solche wichtigen Zufallsentdeckungen machen deutlich, warum kulturgeschichtliche Forschungen innerhalb solcher Sammlungen nie an ein Ende kommen (vgl. Crabtree/Bauer 2022).

Zur Rezeption von Fanny Mosers „Spuk-Legat" am IGPP – einige Stationen

Bereits kurz nach Gründung des Instituts, in den frühen 1950er Jahren, knüpfte Hans Bender an Fanny Mosers Spukforschung an – explizit in seiner ersten Einführung in den Stand parapsychologischer Forschung, die er 1954 – dem Beginn seiner Professur für Grenzgebiete der Psychologie an der Universität Freiburg – unter dem Titel „Parapsychologie – ihre Ergebnisse und Probleme" veröffentlicht. Dort heißt es:

> In den Nachkriegsjahren, die ein gesteigertes Interesse der Öffentlichkeit und der Presse für okkulte Erscheinungen mit sich brachten, ist eine ganze Reihe angeblicher Spukfälle bekanntgeworden. Die Diskussion über das Problem ist weiter angeregt worden durch ein 1950 erschienenes Buch von Fanny Moser über den Spuk, das eine Fülle von Material enthält. Leider ist die betagte, hochverdiente Forscherin vor Vollendung eines weiteren

[8] Zu einem Überblick über die Sammlungsschwerpunkte der Moser-Bibliothek im wissenschaftshistorischen Kontext der parapsychologischen Forschung vgl. Bauer 1977.

> Bandes gestorben. Ihr großes Material – weitere hundert Spukfälle, die sie nach Erscheinen ihres ersten Bandes sammeln konnte – harrt der Auswertung. (Bender 1953: 51)

Und Bender fährt fort:

> Ich habe mich mit großen Vorbehalten vor einigen Jahren entschlossen, Spukerscheinungen zu untersuchen. Ohne selbst unmittelbarer Augenzeuge von Phänomenen geworden zu sein, haben mich meine Erfahrungen doch davon überzeugt, dass hier ein Forschungsfeld vor uns liegt, das ernst genommen werden muss und der intensivsten wissenschaftlichen Arbeit wert ist. (Ebd.)[9]

In einem Editorial, das er 1959 in seiner eigenen Zeitschrift veröffentlicht und das der Spukforschung gewidmet ist (Bender 1958/59: 81-85), zitiert Bender zustimmend Fanny Mosers Fazit am Ende ihres Buches: „Vorerst kommt es nicht so sehr auf Deutungen an, sondern auf Tatsachen, und an diesen ist nicht mehr zu zweifeln – so unbequem sie auch sein mögen" (Moser 1950: 342) –, um dann die Tatsache zu erwähnen, dass der von Bender hochgeschätzte C. G. Jung zum Moser-Buch einen persönlich erlebten Fall beigesteuert (vgl. Moser 1950: 253–261) sowie eine Vorrede geschrieben hat, in der er (Jung) die zu erwartende Abwehrreaktion mit den Worten auffängt:

> Die vielerorts herrschende Voreingenommenheit gegenüber den hier in Betracht kommenden Tatsachenberichten weist alle Symptome primitiver Gespensterfurcht auf. Selbst gebildete Leute, die es besser wissen könnten, brauchen gelegentlich die unsinnigsten Argumente, werden unlogisch und verleugnen das Zeugnis ihrer eigenen Sinne. (Moser 1950: 11)

Dieses Jung-Zitat kehrt in zahlreichen Vorträgen und Publikationen Benders wieder. Was Bender zu diesem Zeitpunkt besonders faszinierte, war die große phänomenologische Ähnlichkeit, die er zwischen dem bei Moser (1950) publizierten Material und der im gleichen Jahre – 1950 – erschienenen Sammlung des französischen Gendarmerieoffiziers Emile Tizané konstatierte, der in den Jahren 1925 bis 1950 über 100 Spukfälle gesammelt und sie auf Grund umfangreicher Polizeiprotokolle dargestellt hatte:

> Dieses Werk ist bemerkenswert durch die phänomenologische Methode, mit der typische Einzelmerkmale, die immer wiederkehren, aus den zahlreichen Berichten herausgehoben werden. Die Zusammenstellung solcher typischer Ablaufformen ist ein eindrucksvolles Zeugnis für die Gleichförmigkeit des Erlebens im Bereich der Spukphänomene. (Bender 1958/59: 83)

Besonders beeindruckend fand Bender die auffallenden Übereinstimmungen zwischen den Zeugenaussagen der von ihm untersuchten Fälle mit der Feststellung Tizanés,

> dass Gegenstände, die von der Decke herabzufallen scheinen, erst einige Handbreit unter dem Plafond sichtbar werden, oder dass sie in ihrer Bewegung den Konturen der Möbel

[9] Vgl. auch die Dokumentation im Katalog *Spuk!* (Fischer/Vaitl 2021), anhand deren Benders Vorgehensweise bei der Untersuchung früher Spukfälle sehr anschaulich wird.

> folgen, als ob sie transportiert würden, oder gar sich warm anfühlen, wenn sie angeblich plötzlich in einem von ihrem ursprünglichen Standort entfernten Raum erscheinen. Auch die von F. Moser und anderen gesammelten Berichte bestätigen zu einem großen Teil diese Modelle. (Ebd.)

Benders Editorial wurde zu einem Zeitpunkt verfasst, als – wie er schrieb – „die betonte Reserve der zeitgenössischen Parapsychologie gegenüber Spukphänomenen jäh durchbrochen" wurde (Bender 1958/59: 83), also, könnte man hinzufügen, Fanny Moser quasi rehabilitiert wurde: Anfang 1958 hatten zwei Mitarbeiter der damals führenden Forschungseinrichtung für akademische Parapsychologie, dem von J. B. Rhine gegründeten *Institute of Parapsychology* an der Duke-Universität in Durham, North Carolina, USA, einen von der Phänomenologie her recht typischen Spukfall untersucht und publiziert, der in wesentlichen Auszügen in der Institutszeitschrift auch auf Deutsch erschien (vgl. Pratt/Roll 1958/59). Die Autoren hatten damals zur Kennzeichnung der Phänomene von „einer spontanen wiederholt auftretenden Psychokinese" („recurrent spontaneous psychokinesis") gesprochen, deren englische Abkürzung als RSPK-Phänomene in der Folgezeit auch vom IGPP übernommen wurde. Der empirische Beitrag wurde ergänzt durch einen Essay des Stuttgarter Nervenarztes Hans Sexauer, der eine phänomenologisch-qualitative Analyse des komplexen Spukgeschehens vorlegte und in seiner Argumentation sowohl die Befunde von Moser (1950) als auch von Tizané (1950) integrierte. So war das Feld bereitet.

Fanny Mosers Pionierarbeiten spielten als Impulsgeber in einem Themenheft der genannten Institutszeitschrift eine große Rolle, das ich ca. 30 Jahre später, 1989, zusammen mit Walter von Lucadou konzipiert und herausgegeben habe und das der Deskription, Dokumentation und Deutung von Spuk bzw. RSPK-Phänomenen gewidmet war (vgl. Bauer/Lucadou 1989).

Im zentralen Beitrag „Steckbrief des Spuks" (Huesmann/Schriever 1989) wurde der Versuch unternommen, 54 RSPK-Berichte des Freiburger Instituts aus den Jahren 1947 bis 1986 quantitativ-statistisch auszuwerten. Mit Hilfe eines eigens entwickelten Fragebogens wurden möglichst detaillierte Informationen zu den berichteten Phänomenen, den Spukbetroffenen, der Fokusperson, den Zeugen sowie zur Aufklärung und Dokumentation erhoben. Auch wurde die Phänomenologie dieser Fälle mit den in der Literatur dargestellten Fallsammlungen verglichen, wobei sich deutliche Übereinstimmungen, aber auch markante Unterschiede, z. B. in der Zeitdauer der Vorfälle, ergaben. Mittels einer statistischen Analyse wurden zwei Faktoren extrahiert: (1) ein „Novum"- bzw. „Strukturfaktor", da in ihn nur Items eingehen, die auf etwas Neues, Hinzukommendes, strukturell Veränderndes hinweisen (z. B. „Apporte", „Penetrationen", „Graffiti"); (2) ein „Veränderungs"- bzw. „Verhaltensfaktor", da er durch Items definiert wird, die beschreiben, dass etwas Vorhandenes Veränderung erfährt (z. B. „Gegenstände verschwinden plötzlich", „Schränke, Türen, Fenster öffnen sich von selbst").

Die Daten zu Spukbetroffenen und Spukfokuspersonen (F.P.) ebenfalls aus der IGPP-Stichprobe ergaben folgendes Bild: Spukbetroffene kommen aus allen Bevölkerungsschichten. Sie fühlen sich subjektiv durch die Spukereignisse stark belastet und werden sozial oft isoliert. Nach Abklingen der Phänomene verdrängen sie ihre Erinnerung daran in hohem Maße. Ein großer Teil der F.P. befindet sich beim Beginn der Phänomene im Pubertätsalter und berichtet zu einem Drittel über körperliche oder psychische Auffälligkeiten während oder unmittelbar vor Spukphänomenen, wobei sie sich vielen sozialen und psychischen Stressoren ausgesetzt fühlen. Relativ häufig leben sie nur bei einem Elternteil oder bei Großeltern. Die Übereinstimmung der Daten über F.P. mit Ergebnissen anderer einschlägiger Untersuchungen ist groß.[10]

Die eigentümliche „Elusivität des Spukgeschehens" ist auch der Ausgangspunkt für die systemtheoretischen Überlegungen, die Walter v. Lucadou in seinem Spuk-Modell formuliert:

> Unter allen parapsychologischen Phänomenen stellt offensichtlich der Spuk die größte Herausforderung an die Verstehbarkeit der Natur dar. Er scheint einen unüberwindbaren Gegensatz zwischen der rationalen Naturbeschreibung und einer verborgenen, symbolisch-bildhaften Wirklichkeit zu offenbaren. Mit Hilfe systemtheoretischer Begriffe lässt sich dieser ‚Abgrund' in den Systemen beschreiben. Es wird vermutet, dass darin die Komplementarität zwischen Struktur und Verhalten zum Ausdruck kommt, wie sie allgemein in nichtklassischen Systemen erwartet wird. Mit dem „Modell der Pragmatischen Information" (MPI) kann die sonderbare Elusivität des Spukgeschehens als nichtklassisches Residuum verständlich gemacht werden, und es wird gezeigt, wie sich daraus die Dynamik des Spukgeschehens ableiten lässt. Wegen seiner Allgemeinheit und Unabhängigkeit von einem Substrat ist das MPI aber auch in der Lage, andere komplexe, selbstreferentielle hierarchische Systeme, z. B. wirtschaftlicher, gesellschaftlicher und politischer Art, zu beschreiben. Damit erhält der Spukbegriff eine neue Dimension. (Lucadou 1989: 108)[11]

Unser gemeinsames Fazit damals lautete:

> Wenn auch letztlich jeder theoretische Modellansatz an der Komplexität und Undurchschaubarkeit des Spukgeschehens scheitern mag, so ist eines nach unserer Meinung gewiss: Auch in Zukunft wird der Spuk eine der merkwürdigsten „psychosozialen Anomalien" bleiben, die Wunschvorstellungen und Phantasien, Ängste und Abwehrhaltungen der Menschen gleichermaßen mobilisieren wird. (Bauer/Lucadou 1989: 2)

An diesem Befund hat sich – wie die Rezeptionsgeschichte historischer Spukfälle zeigt – wenig geändert.

---

[10] Der Beitrag von Huesmann und Schriever liegt seit kurzem auch in einer englischen Fassung vor: Huesmann/Schriever 2022; zum Entstehungskontext siehe Bauer 2022.

[11] Zum Spukmodell Lucadous vgl. Lucadou 1982, 1989.

Von „Rätseln der Menschheit“ – historische Fallbeispiele

Fanny Mosers ideelles Erbe am IGPP stand auch Pate bei der Rezeptionsgeschichte dreier klassischer Fallberichte, die bereits in ihrem Spuk-Buch beschrieben wurden und in den letzten Jahren erneut Gegenstand historischer Rekonstruktionsversuche und publizistischen Interesses geworden sind. Es handelt sich dabei um Fallschilderungen, die auch nach Jahrzehnten, ja Jahrhunderten nichts von ihrer eigentümlichen Faszination eingebüßt haben. Sie weisen sowohl eine besondere historische Patina als auch eine Art „stoffgebundene“ literarische Qualität auf und fordern den Leser immer wieder zu neuen Deutungsversuchen heraus, diesem „Rätsel der Menschheit“ doch einen Schritt näher zu kommen – unter Erschließung und Berücksichtigung neuer Materialien und biographischer Dokumente, die sich im Zuge von Archivfunden und damit verknüpfter historischer Rekonstruktion ergeben mögen.

Eine historische Fundgrube für solche Fälle stellt – wie jeder Kenner der einschlägigen Forschungsliteratur bestätigen wird – nach wie vor der erste Band von Fanny Mosers *Spuk* dar, ausdrücklich als „Materialsammlung“ bezeichnet (Moser 1950; Reprint: Moser 1977). Die Autorin hat darin zehn „Haupt“- und 17 „Nebenfälle“ mutmaßlicher Spukereignisse zusammengetragen, zum Teil der einschlägigen internationalen Literatur entnommen, angereichert mit eigenen punktuellen Nachforschungen, zum Teil aus bis dato unveröffentlichtem und selbst recherchiertem Fallmaterial bestehend. Über der Fertigstellung des zweiten Bandes, der vor allem der theoretischen Durchdringung der Spuk-Kasuistik gewidmet sein sollte, ist Fanny Moser verstorben. Ihre Vorarbeiten dazu, bestehend aus einem Konvolut immer wieder überarbeiteter und handschriftlich korrigierter Typoskripte – sie stellen eher Palimpseste dar –, haben sich im häufig erwähnten Moser-Nachlass des IGPP erhalten.[12] Einige richtungsweisende Gedanken zum Moserschen Spukverständnis enthält ihr letzter Aufsatz „Spuk in neuer Sicht“ (Moser 1952), erschienen ein Jahr vor ihrem Tod, später in Hans Benders bekannter Parapsychologie-Anthologie (Bender 1966: 524-542) und nun erneut in diesem Sammelband abgedruckt.[13] Dass apodiktische Sätze wie: „Der Spuk ist so alt wie die Menschheit, man könnte fast sagen wie der Tod, mit dem er zum Teil aufs engste verknüpft ist, und er reicht so weit wie die Welt“ (Moser 1952: 11) literarische Funken schlagen können, verwundert nicht: So hat der Literaturwissenschaftler und Schriftsteller

---

[12] Am 20. Oktober 2012 habe ich beim XXVIII. Workshop der *Wissenschaftlichen Gesellschaft zur Förderung der Parapsychologie e.V.* (WGFP) in Offenburg – tatkräftig unterstützt von Andreas Fischer – unter dem Titel „Fanny Mosers ‚Spuk‘: Ein Totengespräch“ einen Rekonstruktionsversuch über die geplante inhaltliche Struktur des zweiten Bandes gegeben. Vgl. zum Thema auch Bauer 1986.

[13] In Benders Anthologie befindet sich zudem ein Auszug aus Mosers Okkultismus-Buch über die Experimente mit dem physikalischen Medium Oskar Schlag, auf den sie wohl größte Hoffnungen gesetzt hatte (Moser 1966).

(dazu u. a. Georg-Büchner-Preisträger) Adolf Muschg in seinem Roman *Sax* der Spukforscherin Fanny Moser ein einzigartiges literarisches Denkmal gesetzt (vgl. Muschg 2010: 17–18, 313–316).[14]

„Darstellung selbsterlebter mystischer Erscheinungen" (Joller 1863)

Es sind vor allem drei bei Fanny Moser behandelte Spukfälle, die dieses besondere „Flair" von historischer Patina und literarischer Qualität aufweisen und bis heute Anlass für historische Rekonstruktions- und Interpretationsversuche sind – nicht zuletzt wegen neuer Quellenfunde. An erster Stelle steht – wiederum nicht überraschend – der von Fanny Moser als maßgebliche Referenzstudie vorgestellte „Fall des Fürsprechs und Nationalrats Melchior Joller in Stans, Vierwaldstättersee, 1862" (Moser 1950: 43–148), der als Kernstück Jollers berühmte Schrift *Darstellung selbsterlebter mystischer Erscheinungen* (Joller 1863) mit abdruckt (Moser 1950: 47–102). Angesichts der (damaligen) Seltenheit von Jollers Schrift hat das Spuk-Buch von Fanny Moser ohne Zweifel entscheidend dazu beigetragen, diesen Fall vor dem von ihr so treffend beschriebenen „Komplott des Totschweigens und Vergessens" (Moser 1950: 333–342) – treffender wäre wohl „Verdrängen" – zu bewahren. Die 1977 von mir besorgte, mit einer Errata-Liste auf S. 388 versehene Neuauflage unter dem Titel *Spuk: Ein Rätsel der Menschheit* (Moser 1977), zu der Hans Bender ein „Nachwort" beigesteuert hat (Bender 1977a: 343–345), sollte – ähnlich wie der oben erwähnte Reprint des Okkultismus-Bandes – die längst vergriffene und antiquarisch gesuchte Originalausgabe der Öffentlichkeit wieder zugänglich machen und das Mosersche Werk in den Kontext zeitgenössischer Spukuntersuchungen, besonders des Freiburger Instituts, stellen, u. a. durch den Mitabdruck von Hans Benders deutscher Fassung seiner Präsidentenansprache „Neue Entwicklungen in der Spukforschung" aus Anlass der 12. Jahreskonferenz der „Parapsychological Association" (New York 1969) (vgl. Bender 1977b: 347–387). Dieser Zweck wurde erreicht: Die Neuauflage von 1977 mit der dort abgedruckten Joller-Schrift fand Niederschlag bei einem faszinierten und begeisterten Leser. Gemeint ist der Dokumentarfilmer und dreifache Grimme-Preisträger Volker Anding, der Jollers Schrift als dramaturgische Grundlage für eine eingängige 90-minütige TV-Dokumentation – versehen mit Interviews aus unterschiedlichen Blickwinkeln (Zauberkünstler, spiritistisches Medium, skeptischer Entlarver, parapsychologischer Forscher) – unter dem nicht sonderlich überraschenden Titel „Das Spukhaus" verwendete. Diese wurde 2003 als Gemeinschaftsproduktion von ZDF und ARTE ausgestrahlt und in den Zeiten des Internets mit seinen

[14] Am 9. November 2010 hat Adolf Muschg – gedacht als Hommage an Fanny Moser – sein damals neu erschienenes Buch auf Einladung des IGPP bei einer Lesung zum Thema „Spuk: Fanny Mosers literarisches Erbe" in Freiburg vorgestellt.

ungezählten Spuk- und Gespensterforen rasch zu einem beliebten und beinahe ‚kultisch' verehrten Diskussions- und Spekulationsthema, einschließlich einer fragwürdigen Legitimationsbasis für die „übersinnlichen" Freizeitaktivitäten diverser „Ghost-hunting"-Vereine. Die publizistische Resonanz von Andings „Mystery-Doku" inspirierte – wie zu erwarten – TV-Nachfolgeprojekte, führte zu einer Neuauflage von Jollers Schrift (Joller 2007) und – besonders wichtig – auch zu regionalgeschichtlichen Archivrecherchen über das Schicksal des „Spukhauses" in Stans (dieses wurde nach einer längeren öffentlichen Debatte schließlich im Februar 2010 abgerissen) sowie zur Geschichte der Familie Joller selbst.[15] Insbesondere die Person des „Hauptbetroffenen" Melchior Joller (1818–1865) stand und steht nun im Zentrum des neu erwachten historischen Interesses: Die bis dato unbekannte Tatsache, dass der angesehene Nationalrat und vom Spukgeschehen schwer heimgesuchte Joller hoch verschuldet war und dies vor seiner Familie sorgsam geheim hielt (Flüeler 2007: 141–142), hat neues Licht auf die soziale wie interpersonale Dynamik der damaligen Vorfälle geworfen. Weitere archivalisch recherchierte Einzelheiten zu Jollers Biographie – seine Ausbildung und seine Tätigkeit als Nationalrat sowie seine ökonomischen Verhältnisse – enthält die Studie des Berner Historikers Lukas Vogel (Vogel 2011).[16]

„Eine Erscheinung aus dem Nachtgebiete der Natur" (Kerner 1836)

Als zweites Beispiel für die historische Rekonstruktion eines Spukfalles anhand von Archivmaterialien möchte ich den bei Fanny Moser wiedergegebenen „Stallspuk bei J. Kerner in Weinsberg" (1835/36) anführen (Moser 1950: 299–302). Als Textgrundlage dient die von Justinus Kerner 1836 veröffentlichte Schrift *Eine Erscheinung aus dem Nachtgebiete der Natur* (Kerner 1836), die – obwohl Leben und Werk des schwäbischen Arztes, Naturforschers und „Geistersehers" bis heute durchaus lebendig geblieben sind und immer wieder zu kultur-, literatur- und medizinhistorischen Rekonstruktionen und Deutungen herausfordert – ohne Neuauflage geblieben ist (vgl. z. B. Berger-Fix 1986, 2010;

15 Die Rezeptionsgeschichte des wieder aktuell gewordenen Joller-Falles innerhalb und außerhalb der Geschichte der Parapsychologie kann hier nur angedeutet werden – es ist insbesondere das Verdienst von Walter v. Lucadou und seinen zahlreichen öffentlichen Auftritten als Spuk-Experte, dass der Joller-Fall eine mediale Präsenz erreicht hat. Vgl. dazu Lucadou/Wagner 2012; vgl. auch das von Walter v. Lucadou entwickelte Spuk-Modell, z. B. bei Lucadou 1982, 1989.

16 Vor kurzem hat Eveline Szarka eine sehr gründlich und kenntnisreich geschriebene historische Dissertation über Spukphänomene in der reformierten Schweiz (1570-1730) vorgelegt, die auf viele unterschiedliche Quellen, darunter auch sehr viel Archivmaterial, zurückgreift und die berichtete Spukphänomenologie in einen übergeordneten kulturgeschichtlichen Kontext rückt (Szarka 2022). Ganz bestimmt hätte Fanny Moser große Freude an dieser Arbeit gehabt.

Gehrts 1989; Gruber 2000; Grüsser 1987; Schott 1990). Moser führt Kerners Untersuchung mit den Worten ein:

> Jenes Buch ist in der Hauptsache dem außerordentlichen Spuk der Esslingerin gewidmet (p. 1-216), der vom August 1835 bis Februar 1836 im Oberamtsgerichtsgefängnis von Weinsberg auftrat, in Verbindung mit der 39jährigen Elisabeth Esslinger aus Baurenlautern, und sich dann auch in Kerners Haus zum Teil als Stallspuk auswirkte. Die Betreffende befand sich wegen einer zweifelhaften Schatzgräberaffäre in Untersuchungshaft, und zwar in einem schauerlichen Verliess im zweiten Stock, einem Gefängnis im Gefängnis, daher fast ohne Licht und von der Aussenwelt vollständig isoliert, in ihrer Zelle teils allein, teils mit wechselnden anderen Gefangenen. (Moser 1950: 299)

Meines Wissens gibt es zumindest in der einschlägigen deutschsprachigen Literatur der Parapsychologie keinen Fall aus der ersten Hälfte des 19. Jahrhunderts, der mit dieser Vielfalt und Detailliertheit der Zeugenaussagen zu vergleichen wäre, und auch später ist ein Spuk in dieser Massivität und solch erstaunlichem Umfang „kollektiv" ganz selten beobachtet worden.[17] Das folgende Kondensat aus Kerners Bericht mag dies verdeutlichen[18]:

> Nicht nur die Mitgefangenen der Eslinger, deren Aussagen mit größter Sorgfalt aufgezeichnet sind, sahen zum mindesten den „4-5 Schuh hohen und 1-1½ Schuh breiten weißen Schatten" oder „Schein", wenn die röchelnde Eslinger über seinen „Druck" klagte oder sich mit ihm unterredete; sondern auch die Herren des Gerichts und andere Gebildete, die gelegentlich in der Zelle auf die Erscheinung warteten: der Oberamtsrichter Heyd, „ein ganz wahrheitsliebender, besonnener Geschäftsmann", der Referendar Bürger, der Dr. Seyffer, der Mathematik- und Physikprofessor H. Chr. Kapff, beide aus Heilbronn, der Kupferstecher Duttenhofer, der Pfarrer Stockmeyer u. a. m. Diejenigen, die nicht geradezu Entsprechendes schauten, hörten wenigstens die überaus typischen Spukgeräusche, die mit dem Auftreten der Erscheinungen stets verknüpft waren: „Schritte", Rascheln, Tropfenfallen, „Entladungen", „Sandwerfen", „Flügelschlagen", Rütteln und Klirren, dazu mehrfach „ein Rasseln der Fenster, ein Schütteln des ganzen Hauses gleichsam, ein Getöse, dass die Balken der Kerkerdecke auf uns herabfallen zu müssen schienen", was nach persönlichen Beobachtungen in der Zelle u. a. die Herren Baron von Hügel (von Eschenau), Pfarrer Meguin (von Willspach), Dr. Sicherer (von Heilbronn) und Rechtsanwalt Fraaß (von Weinsberg) bezeugen.

Auch die jüngere Rezeptions- und Rekonstruktionsgeschichte dieses Falles aus dem 19. Jahrhundert verdient im Kontext der Moser-Thematik eine besondere Erwähnung:

(1) Vom 11. bis 13. September 1986 fand in Weinsberg – zur Feier von Kerners 200. Geburtstag – ein internationales Symposium „Medizin und Romantik: Justinus Kerner als Arzt und Seelenforscher" unter Leitung des (damali-

[17] Ausnahmen bilden der oben erwähnte „Joller-Fall" und – für das 20. Jahrhundert – der von Hans Bender untersuchte „Rosenheim-Fall" (siehe Bender 1977b: 360–369).

[18] Ich folge hier aus Raumgründen der Darstellung bei Mattiesen (Reprint 1987, III, S. 44). Die betreffenden Stellen beziehen sich auf Kerner (1836: 72ff., 122ff., 136-137, 148). Vgl. zur Deutung des gesamten Falles im parapsychologiehistorischen Kontext Bauer (1989) und neuerdings besonders Nahm (2019), der weitere Forschungen zur Lokalgeschichte des Falles vorgenommen hat.

gen) Freiburger Medizinhistorikers Heinz Schott statt (vgl. Schott 1990). Aus diesem Anlass hielt ich – dabei auch Fanny Moser zitierend – einen Vortrag über „Kerner als Spukforscher", in dem ich – was nahelag – den von Kerner untersuchten „Gefängnisspuk" als seinen bedeutendsten Beitrag im Kontext der parapsychologischen Forschungstradition würdigte und versuchte, anhand der Publikation die besondere phänomenologische Struktur dieser Erscheinungen herauszuarbeiten und im Lichte der modernen RSPK-Forschung zu interpretieren (Bauer 1989; Bauer 1990). Zu den weiteren Referenten dieses Symposiums gehörte Otto-Joachim Grüsser (1932–1995), seines Zeichens Professor für Physiologie (experimentelle Hirnforschung) an der Freien Universität Berlin, der kenntnisreich über den „Wurstkerner", also über Justinus Kerners naturwissenschaftlich-experimentellen Beitrag zur Entdeckung des „Wurstgiftes" (Botulismus) referierte (Grüsser 1990) und ein Jahr später, 1987, eine sehr gründliche und sympathisierende Kerner-Biographie (Grüsser 1987) vorlegte, die „offensichtlich eine Affinität und einen Sinn für das schwäbische Genie Kerner" erkennen ließ (Gehrts 1989: 39). Dass ich Kerners Spukbericht und damit auch die Erforschung paranormaler Phänomene im Gefolge Mosers offenbar ‚ernstnahm', irritierte Grüsser allerdings aufs Äußerste und führte beim Weinsberger Symposium zu einem eigens veranstalteten und kontrovers geführten Ad-hoc-Kolloquium über mögliche Zusammenhänge zwischen Psychopathologie und Parapsychologie, an dem sich auch der japanische Neuropsychiater und Kerner-Forscher Toshihiko Hamanaka (1990) beteiligte. Nach dem bewährten Motto: „Die guten ins Töpfchen, die schlechten ins Kröpfchen" zerlegte Grüsser Justinus Kerner in einen ärztlich geschulten „Naturforscher" und einen leichtgläubigen „Geisterseher". Der erstere wurde gelobt:

> Kerner war in besonnenen Stunden [sic!] stets bereit, *die beobachteten Phänomene und die theoretischen Deutungen voneinander zu trennen* und war sich bewusst, dass die theoretischen Deutungen von Beobachtungsdaten sehr viel mehr zeitbedingten Meinungen unterliegen als die Beobachtungen selbst. (Grüsser 1987: 238; Hervorhebung EB)

Genau diese Haltung hatte ich auch beim „Spukforscher" Kerner hervorgehoben (Bauer 1989: 7). Allerdings gelte dies nicht, so Grüssers zeitbedingte Meinung, wenn Kerner selbst Spukphänomene untersuche:

> Wenn man will, kann man Kerner als einen der frühen Verfechter einer empirischen Parapsychologie bezeichnen. Dass ihm für seine Untersuchungen das notwendige wissenschaftskritische Rüstzeug fehlte, war weitgehend zeitbedingt. [...] Auch heute [sic!] vermisst man bei der Mehrzahl der sogenannten parapsychologischen Untersuchungen ein einwandfreies methodisches Vorgehen, und den Untersuchern fehlt in der Regel das zur Deutung pathologischer Wahrnehmungen erforderliche psychiatrische Wissen. (Grüsser 1987: 217)

In einer offenbar noch in der Korrektur eingefügten Fußnote 318a – möglicherweise ein sekundärer Reflex auf unsere Weinsberger Kontroverse – verwies Grüsser auf eine Arbeit des CSICOP-Skeptikers David Marks, die er lobend als

„eine gute neue Zusammenfassung der methodischen und theoretischen Mängel der Parapsychologie“ erwähnte (Grüsser 1987: 217, Fußnote 318a). Warum die detaillierten Aussagen von – soweit wir wissen – psychiatrisch bisher unauffälligen Zeugen – also bürgerlichen „Respektspersonen“ wie z. B. Pfarrer, Arzt oder Rechtsanwalt – im Weinsberger Gefängnisspuk unter psychopathologischen Gesichtspunkten gedeutet werden müssen, verrät Grüsser freilich nicht – ganz zu schweigen davon, dass, wie die weitere Geschichte der Spukforschung zeigt, auch erfahrene Nervenärzte mitunter Zeugen paranormaler Vorkommnisse werden können und darüber publizieren (vgl. die oben zitierte Arbeit von Sexauer 1958/1959).

(2) Im März 1998 wurde in Ludwigsburg, dem Geburtsort Justinus Kerners, im dortigen Staatsarchiv eine Kabinettausstellung zum Thema „Gespenster im Gefängnis. Neue Funde zu Justinus Kerner im Staatsarchiv Ludwigsburg“ eröffnet. In dem von dem promovierten Historiker und Oberarchivrat Rainer Brüning formulierten Ausstellungstext hieß es:

> Anlass der Kabinettsausstellung ist der Fund der Akten des Kriminalsenats zu Esslingen über die Untersuchung gegen Elisabeth Esslinger und andere wegen Betrugs mittels Schatzgräberei und Geisterbeschwörung im Oberamt Weinsberg, 1835-1837 (E 319, Bü. 192-193): Sie enthalten diejenigen Schriftstücke, die Justinus Kerner in seinem Buch *Eine Erscheinung aus dem Nachtgebiete der Natur* (1836) über den Spuk im Weinsberger Gefängnis publiziert hat – und vieles andere mehr. Die Existenz dieser Akten war der Forschung bisher unbekannt. Erstmals bietet sich nun die Möglichkeit, den Kontext des Geschehens näher zu beleuchten und sich genauer mit der Frage zu beschäftigen, wie die Beteiligten mit den scheinbar unerklärlichen Ereignissen umgingen und welche Absichten sie dabei verfolgten.[19]

Ein Vergleich zwischen den Aktenfunden 1998 und der von Kerner 1836 publizierten Version des Spukfalles fördert Folgendes zutage, so Brüning in seiner in der *Zeitschrift für Württembergische Landesgeschichte* erschienenen Begleitpublikation zur Ausstellung:

> Die in der Prozessakte enthaltenen Berichte Kerners weisen im Vergleich zu den Abdrucken im Buch die zu seiner Zeit nicht ungewöhnlichen editorischen Variationen auf: Zum einen entsprechen sie sich über lange Strecken fast Wort für Wort, dann gibt es neben Datierungsfehlern leichte stilistische Überarbeitungen, Umstellungen in der Reihenfolge, aber auch deutliche Ergänzungen oder Auslassungen. Dies ist nicht unbedingt einer bestimmten Absicht zuzuordnen und mag unter Umständen literarischen Ansprüchen auf eine bessere Lesbarkeit, deutliche Akzentuierung und einen [sic!] gewissen Spannungsbogen gehorchen. Nicht zu übersehen ist jedoch, dass Kerner [...] tendenziell dazu neigt, diejenigen Stellen aus den Akten vorzuenthalten, die ihm wohl die Eindeutigkeit seiner Interpretation wie auch die Glaubwürdigkeit der Zeugen generell zu beeinträchtigen scheinen. (Brüning 1998: 268)[20]

[19] Unveröffentlicht, überlassen vom Staatsarchiv Ludwigsburg 1998.

[20] Der Beitrag wurde später auch in der *Zeitschrift für Parapsychologie und Grenzgebiete der Psychologie* abgedruckt (Brüning 1998/1999).

So seien aus der Druckfassung von Kerner „zwei voneinander unabhängige Aussagen der Zeugen Prof. Kapff und Dr. Sicherer, die auftretende eigene Sinnestäuschungen durch die Überanstrengung ihrer Augen erklären" (Brüning 1998: 268), nicht wiedergegeben worden. Dies mag so sein, spricht jedoch eher für die Selbstkritik der Zeugen ihren anderen Wahrnehmungen gegenüber. Ob man Kerner freilich eine „Geistermanie" unterstellen muss, wie es Brüning tut, der „mit eher leichter Hand" alles beiseite wischen würde, „was nur den Anschein eines Zweifels hervorrufen könnte" (ebd.: 270), ist doch sehr die Frage. Was den Aktenfund m. E. besonders interessant macht, ist Brünings Feststellung, dass sich das Stuttgarter Justizministerium in erster Linie über die schädliche „Außenwirkung der Affäre" besorgt zeigte: „Nicht nur werde dem Aberglauben der einfachen Bevölkerung Vorschub geleistet, schlimmer noch, der Staat mache sich angesichts des öffentlichen Skandals in den Augen des gebildeten Publikums lächerlich" (ebd.: 262); insofern gelte es „unter allen Umständen den Skandal eines amtlich beglaubigten Spukfalles" zu verhindern (ebd.: 270). Dessen ungeachtet blieben das Weinsberger Oberamtsgericht und der Esslinger Criminalsenat – trotz der Vorhaltung des Stuttgarter Justizministeriums – bei ihrer Meinung, „dass im Gefängnis kein Betrug möglich sei bzw. das Rätsel schlicht nicht gelöst werden könne" (ebd.). So verdienstvoll Brünings „Nachlese" zum kulturhistorischen Kontext von Kerners Spuk-Buch ist – mit einem pauschalen Hinweis auf „das untergründige Weiterbestehen traditioneller magischer Riten und Vorstellungswelten bei der einfachen (!) Bevölkerung" (ebd.) wischt man das Anstößige dieses Falles mit eher leichter Hand weg. Kein Wunder, dass unter der Überschrift „Der Spuk hat ein Ende" Brünings Artikel sogar im Feuilleton der *FAZ* wohlwollend rezensiert wurde (Vec 1998) – nur, ist dem Spuk damit wirklich der Garaus gemacht?

„Die Akte Kornitzky"

Das dritte Beispiel für die Rekonstruktion eines historischen Spukfalles im Lichte neuer Quellen betrifft den bei Fanny Moser abgedruckten „Fall der Chemikerin Frau Dr. A. Kornitzky in Berlin" (Moser 1950: 283–289). Moser (1950: 283) beschreibt die Vorgeschichte dieses Falles mit den Worten:

> Wieder durch einen jener merkwürdigen Zufälle erhielt ich diesen in jeder Hinsicht wertvollen Fall. Ein sehr guter Bekannter, Dr. Peter Ringger,[21] der mir jahrelang bei meiner schwierigen Arbeit geholfen [...], traf 1949 bei einem Besuch bei Prof. W. Friedrich in

[21] Peter Ringger (1923–1998) war promovierter Germanist und redigierte von 1950 bis 1959 die von ihm gegründete Zeitschrift *Neue Wissenschaft.* In einer autobiographischen Skizze schildert er, wie er Fanny Moser 1944 „im Wartezimmer des damaligen Rektors der Zürcher Universität" kennengelernt habe: „Sie hatte, als Rückwanderin aus München, ihr ‚Spuk'-Manuskript in die Schweiz geschmuggelt" (Ringger 1987: 167).

> Hamburg eine sehr gescheite, gebildete jüngere Apothekerin, die beiläufig auch ein ganz merkwürdiges eigenes Erlebnis erzählte. Nach Rückkehr berichtete er mir, und ich erhielt dann, durch Vermittlung von Prof. Friedrich, einen ausführlichen Brief aus Hamburg.

Dieser vierseitige maschinengeschriebene Brief, datiert vom 12. Mai 1949, hat sich im Nachlass Fanny Mosers im Freiburger Institut erhalten[22], und er wurde im Moserschen Buch zum größten Teil wörtlich abgedruckt. In ihrem Antwortbrief vom 25. Mai 1949 bedankt sich Frau Moser und stellt eine Reihe von Fragen, die Frau Kornitzky (die keinen Doktortitel trägt) in einem Schreiben vom 1. *Juni* 1949 - nicht „1. Januar 1949", wie Moser (1950: 289) versehentlich schreibt -, beantwortet.[23] In Fanny Mosers Brief vom 25. Mai 1949 an Frau Kornitzky heißt es:

> Ich will Ihnen nämlich verraten, dass ein Teil des Spuks jedenfalls mit physiologischen Störungen oft zusammenhängt, ebenso mit psychischen, wozu dann weiter physikalische Faktoren mit diesen in Verbindung stehen. Wie das im besondern der Fall ist, ist natürlich noch ganz problematisch und muss erst von wissenschaftlichen Untersuchungen aufgeklärt werden. Hier sind in erster Linie die modernen Physiker und entsprechend ausgebildete Physiologen am Platz. Ich denke dabei in erster Linie an den berühmten Physiker Prof. P. Jordan in Hamburg, mit dem ich in Verbindung stehe.[24]

Im Moser-Nachlass am IGPP finden sich in der Tat mehrere Briefe, die zwischen dem in Hamburg lebenden theoretischen Physiker Pascual Jordan (1902–1980), einem der Begründer der Quantenmechanik, und Fanny Moser zwischen 1948 und 1951 gewechselt wurden.[25] Unter dem Eindruck des Kornitzky-Briefes schreibt Moser in der ihr eigenen Spontaneität an Jordan:

> Nun ist die Bombe bei mir geplatzt! [...] Ich habe nämlich [...] beiliegenden Bericht über einen, von Freunden erlebten Spukfall erhalten, bei dem mir wirklich der Verstand stillsteht, und doch ist an den betreffenden Tatsachen nicht mehr zu zweifeln [...]. [Der Bericht] bildet sozusagen den Schlussstein zu meinen Untersuchungen nach einer Richtung und ist deren beste Bestätigung. So werden durch ihn meine letzten Zweifel beseitigt und mein langes Ringen um die Wahrheit bestätigt und ich habe die absolute Gewissheit gewonnen, dass Tatsache ist, was ich bisher nur schüchtern zu vermuten wagte.[26]

Fanny Moser entwickelt in den folgenden Abschnitten des Briefes ihr Spukmodell, das aus drei „Grundtatsachen" bestünde, nämlich dass in Gegenwart bestimmter Personen „und unter gewissen erforschbaren Bedingungen verschiedenster Natur" eine „Beeinflussung" der Schwerkraft und der Materie stattfände sowie „die unmittelbare Wirkung der Seele auf die Materie, so dass sie aus

[22] Archiv des IGPP, Bestand 10/3 („Nachlass Fanny Moser").

[23] Abgedruckt bei Moser 1950: 289.

[24] Archiv des IGPP, 10/3.

[25] Der Physiker Pascual Jordan gehörte ab 1957 zu den Mitherausgebern der *Zeitschrift für Parapsychologie und Grenzgebiete der Psychologie*, in der auch ein Beitrag von ihm abgedruckt wurde (Jordan 1973). Zur wissenschaftshistorischen Rezeption Jordans im Rahmen der Physikgeschichte sowie seiner ideologischen Rolle in der NS-Zeit und in der frühen Bundesrepublik vgl. die Studien von Hoffmann (2003) und Schirrmacher (2005).

[26] Archiv des IGPP, 10/3, Korrespondenz mit P. Jordan, 2.6.1949.

der Ferne z. B. Bewegungen und auch objektive Geräusche hervorzubringen vermag [...].“[27]

Und später im Brief fährt sie fort:

> Ich würde mich sehr freuen, wenn Sie mir, sehr geehrter Herr Professor, Ihre Ansicht über meine Befunde und speciell über obigen Spukfall mitteilten. [...] Würde es Sie gar nicht verlocken, Ihre Untersuchungen auf dieses, so schwierige Gebiet auszudehnen? Sie und Prof. Bender sind jetzt meine ganze Hoffnung. Und Sie beide sind die Einzigen, mit denen ich mich über jene Fragen unterhalten und meine Gedanken offenbaren kann, die mir keine Ruhe lassen.[28]

In Pascual Jordans höflichem Antwortbrief an Fanny Moser vom 11. Juni 1949, in ihrem Spuk-Buch auszugsweise wiedergegeben, heißt es:

> Die berichteten Dinge sind in der Tat, so möchte ich sagen, sowohl erstaunlich, als auch überzeugend durch ihre ‚Echtheit‘: man gewinnt ja allmählich bei Vergleich verschiedener Berichte ein Gefühl dafür, ob ein Bericht nur schlichte Tatsachen, oder auch erfundene und übertriebene Zutaten enthält. In diesem Falle erhalte ich ganz unmittelbar den Eindruck der Zuverlässigkeit und schlichten Sachlichkeit. [...] Zur theoretischen Beurteilung der fraglichen Dinge [...] möchte ich vorläufig noch gar nichts sagen. In diesem so neuen und wunderbaren Gebiet scheint mir für die wissenschaftliche Bearbeitung zunächst die Sammlung von Material das Allerwichtigste. Die theoretische Verarbeitung wird sich dann schon von selber anbahnen. (Moser 1950: 288)

Der diplomatisch geschickte Jordan fährt dann fort (bei Moser nicht abgedruckt):

> Wenn ich persönlich es vorläufig auch ganz vermeiden möchte, Parallelen zur modernen Physik (Atomzertrümmerung usw.) zu ziehen, so wollen Sie dies bitte verstehen als einen Ausdruck meiner Bescheidenheit als Physiker: ich glaube, dass die atomphysikalischen Tatsachen, so interessant sie auch sind, noch lange nicht dazu ausreichen, die wunderbaren Tatsachen des von Ihnen in so verdienstvoller Weise bearbeiteten Gebietes zu erklären.[29]

Was ist nun der Inhalt des Spukberichts? In der Berliner Wohnung der 25-jährigen AW trugen sich im Herbst 1934 die folgenden Ereignisse zu:[30] (1) Sie liegt, Tucholskys *Schloß Gripsholm* lesend, abends im Bett, erhält eine heftige Ohrfeige, springt auf, und schaut in den Spiegel. Sie hätte „diese ganz mysteriöse Ohrfeige wohl völlig vergessen, wenn sie nicht der Auftakt zu einer Reihe unerklärlicher und sinnloser Ereignisse geworden wäre, die sich innerhalb der darauf folgenden 10-14 Tage abspielte“ (Moser 1950: 284). (2) Ein Bild, Foto eines antiken Reliefs, die so genannte Geburt der Aphrodite vom ludovisischen Thron, eher vielleicht das Bild einer Initiandin im Tauchbade, verlässt wieder-

[27] Ebd.

[28] Ebd.

[29] Archiv des IGPP, 10/3, Korrespondenz mit P. Jordan, 11.6.1949.

[30] Die hier im Folgenden wiedergegebene Zusammenfassung, die schon Ergebnisse einer späteren Exploration (siehe unten) berücksichtigt, orientiert sich aus Platzgründen an Gehrts (1989: 40–41). Die Berichterstatterin wird im Text nach ihrem Mädchennamen AW oder, wenn es sich um spätere Äußerungen handelt, AK genannt.

holt seinen Platz an der Wand und wird unbeschädigt drei bis vier Meter davon entfernt auf dem Boden gefunden. Dieser Vorfall ereignete sich, als AW zusammen mit ihrer Schneiderin in der Küche saß: „Der Rahmen des Bildes war heil geblieben, der Nagel saß in der Wand, die Fenster waren geschlossen, und außer uns befand sich niemand in der Wohnung“ (Moser 1950: 285). Die junge Frau ließ das Bild darauf, an die Wand gelehnt, unten stehen. Nach einem Monat hängt sie es wieder an seinen Nagel, und es bleibt fortan ungestört hängen. (3) Ein Bekannter ist bei AW zu Besuch. „Wir tranken Tee und unterhielten uns. Ich erzählte nichts von meinem Spuk, weil ich nicht ausgelacht werden wollte. Plötzlich Gepolter und Geklirr im Badezimmer“ (Moser 1950: 285). Eine Kristallpuderdose war im Badezimmer, in dem sich niemand befindet, in die Badewanne gefallen – von einem darüber befindlichen Bord – aus einer hinteren Reihe von Gefäßen und über die vorderen hinweg. „Da schändlicherweise recht viel Staub auf dieser Platte lag, konnten mein Besucher und ich an dem kreisrunden und völlig staubfreien Fleck wunderbar ablesen, wo sie noch vor ein paar Minuten gestanden haben musste“ (Moser, 1950, S. 285). (4) Eine kleine, aus Silberblech geschnittene und gebogene Giraffe verschwindet und findet sich wieder in der unbeschädigten Kopfrolle der Couch. Ein Ohr schaut aus dem Gewebe; nur dadurch wurde die verschwundene Plastik von der Reinmachefrau wiedergefunden. (5) Diese behauptet aus dem gegebenen Anlass, es spuke in der Wohnung, dort sei es ihr unheimlich, es habe an die Scheibe der Küchentür geklopft, und es sei dort auch eine Hand erschienen. Die Frau kam nicht wieder. (6) Im eben aufgeräumten Zimmer liegen beim Wiedereintreten die fünf bis sechs Kissen der Couch auf dem Fußboden verstreut. (7) Ein wichtiger Schlüsselbund verschwindet und wird nach Wochen in einem verschnürten Paket mit Leinen, einem Aussteuergeschenk der Mutter, wiedergefunden. (8) In einem Zimmer, in dem ein Bekannter übernachtet, findet sich vormittags, als AW ihn aufweckt, die Lache von einer Flüssigkeit wie Milch auf dem Boden. Milch war überhaupt nicht in der Wohnung, da AW sie nicht mochte.

> Mit diesem „Milch“-Spuk brach die Kette der beschriebenen Ereignisse ab. Nie nachher, ebenso wie je vorher, habe ich in der Wohnung oder sonst an anderen Plätzen irgendetwas erlebt, das nicht mit rechten Dingen zugegangen wäre. – Nachträglich habe ich oft und immer vergeblich versucht, diese Ereignisse irgendwie zu erklären. Ich bin aber immer noch davon überzeugt, daß diese Dinge gar nichts mit mir zu tun hatten, sich auch (von der Ohrfeige abgesehen) überhaupt nicht auf mich bezogen, sondern sich alles ganz zufällig in dieser Wohnung abspielte. Alles, was geschah, vollzog sich immer in meiner Abwesenheit. Ich sah auch das Bild nie durch das Zimmer fliegen, die Kissen nicht durch die Luft, die Milch nicht auf den Schreibtisch und Fussboden regnen usw. (Moser 1950: 287)

Soweit die Darstellungen bei Moser. Wie sahen nun die Recherchen und Explorationen von Heino Gehrts zum Fall Kornitzky aus? Schon Fanny Moser hat in ihrem Postskript „Meine Nachforschungen“ angemerkt, dass ihr an dem Bericht AWs „verschiedene Punkte aufklärungsbedürftig“ schienen, „besonders da ich an der Richtigkeit der einen Angabe der Berichterstatterin, auf Grund meiner bisherigen Erfahrungen, starke Zweifel hegte, der Angabe nämlich, dass diese Dinge ‚mit ihr gar nichts zu tun hätten'" (Moser 1950: 289).

Solche starken Zweifel hegte auch ein anderer – faszinierter – Leser des Kornitzky-Falls, nämlich der Kulturhistoriker Dr. phil. Heino Gehrts (1913–1998). Gehrts – jahrzehntelang intensiv mit Fragen parapsychologischer Forschung, insbesondere ihrer Geschichte beschäftigt – stand bereits Ende der 1950er und frühen 1960er Jahre mit Prof. Hans Bender und dem IGPP in Verbindung, was u. a. zum Abdruck einer originellen Arbeit über „Justinus Kerners Forschungsgegenstand" in der damals vom Institut herausgegebenen Zeitschrift *Neue Wissenschaft* führte (Gehrts 1961/1962). Gehrts war ein ausgezeichneter Kenner von Justinus Kerner und seiner Zeit (vgl. z. B. Gehrts 1968/1969) und hatte insbesondere zur Geschichte des „Mädchens von Orlach", die bei Kerner eine zentrale Rolle spielt (vgl. Kerner 1834), eine Monographie vorgelegt, in die Ergebnisse jahrelanger Archivrecherchen und des Studiums mündlicher Überlieferungen „vor Ort" eingeflossen sind (Gehrts 1966) und die als wichtiger Beitrag zur Kerner-Forschung gilt.[31]

Nach Erscheinen von Grüssers Buch über Kerner (Grüsser 1987) und in Erinnerung an meine Teilnahme an der Jubiläumsveranstaltung zu Kerners 200. Geburtstag in Weinsberg (siehe oben) hatte ich mit Dr. Gehrts Kontakt aufgenommen und ihn um eine Besprechung des Grüsser-Buches für die von mir redigierte *Zeitschrift für Parapsychologie und Grenzgebiete der Psychologie* gebeten. Aus diesem Vorschlag erwuchs im Laufe unserer Korrespondenz ein umfangreicher Essay „Vom unüberbrückbaren Gegensatz. Marginalie zu einem neuen Buch über Justinus Kerner", der in einem der Freiburger Spukforschung gewidmeten und weiter oben vorgestellten Themenheft dieser Zeitschrift erschien. Einen Eindruck vom Inhalt und Tenor dieses Artikels gibt eine seinerzeit von mir formulierte „Übersicht":

> Der Beitrag skizziert das geistesgeschichtliche Umfeld Justinus Kerners, um daran das Programm der rationalen Aufklärung in seiner Zwiespältigkeit zu demonstrieren: auf der einen Seite Kerner als naturwissenschaftlich ausgewiesener Arzt (Entdecker des „Wurstgifts"), auf der anderen Seite seine Begegnungen mit seelischen Grundphänomenen wie Somnambulismus, Besessenheit und Spuk. Beide Wirklichkeitserfahrungen klaffen aber auseinander. Kerners Weg vom Botulismus-Forscher zum Parapsychologen wird als Initiation beschrieben, die einen Bewusstseinswandel bewirkte, dem neuere Kerner-Forscher, wie z. B. O.-J. Grüsser (1987), verständnislos oder ablehnend gegenüberstehen. Wie die Geschichte der Zauberei und des Hexenwesens zeigt, hat der Prozess der Aufklärung nicht nur alten Aberglauben beseitigt, sondern auch neuen geschaffen, indem eine gleichsam imperialistisch gehandhabte Weltdeutung alles verworfen hat, was sich einem einseitigen Realitätspostulat nicht fügen wollte. Von dieser reduzierten Weltsicht, die ausschließlich naturgesetzliche Ursachen kennt, ist besonders der „aufgeklärte" Umgang mit Spukphäno-

[31] Für eine „moderne" Interpretation dieser Fallgeschichte als „dissoziative Identitätsstörung" vgl. den Artikel des Klinischen Psychologen und Hypnotherapeuten Burkhard Peter (2007).

> menen betroffen. Dieser Punkt wird an vier Fallberichten verdeutlicht: dem Dibbesdorfer „Klopfgeist" der Jahre 1767/68 [...], den „selbsterlebten mystischen Erscheinungen" des Nationalrates M. Joller (1863), dem Weinsberger „Gefängnisspuk" [...] und schließlich dem Fall der Apothekerin A. Kornitzky (mitgeteilt bei Moser 1950, mit aufschlussreichen, vom Verf. recherchierten Einzelheiten). Die Fixierung auf ein bestimmtes, an den Naturwissenschaften orientiertes Methodenideal parapsychologischer Forschung bringt die Gefahr mit sich, die sich in solchen Phänomenen manifestierenden seelischen Wirklichkeiten und ihre Symbolsprache zu verfehlen und eher zur Zementierung denn zur Überbrückung der Kluft beizutragen. (Gehrts 1989: 20)

Im Zuge unserer Korrespondenz stellte sich heraus, dass Gehrts – was mir bis dato unbekannt war – seit den 1950er Jahren mit Frau Kornitzky in Verbindung stand, sie persönlich getroffen und ihre Biographie exploriert hatte und dass er – mit ihrem Einverständnis und nach vorheriger Kenntnisnahme – wichtige Ergebnisse seiner persönlichen Nachforschungen in seinen Artikel integrieren würde.[32] Neun Jahre nach Publikation seines Artikels, am 10. Oktober 1998, ist Heino Gehrts im Alter von 85 Jahren verstorben.[33] In meinem Briefwechsel mit seiner Witwe Christine Gehrts, der sich – mit längeren Unterbrechungen – von 1998 bis 2005 hinzog, wurde schließlich vereinbart, dass das Freiburger IGPP, vertreten durch mich, den Nachlass von Dr. Heino Gehrts übernehmen würde. Im Sommer 2005 holte ich dessen Nachlass in Lübeck persönlich ab, der dann bis 2013 zunächst unbearbeitet im Archiv des Instituts aufbewahrt wurde.[34] Darunter befand sich auch die „Akte Kornitzky", mit der, wie mir Frau Gehrts brieflich mitteilte, ihr Mann „immer sehr behutsam umgegangen" sei. Auf Nachfrage habe aber Frau Kornitzky ihr Einverständnis gegeben, dass „das Material zu gegebener Zeit Ihrem Institut" übergeben werden könne (so Frau Gehrts).

2005 wurde mir die „Akte Kornitzky" – aufgrund meines vorangegangenen Kontaktes mit Heino Gehrts – von seiner Witwe aus dem Nachlass ihres Mannes zur Aufbewahrung übergeben. Sie besteht aus Korrespondenzen zwischen Anneliese (Anna-Lisa) Kornitzky und Dr. Gehrts, die mit zum Teil langen Unterbrechungen – gegen Ende immer freundschaftlicher und persönlicher werdend – sich über einen Zeitraum von 1958 bis 1990 erstrecken, sowie aus maschinenschriftlichen Ausarbeitungen der von Dr. Gehrts vorgenommenen Explorationen mit Frau Kornitzky, hauptsächlich im Frühjahr und Sommer 1962 (insgesamt 33 Seiten). Schließlich findet sich in dieser Akte auch ein bisher unveröffentlichter Interpretationsversuch des Kornitzky-Falles aus dem

---

32 Die Veröffentlichung eines solchen Falles unter Beibehaltung der vollen Klarnamen der Beteiligten und Bekanntgabe unverschlüsselter biographischer Informationen wäre im Kontext der heutigen IGPP-Beratungsarbeit mit Menschen, die über außergewöhnliche (paranormale) Erfahrungen berichten, freilich nicht mehr möglich (vgl. dazu Bauer/Fach 2020; Belz 2009; Fach/Bauer 2020).

33 Vgl. Christine Gehrts: Mitteilungen über den Lebenslauf von Heino Gehrts (2018: 5–9). Ferner: https://de.wikipedia.org/wiki/Heino_Gehrts.

34 Eine detaillierte Nachlassbeschreibung findet sich bei Schellinger/Gallinat 2014.

Jahr 1958, bestehend aus einem 15 Seiten umfassenden Typoskript „PALLAS HERMETICA“, das Heino Gehrts, *bevor* er mit Frau Kornitzky Kontakt aufnahm, sozusagen in „Blinddiagnose“, nur aufgrund der Druckfassung dieses Falles im Moserschen Buch, verfasst hatte (Gehrts 1958).[35]

Meine im Folgenden vorgenommene Rekonstruktion stützt sich also auf die in dieser Akte gesammelten Unterlagen (daher in den Fußnoten zitiert als „Akte Kornitzky“), sie besteht aus wörtlichen Zitaten oder Paraphrasierungen und bildete die Grundlage für die bereits von Heino Gehrts in seinem oben erwähnten Artikel „Vom unüberbrückbaren Gegensatz“ formulierten Passagen, die den Fall Kornitzky betreffen (Gehrts 1989: 40–44).

Heino Gehrts beginnt seinen Interpretationsversuch „Pallas hermetica“ aus dem Jahre 1958 mit den Worten:

> Der Fall Kornitzky [...] hat mich immer wieder fasziniert. Hier lag ein Musterbeispiel vor für den absurden Spuk, der aus einer fremden Welt sinnlos in die Welt dessen hereinzuspielen scheint, der ihn erlebt, und dieser Eindruck der Sinnlosigkeit wird noch dadurch verstärkt, dass die Vorfälle dieser Sequenz als wohldefinierte Einzelereignisse im hellsten Licht wacher Tage und eines wachen Verstandes dastehen. Nichts ist halb um die Ecke, nicht halb im Dämmern, wohin es noch wer weiß wie weit reichen mag, sondern jeder Vorfall tritt begrenzt und gestaltet in den übersichtlichen Raum.[36]

Beim Versuch Gehrts‘, die von AW berichteten Vorfälle symbolisch zu verstehen, fällt schnell ins Auge,

> dass so viel vom Reinemachen die Rede ist; sogar eine Reinemachefrau tritt in diesem sonst personenarmen Drama auf, sogar an einem entscheidenden Punkt. Es kam mir vor, als bemühe sich hier jemand, etwas wegzuwischen, was nicht wegzuwischen war, vielleicht, weil es nur in der Einbildung etwas wegzuwischen gab. [...] Bei AW gibt es am Schluss geradezu eine Überschwemmung, und sie gebraucht Eimer und Wischtuch.[37]

Gehrts’ Kernthese besteht – unter Rückgriff auf frühe Beobachtungen Hans Benders bei Spukfällen (Bender 1953) – darin, dass die von AW erlebten Phänomene als „Entäußerungen (Exteriorisationen)“ bestimmter, auch sexueller Konfliktsituationen angesprochen werden dürften. Unter dieser Arbeitshypothese geht er daran, einen symbolischen Sinn für die Einzelheiten des Spuks zu entschlüsseln:

> Für den Backenstreich bei der Lesung von Schloß Gripsholm, für die Bewegung des Aphrodite-Bildes, das Zerspringen der Kristalldose, die Giraffe in der Couch, den Schlüsselbund im Leinenpaket, die Vertreibung der Reinmachefrau, die verschüttete Milch, – dazu die jeweilige Einstellung und die schicksalhafte Spannung, die mit diesen Dingen und den Anwesenden oder Abwesenden verknüpft waren. Der Erlebenden selbst blieb dieser Symbolgehalt fremd, ebenso das, was sich in der spukhaften Verwirrung eigentlich zutrug,

[35] Einer Anregung von mir folgend, liegt das Typoskript mittlerweile auch gedruckt vor: Gehrts 2020.

[36] IGPP Freiburg, „Akte Kornitzky“.

[37] Ebd.

so Gehrts' (1989: 34) späteres Fazit. Und er äußerte schon früh die hellsichtige Vermutung:

> Überhaupt, so vollständig und übersichtlich AWs Auskunft zu sein scheint: habe ich recht, so ist sie aus sehr isolierten Fragmenten zusammengestückt. Es müsste ihr in jener Zeit, vielleicht noch lange nachher und schon lange vorher, viel mehr symbolisch Bedeutsames zugestoßen sein als die Spukereignisse. Es ist methodisch sicher falsch, diese zu isolieren; so sehr sie herausragen durch ihre physikalische Unmöglichkeit, so gering ist möglicherweise im Verhältnis zu anderen „normalen" Geschehnissen ihre Bedeutsamkeit.[38]

Und weiter: „Fast der gesamte bisherige Gedankengang versucht, den Sinn der Spukfolge mit Hilfe einer einzigen Bedingung zu erhellen, eben jener eingangs gekennzeichneten Spannung samt ihrer Komplikation."[39]

Nach Abschluss seiner „blinddiagnostischen" Analyse, die in einen reichen mythologischen und symbolgeschichtlichen Kontext eingebettet ist und hier nur ausschnittweise wiedergegeben wird, unternimmt Heino Gehrts den ersten Kontaktversuch. Am 7. September 1958 schreibt er an Frau Kornitzky in sorgfältig gewählten Worten:

> Seit Jahren fasziniert mich die Spukgeschichte, die Sie zu Frau Mosers Buch beigesteuert haben. Nun ist mir in diesen Tagen eine Lösung geglückt, die mich befriedigt. Alle Vorfälle fallen in eine sinnvolle Sequenz, deren Mittelpunkt Sie sind. Ob Sie mein Ergebnis bestätigen, widerlegen, umgestalten oder ergänzen können, weiß ich nicht. Meine Frage ist, ob ich es Ihnen zusenden darf auf die Gefahr hin, dass ich gründlich geirrt habe. Auch erführe ich gern vor der Absendung, ob Ihnen inzwischen schon eine Lösung vorgetragen worden ist, die Sie anspricht, – obwohl ich keineswegs, bevor Sie von meiner Darstellung Kenntnis genommen haben, auch nur eine Andeutung über die Art der etwa schon gefundenen Lösung erhalten möchte. Ich frage Sie vorher, ob Sie meinen Versuch kennenlernen wollen, weil ich ja unumgänglich mich bemühen müsste (wie Sie sich denken können), Geheimnisse Ihres Innern zu erschließen, die Ihnen selber verborgen waren, und weil ich weiß, wie weit Sie gerüstet sind, dergleichen zu ertragen, womöglich eine ganz irrige Deutung Ihres Innern, die dann umso anmaßender erscheinen müsste, zu ertragen. Auf der anderen Seite stehen doch auch Sie wieder nicht als Person im Brennpunkt meiner Untersuchung, sondern als einer der Menschen, um die es spukt, – und so wahrte gleichermaßen eine zutreffende wie auch eine irrige Lösung die Distanz.[40]

AK reagiert zunächst nicht, und Gehrts fasst in einem längeren Schreiben vom 12. Oktober 1958 nach, in dem er AK – zur Zerstreuung möglicher Bedenken ihrerseits – „eine Vorausschau auf meine Grundvoraussetzungen und meine Forschungsabsichten" gibt. Er schreibt:

> Was mich zu beantworten nicht reizt, ist die Frage, wie Spuk physikalisch möglich ist. Physikalisch scheint er unmöglich zu sein, und das genügt mir. Wonach ich frage, ist, wie der Spuk in das Gesamtleben eingeordnet ist, was sein Sinn in einem Schicksal sein könnte. [...] Zur Beurteilung dessen, was mit jemandem geschah, der Spuk erlebte, könnten also alle anderen sinnvollen Ereignisse der betreffenden Lebensperiode dienen, ja, aus ihnen

[38] IGPP Freiburg, „Akte Kornitzky".
[39] Ebd.
[40] Ebd.

> müsste sich dasselbe erschließen lassen, was aus dem Spuk folgt, und vielleicht mit höherer Evidenz.[41]

Mit diesem Brief ist Heino Gehrts erfolgreich. Am 6. November 1958 schreibt AK zurück:

> Sehr geehrter Herr Dr. Gehrts, vielleicht erwarten Sie nach so langem Schweigen gar keine Antwort mehr – aber hier ist sie! Eine Reise, Krankheit und – wie Sie ganz richtig vermuteten – auch Bedenken sind schuld daran, dass ich mich erst heute melde. Mit Ihrem zweiten Brief – auch das erreichten Sie – haben Sie mir Lust zu einem Treffen gemacht.[42]

Allerdings dauert es – wenn die Unterlagen in der „Akte Kornitzky" vollständig sind – noch beinahe vier Jahre, bis es zu einem Treffen der beiden kommt – der erste briefliche Hinweis auf einen Besuch Heino Gehrts' bei Frau Kornitzky in Hamburg stammt vom 16. März 1962. Aus dem überlieferten Material stelle ich hier einige Angaben zu ihrer Biographie zusammen: Geboren 1909 in der damaligen Provinz Posen-Westpreußen, zieht AW 1920 mit ihrer Familie (ihr Vater ist Postbeamter) nach Prenzlau, macht dort 1928 das Abitur, wird auf Wunsch des Vaters Apothekerin, da sie – wegen des Studiums ihres Bruders – selbst nicht Philosophie und Literatur studieren kann, wie es eigentlich ihrer Neigung entspräche. AW hat zwei enge Freundinnen, F. W. und D., mit denen sie Jahrzehnte hindurch in Kontakt bleibt. Von 1930 bis 1935 arbeitet sie in einer Apotheke im Osten Berlins. In dieser Zeit ereignen sich die spukhaften Vorgänge in ihrer Wohnung, von denen sie auch brieflich ihrem damaligen in Schweden lebenden Verlobten und späteren Ehemann, Dr. Hansgeorg Kornitzky, berichtet, der dies Frau Moser bestätigt (Moser 1950: 288). Einen Namen macht sich AK nach dem Krieg als Übersetzerin u. a. zahlreicher Astrid-Lindgren-Bücher aus dem Schwedischen in den 1950er und 1960er Jahren. 91-jährig stirbt sie im Jahre 2000.[43]

Wenn AK in ihrem Bericht an Frau Moser schreibt: „Nie nachher, ebenso wenig wie je vorher, habe ich in der Wohnung oder sonst an anderen Plätzen irgend etwas erlebt, das nicht mit rechten Dingen zugegangen wäre" (Moser 1950: 287) – so ist dies nur *cum grano salis* zu werten und dürfte entscheidend davon abhängen, was Menschen aus ihrem jeweiligen Erlebnishorizont heraus als „außergewöhnliche Erfahrung" klassifizieren.[44] Denn „das Außergewöhnliche" hatte im Leben von AK durchaus seinen Platz.

Dies belegen Beispiele aus der Exploration, die Heino Gehrts mit Frau Kornitzky 1962 vorgenommen hat und die – mit ihrem Einverständnis – auch

---

41 Ebd.

42 Ebd.

43 Nach https://de.wikipedia.org/wiki/Anna-Liese_Kornitzky ist Anne-Liese Kornitzky „vor allem durch ihre Übersetzungen von zwanzig Astrid-Lindgren-Büchern aus dem Schwedischen bekannt geworden."

44 Zum theoretisch-empirischen Konzept der „außergewöhnlichen Erfahrung" im Kontext der Parapsychologie vgl. Bauer/Fach 2020; Belz 2009; Fach/Bauer 2020.

von ihm in seinem späteren Beitrag übernommen wurden (vgl. Gehrts 1989: 41–44): (1) Sie erzählt von sich, dass sie beim Abitur vor allem die Lateinarbeit fürchten musste. Am Abend vorher, schon gegen Mitternacht, schlug sie den *Agricola* des Tacitus auf, sah die Stelle vor sich, von da bis da, suchte davon noch ihre Freundin D. zu benachrichtigen, vergeblich, und präparierte sich allein. Am Morgen ward der Umschlag geöffnet, und das Thema war wirklich die bestimmte Stelle. (2) Später einmal, als sie in Berlin mit dieser Freundin zusammenwohnte, haben die beiden sich ein Paar völlig gleicher Nachthemden gekauft und sich abends in den Hemden vor dem Spiegel über ihre Zwillingsgleichheit amüsiert. Dann gingen sie zu Bett, jede in ihrem Zimmer. Am Morgen lag AW unbekleidet in ihrem Bett, das Hemd lag, so gefaltet, wie es gekauft war, oben auf dem Kleiderschrank; doch zeigte es beim Auseinandernehmen die Falten, die durch den kurzen Gebrauch entstanden waren. Vorn hatte es Schleifchen, die auch adrett gerichtet am Morgen vorgefunden wurden. AK erzählt diesen Vorfall als möglichen Beleg für die Vermutung, dass sie diese Derangements mit eigenen Händen, wenn auch unbewusst, angerichtet habe. (3) Einmal sah sie im Traum, dass sie einen riesengroßen Zahn verlor, und hörte eine Stimme dreimal dazu „Wurmfortsatz“ sagen. Auch sah sie einen durchscheinenden Plastikbeutel mit einer grünlichen Flüssigkeit. Sie war zu der Zeit noch ohne Beschwerden; das Wort Wurmfortsatz vermochte sie, vom Bilde eines Wurmes mit rätselhaftem Fortsatz getäuscht, nicht richtig zu verstehen. Am folgenden Tage war ihr übel. Sie wurde operiert, und man stellte eine fortgeschrittene Blinddarmentzündung fest. Im Krankenhause fiel ihr der Traum wieder ein. (4) In Schweden, wo sie oft im Sommer verweilte, besaß sie ein kleines Haus mit einem winzigen Keller. Dort unten sieht sie es im Traum von den Wänden rieseln, angstvoll, und besinnt sich nach dem Erwachen darauf, dass sie krank werde: „das Haus bin ich“ (Gehrts 1989: 42), und sein Keller ist die Grundfeste. Sie bekam dann eine langwierige Gürtelrose. (5) Bei einer schweren, fast hoffnungslosen Erkrankung ihres Mannes sieht AK sich im Traum auf einer Höhe in einer wunderbar stillen und schönen Landschaft; vor ihr in der Tiefe liegt ein kreisrunder See. Neben ihr hält eine riesengroße Faust eine Angel. Sie zieht an einem auseinandergespreizten Doppelhaken zwei kleine Fische aus dem Wasser. Die Träumerin sieht, nun unten im See, mit Entsetzen, wie die Hand die Fischlein eines nach dem anderen vom Angelhaken nimmt, sie aber dann in den See setzt, wo sie lustig fortschwimmen. Von da an war sie über die Genesungsaussichten ihres Mannes ganz beruhigt. (6) 1962, von Heino Gehrts über ihr Verhältnis zu den spukhaften Vorfällen befragt, also 28 Jahre nach dem Geschehen, 12 Jahre nach dem gedruckten Bericht, teilt AK mit, sie habe darüber nachgedacht und sei sich ihrer besonderen Einstellung dazu bewusst geworden. Jedenfalls glaubt sie sich an eine ganz eigentümliche, etwas traumhafte Stimmung zu entsinnen, in der sie die Vorfälle erwartete – auch wohl an eine gewisse Ironie gegenüber den Miterlebenden. Furcht hat sie bei den Erlebnissen nie empfunden. Der Fremdheit und Frechheit der Vorfälle schien jedenfalls eine eigenartige Vertrautheit gegenüberzustehen, so die „Akte Kornitzky". (7) Allerdings seien die Ereignisse in der Berliner Wohnung mit der vergossenen Milch nicht zu Ende gewesen. Es folgte noch eine letzte Episode, die AK bewusst bei der Schilderung für Frau Moser ausgelassen habe, weil sie für die Objektivität des Geschehnisses sich nicht verbürgen konnte. Eines Abends hörte sie beim Briefeschreiben Geräusche wie die eines Kleides, in denen sich ein Mensch bewegt. Sie näherten sich ihr von der linken Seite her, und dann entfernte sich das Rauschen wieder, wie schrittweise, von ihr. Der Brief, an dem sie schrieb, sollte ihrem Verlobten in Schweden von den Spukvorfällen berichten, und sie sei darauf erst wieder durch eine Erinnerung ihres Mannes verfallen. Diesen Vorfall bringt Heino Gehrts mit dem im folgenden Abschnitt geschilderten Selbstmord einer Bekannten AKs (mit dem Vornamen I.) in Verbindung – er deutet ihn als „Erscheinung" (apparition) der Toten (Gehrts 1989: 43–44). (8) Das aufwühlendste Erlebnis im Leben der jungen AW hatte sich freilich, das förderte die Exploration Heino Gehrts' 1962 zutage, am 24. Dezember 1930 zugetragen. Sie hatte sich im Mai/Juni dieses Jahres ganz plötzlich und vermutlich in verletzender Weise von ihrem langjährigen Jugendfreund getrennt und war zu einem 40-jährigen verheirateten Apotheker, W. B., gezogen, den sie noch von Prenzlau her kannte und den sie wegen seiner Freiheit und Unabhängigkeit und wohl auch wegen seiner politischen Einstellung – er war Kommunist – bewunderte. Sie schildert ihn als kalten und geistigen Typ, und es scheint, als habe AW ihm gegenüber von vornherein Faszination und Aversion empfunden. W. B. hatte sich von seiner Familie getrennt und lebte mit seiner 30-jährigen Freundin I., ebenfalls Apothekerin, in einem abgelegenen Waldhaus. Beide waren arbeitslos, als Liebespaar tief zerstritten, der Mann der Geliebten nicht wirklich zugetan – und AW bestritt den Unterhalt für alle drei. Sie empfand sich, als sie mit dem Paar zusammenlebte, als vergewaltigt, und oft sei sie weinend den Weg von ihrer Arbeitsstelle dorthin gegangen. Sie war in eine fremde Lebensweise hineingezogen worden, die nicht ihrer Art entsprochen hätte. Als AW am Heiligabend – sie hatte Nachtdienst in der Apotheke gehabt – nach Hause kam, fand sie die Tür verschlossen. Sie wurde unruhig, drückte eine Scheibe ein und fand die beiden erschossen vor. Es war Mord und Selbstmord gewesen: Die Frau hatte den Mann getötet und dann sich selbst, wie aus vorgefundenen Aufzeichnungen hervorging. Auch AW wurde in unangenehmer Weise in die polizeiliche Untersuchung verwickelt, u. a. aufgrund der Tatsache, dass die Toten Kommunisten gewesen waren und sie damit als solche angesehen wurde.

Wie schwer AK die Erinnerung an dieses traumatische Ereignis fällt, zeigt die Exploration. Heino Gehrts notiert:

> der ganze Komplex ist unangenehm, man erinnert sich äußerst ungern daran. Der Gesichtsausdruck [AKs] ist gelegentlich ablehnend, zeigt nichts von der Freude, der Freund-

> lichkeit, dem Entgegenkommen, die mir sonst Mut machen zum Nachfragen. Die Tragweite, das Maß des Ergriffenseins ist nur schwer herauszubringen.[45]

Zur Überraschung des Interviewers kommen weitere „aufregende kriminelle Ereignisse" ans Tageslicht, mit denen AW damals in ihrer Tätigkeit als Apothekerin in Berührung kam. Darunter fiel sogar ein Ringkampf mit einem drogenabhängigen Kunden, der sich unter einem Vorwand Eintritt in die Apotheke verschafft hatte, um an Morphium zu kommen. „Ist es wirklich so", schreibt Heino Gehrts am 14. Juli 1962 an Frau Kornitzky,

> dass diese [Ereignisse] in denselben Lebensabschnitt fallen wie die Spukereignisse? Ich kann es fast gar nicht glauben, dass wir doch versucht haben, alles irgendwie Bedeutsame oder Aufwühlende aus diesem Zeitraum zu erheben. Wie kam es eigentlich, dass Sie ganz spontan plötzlich von diesen Dingen zu sprechen anfingen?[46]

In der „Akte Kornitzky" findet sich noch ein weiteres Zeugnis für die Nachwirkung und Verarbeitung dieses Falles aus der Sicht der Hauptbetroffenen AK. Es handelt sich um einen Zeitungsartikel, den die Schriftstellerin Geno Hartlaub (1915–2007)[47] 1968 veröffentlicht hat, offenbar in enger Zusammenarbeit mit dem Freiburger Institut und Hans Bender, dessen Sammelwerk über Parapsychologie (Bender 1966) sie als Hauptquelle heranzieht (Hartlaub 1968).[48] Aus dem Beitrag geht hervor, dass auch Frau Hartlaub AK persönlich kannte und diese über die Vorfälle in ihrer Berliner Zeit befragen konnte. Sie (Hartlaub 1968: 13) schreibt:

> Schon vor Jahren hatte ich von gemeinsamen Freunden erfahren, dass eine auch mir bekannte Übersetzerin und Gattin eines Universitätsdozenten in ihrer Jungmädchenzeit [sic!] am hellen Tag in einem Berliner Mietshaus Spukerlebnisse gehabt habe, die auch von anderen Personen bezeugt worden seien. Bei meinem Besuch bei Frau K. war ich eher skeptisch gestimmt, zumal ich der Ansicht war, dass diese sich in keiner Weise mit den Spukerscheinungen im modernen Appartementhaus, die gleichsam über sie hinweggegangen waren, als seien sie für jemand anderen bestimmt, identifiziere. Zu meiner Verwunderung meint Frau K. jetzt, aus dem Abstand so vieler Jahre heraus, dass das, was sie damals erlebt habe, doch nicht nur an den (vollkommen neutralen und durch keine Geistertradition gekennzeichneten) Ort, sondern an ihre Person gebunden gewesen sei. Zwar kennt sie noch heute nicht die psychische Ursache der Unruhe, die ihr Unterbewusstes im Jahre 1934 in solche Erregung und Bewegung versetzt hatte, dass die Gegenstände in ihrer Junggesellenwohnung sich selbständig machten. Aber sie wird nicht müde, in einer Art Selbsttherapie nach dem Grund dieser Ursache zu forschen. Das Erlebnis aus

[45] IGPP Freiburg, „Akte Kornitzky".

[46] Ebd.

[47] Vgl. die Autobiographie von Geno Hartlaub: *Sprung über den Schatten. Orte, Menschen, Jahre* (Bern 1984) sowie die Angaben bei https://de.wikipedia.org/wiki/Geno_Hartlaub.

[48] Vgl. Geno Hartlaub: Das Rätsel der Sphinx. Vom Okkultismus zur modernen Parapsychologie (Schluß). *Deutsches Allgemeines Sonntagsblatt*, 28. 1, 1968, S. 13. Die beiden vorangegangenen Artikel hießen: Geno Hartlaub: Steigrohre des Unterbewussten. Vom Okkultismus zur modernen Parapsychologie. *Deutsches Allgemeines Sonntagsblatt*, 14.1. 1968, S. 13, sowie Geno Hartlaub: Die Gegner heißen Zufall und Betrug. Vom Okkultismus zur modernen Parapsychologie (II), *Deutsches Allgemeines Sonntagsblatt*, 21.1. 1968, S. 15.

der Zeit vor ihrer Ehe stimmt sie heute nachdenklicher als in jüngeren Jahren, als sie in entschiedener Abwehrhaltung zu den eigentümlichen und (wieder einmal) recht albernen bösen Streichen der „Gespenster" stand, deren Opfer sie war.[49]

Man geht sicher nicht fehl, wenn man hinter dieser neuen „Nachdenklichkeit" Frau Kornitzkys den Einfluss von Heino Gehrts vermutet. Dessen Verdienst ist es ohne Zweifel, in einer subtilen Deutungsarbeit, geschult am Umgang mit der Symbolsprache von Märchen, Mythologie und Archetypen, die „Sprache des Spuks" ein Stück weit psychologisch aufgehellt und einer bewussten „Bearbeitung" zugeführt zu haben. Insofern ist die historische Rekonstruktion des „Falles Kornitzky" prototypisch für den beratenden Umgang mit Spukphänomenen, so wie er sich, dem Ursprung Mosers und dem Beispiel Benders folgend, am Freiburger IGPP etabliert hat.[50]

Postskript: „…aber was wissen wir schon" und persönlicher Nachtrag: „Fühlfäden der Seele"

Am 22. November 1989, nach Lektüre von Heino Gehrts' Aufsatz, schreibt Anneliese Kornitzky an den Autor:

> Ich habe ihn [den Aufsatz] schon 3X gelesen und werde diese (nicht im Klagesschen Sinn) geist-volle Arbeit mit freudiger Zustimmung, mit sich erweiterndem Verständnis und auch mit staunender Bewunderung für Ihre luziden Einsichten, für Ihren wunderbar klaren und stringenten Stil bestimmt wieder lesen. *Erst jetzt ist mir der damalige ‚Spuk' in seinem Gesamtgeschehen und im Symbolgehalt der einzelnen Vorfälle ganz unzweifelhaft klargeworden. Klargeworden natürlich durch Ihre Deutung, aber auch erst so ganz, nachdem das traumatische Erlebnis wieder in mir aufgetaucht ist und ich es Ihnen als einzigem Menschen (außer meinem Mann) erzählt habe. Hier liegt für mich der Schlüssel.* Nur der einen deutenden Vermutung stehe ich fragend gegenüber: dass das abschließende Erlebnis, mehr die Wahrnehmung, mit der I. zusammenhängen könnte – aber was wissen wir schon.[51]

Meine Korrespondenz mit Dr. Heino Gehrts umfasst – mit größeren Abständen – die Jahre zwischen 1983 und 1993 und befindet sich zum größten Teil im Freiburger IGPP-Archiv (Bestand 10/40). In seinem Brief vom 26. November 1987 erkundigt sich Heino Gehrts nach meinem eingangs erwähnten Vortrag über „Kerner als Spukforscher" (Bauer 1990). Anlass war die Vorbereitung seines eigenes Vortrages zum Thema „Justinus Kerner und Ludwig Klages, zwei Entdecker der Wirklichkeit der Seele", den er anlässlich einer Tagung der Klages-Gesellschaft vom 4. bis 5. Juni 1988 in Marbach gehalten hat (siehe Gehrts 2014). Bei der Tagung in Marbach 1988 haben wir uns persönlich

49 Geno Hartlaub gibt dann eine Zusammenfassung des Kornitzky-Falles.

50 Vgl. zur IGPP-Spukforschung Bender 1977b; neuere Übersichten bei Mayer/Bauer 2015. Zur Entwicklung der Beratungskonzepte am IGPP siehe Bauer/Fach 2020; Belz 2009; Fach/Bauer 2020.

51 IGPP Freiburg, „Akte Kornitzky"; Hervorhebung EB.

kennengelernt. Unser Kontakt intensivierte sich im Laufe der Ausarbeitung seines Aufsatzes „Vom unüberbrückbaren Gegensatz. Marginalie zu einem neuen Buch über Justinus Kerner“, der, wie oben geschildert, in der *Zeitschrift für Parapsychologie und Grenzgebiete der Psychologie* 1989 erschienen ist und auf dessen Deutungsansatz Frau Kornitzky überaus positiv reagierte, wie aus der oben zitierten Briefstelle an Heino Gehrts hervorgeht. In seinem Brief vom 3. Dezember 1989 an mich heißt es:

> Der Grund dafür, dass ich 1962 die Nachforschungen [im Falle Kornitzky] aufgab, lag darin, dass ich damals bestimmte Fragen nicht zu stellen wagte. [...] Darin liegt auch eine berechtigte Aufforderung zur Diskretion, und damit Frau K. in der Beziehung keine Befürchtungen zu hegen braucht, habe ich ihr auch das Makr. [Manuskript] sogleich mitgeteilt. Aus diesem Grunde werden Sie auf die Einsicht in die Akte noch eine Weile warten müssen, aber Sie sind ja noch jung und Frau K. ist 80, die Erwartungswahrscheinlichkeit ist also in hohem Maß zu Ihren Gunsten.

Ich antwortete Dr. Gehrts am 11. Dezember 1989:

> Es geht bei solchen Details [...] um eine[n] Präparationsakt der „Fühlfäden“ der Seele und wie sie ins Unbewusste hineinreichen. Ihre Recherchen lassen doch den Fall „AK“ jetzt in einem ganz anderen Licht erscheinen, er verliert seine sphärische Geschlossenheit, die die Mosersche Darstellung suggeriert.

Literatur

Bauer, E. (1967). Max Dessoir und die Parapsychologie als Wissenschaft. *Zeitschrift für Parapsychologie und Grenzgebiete der Psychologie, 10*, 106–114.

Bauer, E. (1977). Okkulte und parapsychologische Literatur im Spiegel der Fanny-Moser-Bibliothek. *Librarium. Zeitschrift der Schweizerischen Bibliophilen Gesellschaft, 20*, Heft III, 208–226.

Bauer, E. (1986). Ein noch nicht publizierter Brief Sigmund Freuds an Fanny Moser über Okkultismus und Mesmerismus. *Freiburger Universitätsblätter, 25*, Heft 93, 93–110.

Bauer, E. (1989). Exkursionen in „Nachtgebiete der Natur“. Justinus Kerner und die historische Spukforschung. *Zeitschrift für Parapsychologie und Grenzgebiete der Psychologie, 31*, 3–19.

Bauer, E. (1990). Kerner als Spukforscher. In H. Schott (Hrsg), *Justinus Kerner. Jubiläumsband zum 200. Geburtstag [1986]. Teil 2. Medizin und Romantik. Justinus Kerner als Arzt und Seelenforscher* (S. 321–333). Verlag Nachrichtenblatt der Stadt Weinsberg.

Bauer, E. (2016). Suche nach Ordnung und Lust an der Anarchie. In A. Lux/S. Paletschek (Hrsg.), *Okkultismus im Gehäuse. Institutionalisierungen der Parapsychologie im 20. Jahrhundert im internationalen Vergleich* (S. 382–410). De Gruyter.

Bauer, E. (2022). Hans Bender and the Poltergeist. *Journal of Anomalistics, 22*, 72–75.

Bauer, E./Fach, W. (2020). Beratungspsychologie am IGPP. In D. Vaitl (Hrsg.), *An den Grenzen unseres Wissens. Von der Faszination des Paranormalen* (S. 393–419). Herder.

Bauer, E./Lucadou, W. v. (1989). Editorial. *Zeitschrift für Parapsychologie und Grenzgebiete der Psychologie, 31*, 1–2.

Belz, M. (2009). *Außergewöhnliche Erfahrungen*. Hogrefe.

Bender, H. (1953). *Parapsychologie – ihre Ergebnisse und Probleme*. Schünemann.

Bender, H. (1958/59). Editorial. *Zeitschrift für Parapsychologie und Grenzgebiete der Psychologie, 2*, 81–85.

Bender, H. (1959/60). Zum 80. Geburtstag von Dr. med. Rudolf Tischner. *Zeitschrift für Parapsychologie und Grenzgebiete der Psychologie, 3*, 72–73.

Bender, H. (Ed.) (1966). *Parapsychologie – Entwicklung, Ergebnisse, Probleme*. Wissenschaftliche Buchgesellschaft.

Bender, H. (1971). *Unser sechster Sinn. Telepathie, Hellsehen und Psychokinese in der parapsychologischen Forschung*. Deutsche Verlagsanstalt.

Bender, H. (1977a). Nachwort. In F. Moser, *Spuk. Ein Rätsel der Menschheit* (S. 343–345). Walter.

Bender, H. (1977b). Neue Entwicklungen in der Spukforschung. In F. Moser, *Spuk. Ein Rätsel der Menschheit* (S. 347–387). Walter.

Berger-Fix, A. (Hrsg.) (1986). *Justinus Kerner: Nur wenn man von Geistern spricht. Briefe und Klecksographien*. Thienemanns.

Berger-Fix, A. (2010). *Das Theatrum Mundi des Justinus Kerner. Klebealbum, Bilderatlas, Collagenwerk* [Ausstellungskatalog]. Deutsche Schillergesellschaft.

Brüning, R. (1998). Justinus Kerner und der Spuk im Gefängnis zu Weinsberg (1835/36). *Zeitschrift für Württembergische Landesgeschichte, 57*, 253–272.

Brüning, R. (1998/1999). Justinus Kerner und der Spuk im Gefängnis zu Weinsberg (1835/36). *Zeitschrift für Parapsychologie und Grenzgebiete der Psychologie, 40/41*, 41–60.

Crabtree, A./Bauer, E. (2022). On why history is never finished: Puységur, animal magnetism, and the importance of collective scholarship. *Journal of the History of Behavioral Sciences, 58*, 232–235.

Fach, W./Bauer E. (2020). Beratungspsychologische Begleitforschung. In D. Vaitl (Hrsg.), *An den Grenzen unseres Wissens. Von der Faszination des Paranormalen* (S. 420–433). Herder.

Fischer, A./Vaitl, D. (2021) (Hrsg.). *Spuk! Die Fotografien von Leif Geiges*. Imhof.

Flüeler, B. (2007). Nachwort. In M. Joller, *Das Spukhaus von Stans* (S. 131–147). Edition b.

Gehrts, C. (2018). Mitteilungen über den Lebenslauf von Heino Gehrts. In H. Fritz (Hrsg.), *Heino Gehrts: Schriften zur Märchen-, Mythen- und Sagenforschung. Gesammelte Aufsätze 5: Die Welt der Märchen* (S. 5–9). Igel.

Gehrts, H. (1958). *Pallas Hermetica. Eine Deutung des Falles Kornitzky*. [Unveröffentlichtes Typoskript, 15 Seiten].

Gehrts, H. (1961/1962). Justinus Kerners Forschungsgegenstand. *Neue Wissenschaft, 10* (Heft 3), 130–143.

Gehrts, H. (1966). *Das Mädchen von Orlach. Erlebnisse einer Besessenen.* Klett.

Gehrts, H. (1968/1969). Märchenwelt und Kernerzeit. *Antaios, 10*, 155–183.

Gehrts, H. (1989). Vom unüberbrückbaren Gegensatz. Marginalie zu einem neuen Buch über Justinus Kerner. *Zeitschrift für Parapsychologie und Grenzgebiete der Psychologie, 31*, 20–51.

Gehrts, H. (2014). Justinus Kerner und Ludwig Klages, zwei Entdecker der Wirklichkeit der Seele. In H. Gehrts, *Schriften zur Märchen-, Mythen- und Sagenforschung* (S. 57–129). Igel.

Gehrts, H. (2020). Pallas Hermetica. Eine Deutung des Falles Kornitzky. In H. Gehrts, *Märchennacherzählungen zur Literatur und zu realitätsfremden Erscheinungen* (S. 320–337). Igel.

Goss, M. (1979), *Poltergeists: An Annotated Bibliography of Works in English, circa 1880–1975.* Scarecrow.

Gruber, B. (2000). *Die Seherin von Prevorst: Romantischer Okkultismus als Religion, Wissenschaft und Literatur.* Schöningh.

Gruber, E. R. (1993). *Suche im Grenzenlosen: Hans Bender – ein Leben für die Parapsychologie.* Kiepenheuer & Witsch.

Grüsser, O.-J. (1987). *Justinus Kerner 1786-1862. Arzt-Poet-Geisterseher.* Springer.

Grüsser, O.-J. (1990). Der „Wurstkerner“. Justinus Kerners Beitrag zur Erforschung des Botulismus. In H. Schott (Hrsg.), *Justinus Kerner. Jubiläumsband zum 200. Geburtstag [1986]. Teil 2. Medizin und Romantik. Justinus Kerner als Arzt und Seelenforscher* (S. 232–257). Verlag Nachrichtenblatt der Stadt Weinsberg.

Hamanaka, T. (1990). Justinus Kerners Beitrag zur Psychopathologie des Doppelgängers. Zur Forschungsgeschichte des Doppelgängers und verwandter Phänomene. In H. Schott (Hrsg.), *Justinus Kerner. Jubiläumsband zum 200. Geburtstag [1986]. Teil 2. Medizin und Romantik. Justinus Kerner als Arzt und Seelenforscher* (S. 376–392). Verlag Nachrichtenblatt der Stadt Weinsberg.

Hartlaub, G. (1968). Das Rätsel der Sphinx. Vom Okkultismus zur modernen Parapsychologie (Schluß). *Deutsches Allgemeines Sonntagsblatt*, Nr. 4, S. 13.

Hartlaub, G. (1984). *Sprung über den Schatten. Orte, Menschen, Jahre.* Scherz.

Hausmann, F.-R. (2006). *Hans Bender (1907–1991) und das „Institut für Psychologie und Klinische Psychologie“ an der Reichsuniversität Straßburg 1941–1944.* Ergon.

Hoffmann, D. (2003). *Pascual Jordan im Dritten Reich – Schlaglichter.* Max-Planck-Institut für Wissenschaftsgeschichte (Preprint 248).

Huesmann, M./Schriever, F. (1989). Steckbrief des Spuks: Darstellung und Diskussion einer Sammlung von 54 RSPK-Berichten des Freiburger Instituts für Grenzgebiete der Psychologie und Psychohygiene aus den Jahren 1947–1986. *Zeitschrift für Parapsychologie und Grenzgebiete der Psychologie, 31*, 52–107.

Huesmann, M./Schriever, F. (2022). Wanted: The Poltergeist. *Journal of Anomalistics, 22*, 76–135.

Joller, M. (1863). *Darstellung selbsterlebter mystischer Erscheinungen.* Hanke.

Joller, M. (2007). *Das Spukhaus von Stans.* Edition b.

Jordan, P. (1973). Die Einordnung der Parapsychologie. *Zeitschrift für Parapsychologie und Grenzgebiete der Psychologie, 15,* 61–71.

Kerner, J. (1834). *Geschichten Besessener neuerer Zeit.* Braun.

Kerner, J. (1836). *Eine Erscheinung aus dem Nachtgebiete der Natur.* Cotta.

Lucadou, W. v. (1982). Der flüchtige Spuk. *Zeitschrift für Parapsychologie und Grenzgebiete der Psychologie, 24,* 93–109

Lucadou, W. v. (1989). Vom Abgrund der Systeme. Theoretisches zum Spuk. *Zeitschrift für Parapsychologie und Grenzgebiete der Psychologie, 31,* 108–121.

Lucadou, W. v. [mit Wagner, P.] (2012). *Die Geister, die mich riefen.* Bastei Lübbe.

Lux, A. (2016). Passing Through the Needle's Eye. Dimensionen der universitären Integration der Parapsychologie in Deutschland und den USA. In A. Lux/ S. Paletschek (Hrsg.), *Okkultismus im Gehäuse. Institutionalisierungen der Parapsychologie im 20. Jahrhundert im internationalen Vergleich* (S. 93–131). De Gruyter.

Lux, A. (2021). *Wissenschaft als Grenzwissenschaft: Hans Bender (1907–1991) und die deutsche Parapsychologie.* De Gruyter.

Lux, A./Paletschek, S. (Hrsg.) (2016). *Okkultismus im Gehäuse. Institutionalisierungen der Parapsychologie im 20. Jahrhundert im internationalen Vergleich.* De Gruyter.

Lux, A./Paletschek, S./Burghartz, S. (Hrsg.) (2013). Okkultismus in der Moderne [Themenheft]. *Historische Anthropologie, 21*(3), 315–475.

Mattiesen, E. (1987). *Das persönliche Überleben des Todes.* De Gruyter [3 Bde.; Erstauflage 1936–1939].

Mayer, G./Bauer, E. (2015). Spukphänomene. In G. Mayer/M. Schetsche/I. Schmied-Knittel/D. Vaitl (Hrsg.), *An den Grenzen der Erkenntnis. Handbuch der wissenschaftlichen Anomalistik* (S. 202–214). Schattauer.

Moser, F. (1935). *Der Okkultismus – Täuschungen und Tatsachen.* Reinhardt.

Moser, F. (1950). *Spuk. Irrglaube oder Wahrglaube? Eine Frage der Menschheit.* Gyr.

Moser, F. (1952). Spuk in neuer Sicht. *Du, 12,* Nr. 11, 11–14, 62–64.

Moser, F. (1966). Materialisationsphänomene des Mediums O. Schl. In H. Bender (Hrsg.), *Parapsychologie – Entwicklung, Ergebnisse, Probleme* (S. 517–518). Wissenschaftliche Buchgesellschaft.

Moser, F. (1974). *Das grosse Buch des Okkultismus.* Walter.

Moser, F. (1977). *Spuk. Ein Rätsel der Menschheit.* Walter.

Muschg, A. (2010). *Sax.* Beck.

Nahm, M. (2019). Historical Perspective: Justinus Kerner's Case Study Into the „Prison Spook“ in Weinsberg. In G. Mayer (Hrsg.), *N Equals 1. Single Case Studies in Anomalistics* (S. 153–200). LIT.

Peter, B. (2007). Zur Geschichte der dissoziativen Identitätsstörung: Justinus Kerner und das Mädchen von Orlach. *Hypnose, 1,* 117–132.

Pratt. J. G./Roll, W. G. (1958/59). Die Vorfälle in Seaford. *Zeitschrift für Parapsychologie und Grenzgebiete der Psychologie, 2*, 86–103.

Ringger, P. (1987). Mein Weg zur Parapsychologie. *Grenzgebiete der Wissenschaft 36*, Nr. 2, 166–169.

Schäfer, H. (1994). *Poltergeister und Professoren: über den Zustand der Parapsychologie.* Fachschriftenverlag Dr. jur. H. Schäfer.

Schellinger, U./Gallinat, S. (2014). Schamanen, Spuk und Zaubermärchen: Biographie und Nachlass des wissenschaftlichen Grenzgängers Heino Gehrts. In H. Fritz (Hrsg.): *Heino Gehrts: Schriften zur Märchen-, Mythen- und Sagenforschung. Gesammelte Aufsätze 2* (S. 5–21). Igel.

Schirrmacher, A. (2005). *Dreier Männer Arbeit in der frühen Bundesrepublik. Max Born, Werner Heisenberg und Pascual Jordan als politische Grenzgänger.* Max-Planck-Institut für Wissenschaftsgeschichte (Preprint 296).

Schott, H. (Hrsg.) (1990). *Justinus Kerner. Jubiläumsband zum 200. Geburtstag [1986]. Teil 2. Medizin und Romantik. Justinus Kerner als Arzt und Seelenforscher.* Verlag Nachrichtenblatt der Stadt Weinsberg.

Sexauer, H. (1958/1959). Zur Phänomenologie und Psychologie des Spuks. *Zeitschrift für Parapsychologie und Grenzgebiete der Psychologie, 2*, 104–126.

Szarka, E. (2022). *Sinn für Gespenster. Spukphänomene in der reformierten Schweiz (1570–1730).* Böhlau.

Tischner, R. (1950). *Ergebnisse okkulter Forschung.* Deutsche Verlags-Anstalt.

Tischner, R. (1960). *Geschichte der Parapsychologie.* Pustet.

Tizané, E. (1950). *Sur la piste de l'homme inconnu.* Amiot-Dumont.

Vec, M. (1998). Der Spuk hat ein Ende. *Frankfurter Allgemeine Zeitung*, 26.8.1998, S. 5.

Vogel, L. (2011). *Schreckliche Gesellschaft. Das Spukhaus zu Stans und das Leben von Melchior Joller.* Hier und Jetzt.

White, R. A. (1990). *Parapsychology: New Sources of Information, 1973–1989.* Scarecrow.

Wolffram, H. (2009). *The Stepchildren of Science: Psychical Research and Parapsychology in Germany, c. 1870–1939.* Rodopi.

Spuk in neuer Sicht

Fanny Moser[1]

Die ersten wissenschaftlichen Arbeiten der Schaffhauserin Dr. Fanny Moser waren zoologische Untersuchungen, auch von drei europäischen Akademien veröffentlicht. Wenn sie später ihre ganze Forscherkraft einem völlig entgegengesetzten, von der Wissenschaft zumeist abgelehnten und verachteten Gebiet widmete, nämlich den okkulten Phänomenen, so war dies die Konsequenz, die sie mutig aus eigenen Erlebnissen gezogen hatte, vor allem aus der kritischen Beobachtung von Tischlevitationen in Gegenwart eines außerordentlichen Privatmediums in Berlin 1913.[2] Ihre Ergebnisse legte sie in den zwei Bänden «Der Okkultismus. Täuschungen und Tatsachen» vor, von denen Prof. E. Bleuler sagte, daß er auf diesem Gebiet nichts ihnen Ebenbürtiges kenne. Sie haben F. Moser internationales Ansehen gebracht. Ihre bedeutenden Sammlungen wuchsen ohne Unterlaß bis zum heutigen Tag; darunter befindet sich als kostbares Geschenk alles, was der bedeutende Freisinger Parapsychologe Professor A. E. Ludwig ein Leben lang untersucht hat, auch ein genaues Tagebuch über Spukerscheinungen im eigenen Pfarrhaus. Aus ihren jahrelangen Untersuchungen ist das Trug und Wahrheit kritisch scheidende Werk «Spuk» (Gyr-Verlag, Baden 1959) entstanden, dessen zweiter Band mit Spannung erwartet wird. – Der knappe Raum zwang leider, den folgenden Aufsatz vielfach zu kürzen.

Der Spuk ist so alt wie die Menschheit, man könnte fast sagen wie der Tod, mit dem er zum Teil bis aufs engste verknüpft ist, und er reicht so weit wie die Welt. Märchen, Sagen, Berichte, Aufzeichnungen von Forschungsreisenden, von den ältesten Zeiten bis heute, sprechen eine unmißverständliche Sprache. Das Erstaunliche ist die überraschende Aehnlichkeit des Materials aus allen Zeiten und Breiten. Der Spuk ist eine so rätselhafte und komplexe Erscheinung, und alles ist heute noch in so lebendigem Fluß, daß eine Definition noch unmöglich ist. Das Wort «Spuk» ist so wie «Poltergeister» und «Okkultismus» ein

---

1 [Anmerkung der Herausgeberin: Es handelt sich hier um einen Nachdruck von Mosers letztem Aufsatz – ein Artikel über Spuk, erschienen in *Du, Schweizerische Monatsschrift, November 1952, S. 11–14, 62–64.* Hervorhebungen im Text sowie sprachliche Eigenheiten der Schweizer Autorin wurden übernommen. Der Artikel beginnt mit einer Art redaktioneller Einleitung; hier wie im Original typografisch abgesetzt. Der Nachdruck erfolgt mit freundlicher Genehmigung des *Du-Magazins.*]

2 [Anmerkung der Herausgeberin: Die Séance fand laut Moser 1914 statt, zumindest legte sie dies in ihrem Hauptwerk „Der Okkultismus" (Reinhardt, München 1935) so dar.]

Sammelbegriff für eine Gruppe überraschend auftretender Phänomene, die ein unbekanntes Es als Urheber haben – «es» spukt – und außerordentlich verschiedenartig, merkwürdig, unverständlich und einstweilen wissenschaftlich «unannehmbar» sind. Wir unterscheiden unter anderem folgende

Hauptformen des Spuks:

1. den *personengebundenen Spuk*, der auf eigentümliche Weise mit einer bestimmten Person zusammenhängt. Wir müssen dabei deutlich Medien und solche, die ich als Spukbefallene bezeichne, auseinanderhalten. Im Gegensatz zum Spukbefallenen ist sich das Medium seiner transnormalen Fähigkeiten bewußt und kann daher sogar bis zu einem gewissen Grad spukähnliche Erscheinungen im Trancezustand hervorrufen und lenken. Ein manchmal fast kriminelles Gelichter von Scharlatanen maßt sich zwar die Benennung «Medium» an; welche erstaunlichen Kräfte aber im echten Medium stecken, können die Berichte kritischer Beobachter über die besten Sitzungen mit den drei klassischen Medien: D. D. Home, der dem englischen Pionier der wissenschaftlichen Erforschung des Okkulten, William Crookes, als Hauptmedium diente, der Italienerin Eusapia Palladino und dem Amerikaner Slade, bestätigen. In Zürich war das Haus des vor wenigen Jahren verstorbenen Kunsthistorikers Professor Rudolf Bernoulli eine Stätte, wo hervorragende Forscher, wie die Professoren E. Bleuler und C. G. Jung und der Ingenieur E. K. Müller, unter strengsten Kontrollbedingungen die erstaunlichen Leistungen der Medien Rudi Schneider und Sch. beobachteten.

Anders als die Medien sind die Spukbefallenen hilf- und ratlos dem außerordentlichen Geschehen ausgeliefert. Ich will aus einer sehr großen Zahl von Begebenheiten einen Fall heranziehen, der sich 1932 in Freising bei München ereignete. Er wurde von verschiedenen Aerzten unabhängig voneinander untersucht sowie von Dr. Aug. Friedr. Ludwig (gestorben 1948), Professor für Kirchengeschichte in Freising, dem ersten, der eine wissenschaftliche «Geschichte der okkultistischen Erscheinungen von der Antike bis zur Gegenwart» (1922) in Angriff nahm. In seinem eigenen Pfarrhaus, einem richtigen Spukhaus, hatte er 7½ Jahre lang Erscheinungen beobachtet. Ich sprach ebenfalls die Eltern und das Mädchen, erst bei Prof. Ludwig, dann in ihrem hübschen Häuschen mit Gärtchen. Der Vater, Fabrikarbeiter, machte mit seinen präzisen und überlegten Angaben einen ausgezeichneten Eindruck; das Kind war sehr blaß, körperlich zurückgeblieben und äußerst schüchtern. Der Spuk setzte in der Nacht ein, als das Kind im Bett war, und zwar indem es plötzlich an der Mauer hinter seinem Kopf klopfte. Da sich dort der Schweinekoben des Nachbarhauses befand, wurde hier die Ursache gesucht. Man entfernte die Schweine. Das änderte nichts. Nun nahm man Ratten an, obwohl nie welche beobachtet worden waren, und grub unter jener Mauer nach. Nichts. Schließlich bemerkten die Eltern, daß es auch in der Stube in der Mauer klopfte, sobald das Kind sich in der Nähe bewegte. Dabei folge ihm das Klopfen, obwohl es die Mauer nicht berührte. Auch von außen konnte man das beobachten. Sogar wenn das Kind draußen war, klopfte es in der Stube im Getäfer. Der unmittelbare Zusammenhang mit dem Kind trat bei verschiedensten Gelegenheiten oft in merkwürdigster Weise zutage, so zum Beispiel, wenn es aus der Stube in den Gang trat; gleichzeitig mit dem Oeffnen der Türe klopfte es so gewaltig an der Seitenwand des Büchergestells neben dieser, daß sogar Eindrücke zurückblieben. Allmählich steigerten sich die Erscheinungen so, daß auch die verschiedensten Gegenstände des Zimmers ohne erkennbare Ursache in Bewegung gerieten. So bewegte sich der Nachttisch, als das Kind im Bett lag, zur Seite, der Leuchter flog herunter und die Zündholzschachtel nach. Um jeden Einwand zu beseitigen, ließ Prof. Ludwig es in fest verschnürte Decken packen, auf eine Kommode setzen und in 50 Zentimeter Entfernung eine Kiste mit Leuchter und Licht stellen. Blitzschnell flog der Leuchter, ohne zu zerbrechen, auf den Boden, sogar dreimal! Ebenso, als statt der Kiste ein Nachttisch neben der Kommode stand. Blitzschnell flog die Nachttisch-Schublade heraus, und zwar mit solcher Gewalt, wie es das Kind überhaupt nicht hätte machen können, ganz abgesehen von der Entfernung. Zudem: gleichzeitig erfolgten starke Schläge an der etwa 3 Meter entfernten Bettstatt und der Türe! Der Arzt Dr. Dannegger berichtete mir von gleichen Beobachtungen. Schließlich steigerten sich die Erscheinungen so, daß es überall unversehens auf verschiedenste Weise klopfte und sich am hellichten Tage große Gegenstände fernab vom Kind bewegten – also ausgesprochene Telekinese (Fernbewegung). Als noch der schwere Eßtisch ohne Berührung viermal vollständig umgestoßen wurde, das eine Mal mit allem Geschirr, das in Trümmer ging, brachte der verzweifelte Vater das Kind nach München zu einem bekannten Facharzt; denn zugleich mit den Erscheinungen traten schwere Krampfzustände auf, so daß das Kind, wie vom Blitz getroffen, in sich zusammenfiel und dalag, nur Hände und Füße bewegend. Nach 15 Minuten kam es zu sich, fühlte sich müde und verlangte zu trinken. Das wiederholte sich täglich einmal, auch in der Schule. Spuk dagegen zeigte sich dort nie. In der Klinik trat er erst nach vierzehn Tagen auf; doch nach verschiedenen Berichten selten und nur ganz schwach: Klopfen, Kratzen und Bewegungen eines Stuhls. Behandelt wurde es mit Kräuterbädern, Massage, Tee, homöopathischen Mitteln usw. Nach sechs Wochen konnte es als geheilt entlassen werden.

Einer der außerordentlichsten Spukfälle ist der des hochangesehenen Nationalrats und Fürsprechs Melchior Joller in Stans, der nach den ergänzenden Untersuchungen auch von Prof. E. Bleuler und des Nervenarztes Dr. Servadio in Rom nunmehr als klassischer Fall bezeichnet werden muß. Vor mir liegt eine mutige, 1863 verfaßte Erklärung von sieben der angesehensten Bürger, darunter der Gerichtspräsident, der Richter, der Polizeidirektor und der Pfarrer und Kommissar von 1863, in Verteidigung Jollers angesichts der schweren Angriffe und allgemeinen Hetze im ganzen Land gegen ihn. Es handelte sich um jahrelange Erscheinungen in Jollers Haus, über die er Tagebuchaufzeichnungen als «Darstellung selbsterlebter mystischer Erscheinungen» 1863 herausgegeben hat (abgedruckt in meinem «Spuk»). Es fehlt der Raum, um darauf einzugehen. Kurz – von Hammerschlägen gegen Wände und Diele, von frei herumfahrenden Gegenständen auch in abgesperrten Räumen bis zur Erscheinung von Händen in der Luft und von geisterhaften Gestalten ein wahres Pandämonium des Spuks, so schlimm, daß Joller mit seiner Familie aus Stans floh, wo plötzlich Ruhe einkehrte, während die Erscheinungen, rätselhaft personengebunden, nach einem halben Jahr am neuen Wohnort Zürich schwächer wieder einsetzten. Schließlich floh er, ein Opfer des Unbegreiflichen, weiter nach Rom und starb, aufgerieben und gedemütigt – durch die gegen ihn geführten Kabalen, schon 1864, kaum 47 Jahre alt.

2. Vom personengebundenen müssen wir den *ortsgebundenen Spuk* unterscheiden. Lokale Faktoren spielen unverkennbar eine Rolle. Seine geographische Verbreitung wie seine Beschränkung oft auf ein sogenanntes Spukhaus oder ein einziges Stockwerk oder Zimmer beweisen es. Die Erscheinungen sind dabei im ganzen die gleichen; das Haus vertritt gewissermaßen die Spukbefallenen. Daher ist dieser Spuk unabhängig vom Wechsel der Bewohner, kann auch im leerstehenden Haus und während Jahrzehnten vorkommen, wie im Pfarrhaus von Cleversulzbach (Württemberg), wo der Dichter Mörike über seine Erfahrungen Tagebuch führte. Aehnlich in einem Pfarrhaus in Scheibenberg im Erzgebirge, einem dreihundertjährigen Steinbau, in dem es noch bis 1912 so spukte, daß kein Pfarrer allein im Haus bleiben wollte, wie mir die Töchter des letzten Pfarrers, ehe das Haus abgerissen wurde, berichteten. Der Tumult in der Küche war allen vernehmbar, auch im anderen Stockwerk. Im Schrank mit den Abendmahlsgeräten hörte man oft Lärm, als würden diese gegeneinandergestoßen. Alles blieb ein Rätsel auch hier. Die große Frage ist: Wie entsteht ein Spukhaus? Und warum sind Schlösser und Pfarrhäuser von den «Geistern» bevorzugt?

3. Zum Rätselhaftesten gehören die *Geistererscheinungen.* In den meisten Spukfällen fehlen sie zwar, auch dort, wo am ehesten zu erwarten. Was soll man zum Beispiel von der am hellen Tag beobachteten Erscheinung des «Gilieilers» auf der einsamen Alp im Prätigau halten (vergleiche mein Buch «Spuk») oder von jener Frau in Trauerkleidern, die in der freistehenden Villa einer englischen Offiziersfamilie vor zahlreichen Gästen und Familienmitgliedern erschien, immer mit dem Taschentuch vor dem Gesicht, von den Eltern aber merkwürdigerweise nie gesehen, obgleich man diese dorthin führte, wo andere die Erscheinung stehen sahen? Durch ausgespannte Schnüre ging sie hindurch und unterschiedslos durch die offene Türe oder die Mauer. Hier können wir nur mit Lessing (als er vom «Kloppeding von Dillesdorf» erfuhr) sagen: Da geht uns fast unser ganzes Latein aus.

Ehe wir das ins Auge fassen, was gegen den Spuk ins Feld geführt werden kann, noch ein Wort über

die Verbreitung des Spuks.

In Deutschland, besonders aber in der Schweiz ist er häufig, hier sogar fast so wie in England. Nur wird er meist systematisch totgeschwiegen und dann oft vergessen; ein interessantes Beispiel für das Verdrängen des Unangenehmen und Unverständlichen ins Unterbewußtsein! Merkwürdige Unterschiede zeigen sich allerdings nach verschiedenen Richtungen. Es gibt eine geographische, eine lokale und eine personelle Selektivität bei den Spukerscheinungen. Württemberg zum Beispiel ist besonders begünstigt, noch heute, und bei uns die Kantone Bern (mit verbreitetem Stallspuk auf dem Lande), Basel und Graubünden sowie die Innerschweiz; dagegen fehlen (nach Erhebungen öffentlicher Organe!) Spukhäuser in Genf und Zürich (wenn man absieht von jenem bekannten Haus im Talacker in der Limmatstadt, das Prof. Wölffin jahrelang bewohnte), ebenso auch im katholischen München.

Betrug, Täuschung, Geisteskrankheit?

Die Spukerscheinungen reizen genau so wie das Rätselhafte um das Hellsehen oder die sogenannte Gedankenübertragung oder das «Künden» der Sterbenden mächtig die Neugier, vor allem die Neugier der Leichtgläubigen, der Schwärmer, der Sensationssucher; und sie ziehen auch jene geriebenen Geschäftstüchtigen an, welche die Neugier und manchmal auch die unholfene innere Not der andern ausbeuten. Ich erinnere an den Ungarn Laszlo, der um 1922 ausgerechnet die Tasche Schrenck-Notzings, des bekannten Münchner Forschers, zur betrügerischen Unterbringung von Gänsefett und Gaze für seine «teleplastischen Materialisationen» benutzte, die wir auf wunderbaren Photographien aus dem Mund usw. quellen sehen, so wie auch bei der berühmten und ebenso betrügerischen Eva C., der Familie Goligher und dem Kopenhagener Eynar Nielsen unseligen Andenkens.

Beim Spuk im eigentlichen Sinne spielt der Betrug eine geringe Rolle – die schlimmste wohl auf dem Gebiet der «Geisterphotographie». Ich könnte keine einzige davon, auch die oft als beweisend bezeichnete «Weiße Frau» auf Schloß Bernstein im Burgenland nicht, als echt betrachten. Wer mit Spuk Betrug treibt, stellt meist auf die verhängnisvolle Neigung der Leute ab, unbekannten Erscheinungen ohne weiteres unbekannte, «magische» Ursachen zu unterlegen, statt nach natürlichen Ursachen zu fragen. Ein Arzt in Schwyz hatte seinen Spaß daran, daß diese nicht unbedenkliche Neigung gewisse Leute dazu verführte, zu glauben, er wohne in einem Spukhaus, in dem es zu Zeiten unheimlich knarre und stöhne. Ich besuchte seine Sprechstunde voll Erwartung. Verschmitzt lächelnd erklärte er mir: «Jaja! Ein Spuk! Aber der Geist ist das Grundwasser. Je nach dessen Stand knarrt es nämlich in merkwürdigster Weise in meinem Haus. Dem Glauben der Leute widerspreche ich nicht, um ihnen die harmlose Freude an ‚ihrem' Spuk nicht zu rauben.»

Wollen wir erfassen, was eigentlich objektiv wahr sei am Spuk, so haben wir vor allem das auszumerzen, was auf Täuschung (mitunter krankhafter Art) beruht, was also durch in uns selbst liegende Irrtumsquellen vorgespiegelter Spuk ist. Und schließlich haben wir gewisse im weiteren Sinn okkulte Phänomene, die an sich echt, aber bloß spuk*ähnlich* sind, auszuscheiden.

Das Kapitel der Täuschungen beim «Spuk» ist psychologisch äußerst fesselnd. Eine nicht zu unterschätzende Rolle spielen bei nachträglichen Berichten die Fälschungen durch Erinnerung, vor allem bei phantasiereichen Köpfen. Interessant ist es zu beobachten, wie der echte Kern eines Ereignisses von der Phantasie des Volkes umrankt wird. Aehnlich verhält es sich auf anderer Stufe mit manchen literarischen Kunstwerken. In meinem «Spuk» habe ich zum Beispiel dargestellt, welche realen Erlebnisse Helene Christallers gleichbetitelter Novelle in «Geheimnisse des Lebens. Erzählungen und Legenden» (E. Reinhardt, Basel) zugrunde liegen.

Eine höchst verhängnisvolle Täuschungsquelle, namentlich bei «Geistererscheinungen», sind die Halluzinationen, insbesondere wenn noch Angst oder Aberglauben sie nähren. An sich sind sie eine durchaus normale Erscheinung, besonders bei den sogenannten Eidetikern, namentlich unter Kindern und Primitiven. Bei diesen überdecken sich Schein und Wirklichkeit, Trug und Wahrheit in geradezu verwirrender Weise. Zum Teil treten sie aber auch als Krankheitserscheinungen auf, wie die Geister, welche die schwerkranke Seherin von Prevorst zu sehen glaubte.

Eine sehr wichtige, bisher wenig beachtete Rolle spielen die Halluzinationen in Verbindung mit den Träumen. Häufig hört nämlich der Traum mit dem Erwachen nicht auf, sondern setzt sich nachher noch fort, kann sich sogar weiterentwickeln und erst früher oder später bewußt werden. Folgendes Beispiel habe ich von einem Priester in Frankenstein in Schlesien. Eine Frau aus seiner Gemeinde erzählte ihm: «Plötzlich eines Nachts weckte mich eine Stimme: ‚Oh! Fräulein W.! Jetzt komme ich zu Ihnen!' es war Herbst. Alles tief dunkel. Außer mir vor Schreck, dachte ich an Einbrecher. Doch nichts rührte sich. Endlich fand ich den Mut, zu fragen: ‚Ist jemand hier?' Nichts. In Schweiß gebadet wartete ich. Schließlich riß ich ein Streichholz an und sah eine Gestalt vor meinem Bett, ohne Kopf, im karierten Anzug und mit einer goldenen Kette.» Die Gestalt schwand mehr und mehr dahin. Das Streichholz brannte langsam ab; und als sie das zweite anriß, standen nur noch Füße da, die dann ebenfalls verschwanden. In Wirklichkeit hatte sich der Trauminhalt in den «wachen» Zustand hinein fortgesetzt und Spuk bloß vorgetäuscht. Andere Träume, ins Wachsein hinübergerettet, beweisen die oft erstaunlichsten Superleistungen des Unterbewußtseins. So erblickte der berühmte Schweizer Zoologe Agassiz drei Nächte hintereinander den fossilen Fisch, dessen Bestimmung nie gelingen wollte, vollständig hergestellt, so daß er ihn aufzeichnen und nach genauer Untersuchung die Richtigkeit des Traumes feststellen konnte. Aehnlich sah der amerikanische Mathematiker Lambert nach Wochen am Morgen beim Erwachen auf dem dunklen Hintergrund der Wand gegenüber eine mathematische Aufgabe, um die er vorher vergeblich gerungen hatte, gelöst als geometrische Figur, obwohl er immer nur an eine analytische gedacht hatte.

Es ist unzweifelhaft, daß es außer den Einzelhalluzinationen auch die oft bestrittenen Kollektivhalluzinationen gibt, wo also eine Reihe Personen dasselbe halluzinieren – unter Umständen ein spukhaftes Ereignis! Ich verweise auf einen Bericht von Mukerjee, Jünger des indischen weisen Vivekananda, in seinem Buch «Dhan Gopal» (Rütten & Loening 1928). Als er zusammen mit Freunden in Benares einen berühmten Zauberer traf mit merkwürdigen Fähigkeiten (wie sie aber heute fast verloren seien), konnte dieser nach Belieben in einer halben Stunde unter ihren Augen Bäume aus dem unfruchtbaren Boden wachsen lassen, die auch Früchte trugen, welche sie kosten konnten. Oder ein Tiger keuchte plötzlich heran. Man hörte sein Schnauben, dann sein leises Knurren. Er kam näher, legte sich auf den Boden, fauchte wie eine Katze. Eine Handbewegung, und alles war verschwunden! Verdutzt und erschrocken fragten sie, ob es wirklich ein Tiger gewesen sei. Die Antwort war bezeichnend: «Nein. Sowenig wie die Schlange, die ich in Eurem Hause beschwor mit meinem Flötenspiel.» Mit diesem habe er einen suggestiblen Zustand geschaffen, in dem sie das von ihm Vorgestellte halluzinierten, ohne daß er ein Wort sprach. Spuk? Nein: Kollektivhalluzination!

Die Erklärung für diese Kollektivhalluzinationen ist die Telepathie, das heißt die Uebertragung bewußter und unbewußter Seeleninhalte ohne Vermittlung der bekannten Sinnesorgane – eine wesentliche Feststellung, namentlich im Hinblick auf die Geistererscheinungen, bei denen sie anerkanntermaßen eine große Rolle spielt. Ueber die Existenz der Telepathie kann heutzutage nicht mehr diskutiert werden. Ich könnte allein schon aus meinen Beobachtungen an meiner langjährigen, telepathisch begabten Mitarbeiterin B. Belege in großer Zahl beibringen. So träumt sie häufig auf frappanteste Weise dasselbe wie ich. Eines Abends, während sie schon schläft, lese ich in meinem Zimmer einen Bericht, wie die Frankfurter Kindsmörderin, die als Fausts Gretchen wieder erstanden ist, zum Schafott geführt wurde. Am andern Morgen erzählt mir B. ihren Traum: Man habe sie aus dem Gefängnis geholt und mit auf dem Rücken gefesselten Händen durch Menschenspaliere auf den Richtplatz geführt, der voller Blumen gewesen sei! B. erhält «Botschaften» von Unglücks- und Sterbefällen unter ihren und meinen Angehörigen, die sich nachträglich als zutreffend erweisen. Der kausale Zusammenhang ist dabei unverkennbar. Somit gehört die Telepathie keinesfalls unter die Synchronizität, wie C. G. Jung annimmt. Telepathische Experimente mit Ausführungen von Bewegungen oder Handlungen in der Ferne sprechen eine unverkennbare Sprache, ebenso Doppel- und

Tripelträume, wo eine Person ihren Traum telepathisch auf eine andere überträgt, wie in einem Fall von Prof. E. Bleuler. Ich gehe noch weiter: auch Tiere sind im Besitz telepathischer Fähigkeiten. Ein überzeugendes Material ist in meiner Sammlung und beweist das gleiche wie jener einem Arzt gehörende Hund, der vorauslaufend und ohne das geringste äußere Zeichen ausgerechnet vor jenem Haus stehenblieb, wo sein Herr einen Besuch machen wollte, auch dann, wenn dieser unterwegs seinen Plan geändert hatte.

Für die Erkenntnis des Spuks ist wichtig, daß auch ein Teil der Geräusche telepathischen Ursprungs ist. Ausgesprochen war das einzige Male bei Joller der Fall, so damals, als die Familie aus dem Nebenzimmer Geld zählen hörte, während sich doch gar niemand dort befand. Joller aber war zur gleichen Zeit in Luzern und hatte dort bei einer geschäftlichen Transaktion Geld auf den Tisch gezählt! Offenbar stand die Familie unter sich in telepathischem Konnex.

Manche Fälle – sie sind zumeist geeignet, unser Bild von den außergewöhnlichen Möglichkeiten des Menschen zu bereichern – kommen also dem eigentlichen Spuk scheinbar sehr nahe, gehören aber in Wirklichkeit ins Gebiet der Telepathie, der Nachwirkung von Träumen oder gar der Halluzination.

Gibt es darüber hinaus objektiven Spuk?

Wir haben es offenbar mit solchem zu tun, wenn die soeben untersuchten Einflußquellen ausgeschlossen sind und wenn die Erscheinungen nachkontrollierbare materielle Wirkungen haben – wie etwa bei dem von mir erwähnten Freisinger Kind oder wie im Hause Jollers, wo der Tisch sich hob und Türen in Anwesenheit vieler Leute aufsprangen, daß die Bolzen herausflogen. Besonders rätselhaft ist der unbestreitbare Transport der verschiedensten Gegenstände in oder aus verschlossenen Räumen. Der Begründer der Astrophysik, Friedrich Zöllner (1834–1892), hat zum Beispiel vor einem streng kontrollierenden Dritten am 5. Mai 1878 bei hellem Sonnenlicht mit dem Medium Slade ein erstaunliches Experiment durchgeführt. In zwei fest zugeklebten Schachteln lagen einige Geldstücke; ohne daß das Medium sie berühren konnte, fing es die Münzen auf einer mit seiner Rechten unter den Tisch gehaltenen Schiefertafel auf. Zwei Schieferstifte, die auf der Tafel lagen, fand man kurz darauf in einer der immer noch verschlossenen Schachteln, aus der die Münzen verschwunden waren (vgl. Zöllner: «Wissenschaftliche Abhandlungen», Bd. 3). In Slades Gegenwart schrieben auch Stifte, die zwischen zwei aufeinandergelegten, am Rand versiegelten Schiefertafeln lagen, «Botschaften» auf die vorher leeren Flächen. Ganz stupend waren im Jahre 1952 über dreißig Sitzungen mit einem außerordentlichen Medium in Kopenhagen unter Leitung von Dr. Aage Marcus, Direktor der Akademischen Bibliothek in Kopenhagen, der dreißig Jahre auf okkultem Gebiet gründlich geforscht hat. Anwesend waren auch Prof. Holmberg aus Lund, verschiedene Aerzte und andere Personen. Es wurden zahlreiche Aufnahmen, manchmal gleichzeitig von verschiedenen Seiten aus, gemacht. Die Teilnehmer durften frei herumgehen, untersuchen und Taschenlampen benutzen, obwohl nur so schwach verdunkelt war, daß man die Gesichter erkennen konnte.

Als erwiesen haben wir auch die bekanntesten Spukphänomene zu betrachten, die ich als Mimikry-Geräusche bezeichne, weil sie Geräusche von menschlicher und tierischer Tätigkeit «nachahmen», ohne daß aber eine Tätigkeit gleicher Art gleichzeitig an demselben Ort stattfände. Ich denke an die Arbeitsgeräusche nachts in der verlassenen Schreinerwerkstatt, an die fast in allen Spukhäusern zu hörenden Schritte oder an das, was man im leeren Zimmer des Vaters von Wilhelm von Humboldts Freundin Charlotte Diede, eines Pfarrers, vernahm: «Kramen zwischen Büchern, Schriften und Papieren, Zusammenrücken der Tische, Herbeiziehen der Stühle, bald langsameres, bald schnelleres Hin- und Hergehen», so daß man glaubte, er sei zu Hause, während er tatsächlich ausgegangen war (vgl. Humboldts «Briefe an eine Freundin»). Aehnlich in Prof. Ludwigs Haus.

Es ist von Fall zu Fall kritisch zu untersuchen, inwiefern von (subjektiven) Halluzinationen oder von Wahrnehmungen objektiver, nachkontrollierbarer Wirklichkeit gesprochen werden muß. Die Bezeichnungen «subjektiv-objektiv» reichen nicht mehr aus. Denken wir an die «Erscheinung» eines Sterbenden bei einem Freund. Das ist keineswegs immer subjektives «Hirngespinst», die Ursache liegt häufig außerhalb des Wahrnehmenden, aber auch außerhalb des Bereiches der uns bekannten Sinnesorgane. Es gibt ein Zwischenglied: das relativ Subjektive oder relativ Objektive. Die beiden Endglieder: dort der Sterbende, hier der Wahrnehmende, sind ursächlich verknüpft, obwohl das Verbindungsglied noch unbekannt ist. Die Mimikry-Geräusche könnten vielleicht hierher gehören, indem frühere reale Vorgänge, wie zum Beispiel menschliche Schritte, physikalische Spuren hinterlassen, die unter Umständen wieder geweckt werden und eine rein psychische, objektiv nicht nachweisbare Reaktion hervorrufen.

Weil dies alles unerklärlich scheint, haben wir kein Recht, es abzulehnen, sondern die Pflicht, nach allen Seiten wissenschaftlich zu untersuchen. Das Beispiel der Französischen Akademie sei den Hyperkritischen eine Warnung: sie ließ einst einen außerordentlichen Meteorfall durch eine eigene Kommission untersuchen, lehnte aber deren positives Gutachten als «Blödsinn» ab und verhinderte den Druck! Angesichts der Zeugnisse aus vergangenen Jahrhunderten und auch des gesichteten Materials aus heutiger Zeit haben wir durchaus Ursache, selbst die Berichte über die höchste Steigerung der materiellen Spukphänomene nicht von vorneherein glatt abzulehnen, sondern wissenschaftlich zu untersuchen – Hunderte von Berichten über Steinregen in der ganzen Welt oder über Feuererscheinungen bis zu großen Bränden in der Nähe spukbefallener Personen.

Gibt es Erklärungsmöglichkeiten?

Selbstverständlich! Wenigstens für einen beträchtlichen Teil des Spuks. *Nur mit diesem befassen wir uns jetzt.* Dabei müssen wir uns allerdings immer bewußt sein, daß Erklärungen stets nur einen Vorstoß ins Unbekannte bedeuten, nie restlose Eroberung. Wohl aber helfen sie uns, den Spuk besser in unser Weltbild einzuordnen. Bis dahin bleibt er «tabu» und anrüchig, wie einst der animale Magnetismus, der erst nach erbitterten Kämpfen endlich als Hypnotismus offizielle Anerkennung fand. Das Volk denkt durchaus rationell auf Grund vielfacher Erlebnisse: Der Spuk muß eine Ursache haben! Nachdem die Wissenschaft es hier ohne Erklärung läßt, bleibt ihm nichts, als zu den «Geistern» Zuflucht zu nehmen oder auch zu den Dämonen. Die Kirche weist auf «arme Seelen im Fegefeuer», die sich bemerkbar machen, die Spiritisten allgemein auf die Verstorbenen, die auch das Medium als Mittler benutzen sollen.

Nach meinen Untersuchungen hat das Jenseits mit diesem Spuk nicht das geringste zu tun. Im Gegenteil: er ist physikalisch, physiologisch und psychisch zu erklären. Ein außerordentliches Beweismaterial liegt vor. Sechs Tatsachen sind wichtig für die Erklärung.

1. Der Spuk unterliegt der Gesetzmäßigkeit; denn er hat Uhr und Kalender, ist zeitlich begrenzt und zeigt Intermittenzen, worauf warnend bereits Glanvil, Hofprediger und Mitglied der Royal Academy, 1663 hingewiesen hatte. Ferner zeigt er eine Entwicklung vom Einfachen zum Komplizierten, ähnlich wie die medialen Erscheinungen.

2. Spukbefallene und Medien sind so eng verwandt (obwohl, entgegen bisheriger Annahme, bemerkenswerte Unterschiede bestehen), daß aus einer Spukbefallenen ein Medium sich entwickeln kann, wie im Spukfall Wolff in Prag. Beide benötigen eine Vorbereitungszeit, «bis es losgeht», beim Medium oft Stunden. Wenn sie «stark» sind, sind beide unabhängig von Dunkelheit, Tageszeiten und gewissen Anwesenden, die sonst stören. Das führt zu einer entscheidenden Feststellung: das starke Medium in den Händen erfahrener Forscher ist ein wichtiges wissenschaftliches Untersuchungsinstrument auch für den Spuk.

3. Die Erscheinungen haben bei beiden, je nach Leistung, mehr oder weniger schwere Erschöpfungszustände im Gefolge. Das war besonders eindrücklich bei Home und Eusapia. Nach den Sitzungen waren sie wie entseelt. Die Spukbefallenen werden geschwächt und kommen immer mehr herunter.

4. Diese Erschöpfungszustände in Verbindung mit den Erscheinungen sind nur verständlich als Folgen der Verausgabung einer Kraft, die in den Befallenen und Medien ihren Sitz hat und aus ihnen strömt oder strahlt und dadurch wirksam wird. Das führt zu einer

5. aufschlußreichen Tatsache. Ist diese wirksame Kraft schwach, dann ist ein Dunkelraum erforderlich, in dem sie sich sammeln kann, um wirksam zu

werden; beim Medium das (berüchtigte) Dunkelkabinett, bei Spukbefallenen – das Bett! Beide, Dunkelkabinett und Bett, sind äquivalent und stehen unverkennbar im engsten Zusammenhang mit den Erscheinungen. Die Berichte sind überzeugend: einerseits haben wir zum Beispiel ein mährisches Kind, bei dem es nur spukte, wenn es abends im Bett war, andererseits Rudi und Eusapia mit ihrem Dunkelkabinett. Im Fall Glanvils, des englischen Edelmanns, spukte es am Anfang ebenfalls nur, wenn die Familie im Bett war – hier handelte es sich ausgesprochen um einen Kollektivspuk wie bei der Familie Joller. Jetzt versteht man, warum es hauptsächlich nachts spukt! Bett und Dunkelkabinett wirken offensichtlich auslösend oder begünstigend und sammelnd. Der starke Spuk dagegen tritt, wie bei Joller, auch am Tag auf, und das starke Medium benötigt kein Kabinett, wie Home und Slade und Rudi Schneider in den Zürcher Sitzungen, ungeachtet außerordentlicher Leistungen, ebenso das erwähnte Kopenhagener Medium.

Die Rolle des Bettes beleuchtet ein Vergleich mit dem Dunkelkabinett. Dessen Vorhänge werden bei den Sitzungen häufig herausgebläht wie von einem Wind, manchmal hoch oben, wie ich es eindrücklich in einer Münchner Sitzung mit Rudi Schneider erlebt habe. Beim Bett dagegen wird immer wieder, wie es heißt, das Bettzeug «fortgerissen» oder «weggezupft», angeblich vom «Geist»! Es ist der gleiche Vorgang wie beim Dunkelkabinett. Immer wieder wird bei den Medien auf einen «kalten Wind» hingewiesen, der sich im Sitzungszimmer bemerkbar macht. So wehte er mit großer Stärke bei dem Kopenhagener Medium um die Tischplatte herum, bei Eusapia strömte er bald stärker, bald schwächer aus der Narbe an ihrer linken Schläfe heraus und wehte Papierfähnchen herum, die man davorhielt. Beim Spuk sammelt er sich auch in Säcken und anderen dunklen Räumen, und im Bett treibt er das Bettzeug oft mit Gewalt heraus. Bei einer englischen Jungfer, einem sehr aufschlußreichen, von Glanvil berichteten Fall, war es besonders eindrücklich in Verbindung mit starken Geräuschen unter ihrem Bett und Bewegung der verschiedensten Gegenstände in ihrem Zimmer. Dieser Spuk hatte nur eine Dauer von drei Nächten, steigerte sich von einer zur anderen; der «kalte Wind» machte sich bemerkbar, indem er wie «ein kaltes, kleines Ding» im Bett herumlief und das Mäntelchen blähte, das sie in der dritten Nacht umhatte, während zugleich ein kalter Luftzug herausströmte.

6. Tatsache: Die Erscheinungen und damit die Entwicklung jener Kraft stehen häufig – der Spuk ist, wie gesagt, ein sehr komplexes Phänomen – in ursächlichem Zusammenhang mit mehr oder weniger krankhaften Störungen des psycho-physischen Gleichgewichts, wie sie namentlich die Hysterie kennzeichnen und bei Jugendlichen im Alter von neun bis neunzehn Jahren auftreten, also im vollen labilen Entwicklungsalter. Nun versteht man auch, warum der Spuk hauptsächlich bei Jugendlichen vorkommt. Ein Beispiel! Plötzlich bekam der junge Westveer, Sohn des William Westveer in Rochester (Vereinig-

te Staaten), 1886 eine «unerklärliche Krankheit», mit der alle Zeitungen sich beschäftigten. Während fünf Minuten verlor er jede Kontrolle über die Muskeln seiner Beine, die dann in ständiger Bewegung waren. Dieser Anfall ging vorüber, und er spürte nichts mehr. Kaum war er im Bett, trat eine Verschlimmerung ein. Jetzt gerieten die Muskeln seines ganzen Körpers in Bewegung und synchron auch die Möbel des Zimmers, wie seine auf sein Geschrei herbeigeeilten Eltern feststellten. Mit dem Abflauen des Krampfanfalls hörten auch die Bewegungen der Möbel auf. Es blieben nur Klopflaute in den Wänden, der Decke, dem Fußboden und den Möbeln. Diese Anfälle wiederholten sich täglich. Die Aerzte waren ratlos.

«Veitstanz» hieß es damals! Diese Krampfzustände mit unwillkürlichen Muskelbewegungen in Verbindung mit den Spukerscheinungen können die verschiedensten Grade erreichen. Bei der Bauernmagd B. Röschlau, in Stellung bei Wien, waren sie zum Beispiel so schwach, daß der Arzt erst nach genauer Untersuchung, nachdem er sich selbst vergewissert hatte, der Spuk sei kein Schabernack, «ein leichtes heimliches Zucken durch den Körper» entdeckte. Auf eindringliches Befragen gestand die Magd, es erst seit einigen Tagen zu spüren. Entsprechend erfolgte der Spuk nur, wenn sie am Tag in Bewegung bei der Arbeit war. Er verschwand schnell durch Milieuwechsel, beruhigende Mittel usw. Die Bewegungen sind offensichtlich wesentlich bei der Auslösung des Spuks. Justinus Kerner, der als Oberamtsgerichtsarzt in seinem Haus auch Friederike Hauffe pflegte, erzählt in seinem Buch «Die Seherin von Prevorst» (1829) von seiner Patientin, daß bloßes Gehen bei ihr manchmal genügte, um spukhafte Begleiterscheinungen hervorzurufen. Bei der gleich der Seherin schwerkranken Gottliebin Dittus, die vier Jahre lang vom Pfarrer Joh. Christ. Blumhardt betreut wurde, fielen Schläge manchmal vor oder hinter ihr nieder oder mit großer Wucht auf den Tisch.

Jene Krampfzustände bei Jugendlichen gehören in das Gebiet des kleinen Veitstanzes und sind relativ leicht und vorübergehend; manchmal dauern sie nur wenige Tage. Bei der Gottliebin und der Seherin dagegen handelte es sich um Schwerkranke, bei denen die Krämpfe zum Teil einen schauderhaften Grad erreichten und der Spuk in verschiedenen Formen sein Maximum. So tobte es einmal bei der Seherin abends um elf Uhr, als sie im Bett war, dermaßen, als würde das Haus aus allen Fugen gerissen, wie auch auf der Straße zu hören war.

Bei den Medien im Trancezustand haben wir entsprechend eine außerordentliche Unruhe des ganzen Körpers, namentlich Herumwerfen des Oberkörpers, auch der Arme, oft verbunden mit heftigem Keuchen. Der Zusammenhang mit den Erscheinungen ist häufig unverkennbar. So bewegten sich in einer Sitzung Eusapias synchron mit den Kontraktionen ihrer festgehaltenen Hände die schweren Kabinettvorhänge hinter ihrem Rücken, hoch über ihrem Kopf.

Damit stehen wir vor der Hauptfrage:

Welches ist diese Kraft, die so Außerordentliches zu leisten vermag?

Man muß sich bewußt sein, daß wir Kräfte nie erkennen, sondern nur Wirkungen, und von diesen auf jene schließen. Diese Wirkungen sind beim Spuk in außerordentlichem Maß festgestellt worden. Die Frage kann nur lauten: Haben wir es mit «neuen» Wirkungen bekannter Kräfte zu tun oder mit einer noch unbekannten Kraft?

Der hervorragende Physiker P. Jordan in Hamburg hat allerdings festgestellt, es gebe heute keine unentdeckten Strahlungen mehr, die zur Deutung psychologischer oder biologischer Erscheinungen herhalten könnten. Die Entscheidung über diese Frage, die zur Zeit der alten Magnetiseure bereits diskutiert wurde, setzt eine genaue Kenntnis der betreffenden Erscheinungen und ihrer Bedingungen voraus. Diese beweisen jedenfalls das eine: es kann sich dabei nur um eine einzige Kraft handeln; denn die verschiedenen Erscheinungen gehen ohne weiteres ineinander über, so daß zum Beispiel Mimikry-Geräusche, wie Gehen, in Poltern, dieses in Aufreißen von Türen und dergleichen mehr übergehen. Dabei zeigt diese Kraft bemerkenswerte Eigenschaften. 1. Sie wirkt «ansteckend» auf gewisse Menschen, besonders Jugendliche. 2. Sie wirkt infizierend auf die Umgebung, Mauern, Möbel usw., besonders bei Berührung, wie beim Tischrücken. Das braucht natürlich Zeit. Nun versteht man, warum beim Tischrücken und den anderen Erscheinungen es immer so lange dauert, bis es «losgeht», und warum bereits benutzte Tische und Räume begünstigend sind. Ebenso spukt es zum Beispiel nach Wohnungswechsel selten sogleich, sondern erst nach Tagen. 3. Sie wird aufgespeichert, so daß der Spuk oft noch längere Zeit andauert, wenn die Spukbefallenen sich entfernt haben.

Früher konnte die Frage nach dieser Kraft nur lauten: Animaler Magnetismus oder Elektrizität?, ein Schluß, der naheliegt, wenn man berücksichtigt, daß jede Tätigkeit Elektrizität entwickelt. Seinerzeit überreichte Arago der Französischen Akademie unter Vorsitz von Jussieu eine Denkschrift nach eigenen Beobachtungen bei der kleinen Cottin, mit dem Ergebnis, «eine Elektrizität besonderer Art» sei die Ursache ihrer medialen Kräfte. Dagegen erklärte der englische Elektroingenieur Varley auf Grund seiner okkulten Untersuchungen: «Keine Elektrizität hätte sich aus den Händen nichtisolierter menschlicher Wesen so zu entwickeln vermocht, um auch nur den tausendsten Teil des Gewichts eines gerückten Tischchens in Bewegung zu setzen.»

Die Physiker und Physiologen haben das Wort!

Welche Rolle spielt die Seele im Spuk?

Hier wie auch beim Okkultismus stellt sich die große Frage nach den äußersten Wirkungsmöglichkeiten der menschlichen Seele, einerseits auf das Ich, den Körper, anderseits auf das Nicht-Ich, die Außenwelt. Je weiter wir untersuchend vordringen, desto weiter dehnt sich ihr Machtbereich. Bereits die Entdeckung, genauer Wiederentdeckung des Hypnotismus und der Suggestion durch die alten Magnetiseure hat ungeahnte Weiten eröffnet. So konnte Liébault, ein Bahnbrecher auf dem Gebiet des Hypnotismus, durch suggestive Einwirkung einen Gegenstand aus dem Ohr eines Kindes herauslocken, das von zahlreichen Aerzten vergeblich behandelt worden war. Unter dem Einfluß eines ungewöhnlich begabten Suggerierenden können schwere Operationen ohne Narkose schmerzlos überstanden werden. In den modernen parapsychologischen Forschungsstätten, wie zum Beispiel von J. B. Rhine, dem Leiter des parapsychologischen Instituts der amerikanischen Duke-Universität, über Telepathie und Hellsehen finden wir aufs neue die rätselhafte Macht und Reichweite der Seele bestätigt. Gewisse physikalische Erscheinungen bei Medien, ein Gegenbild der Spukerscheinungen, müssen wir ebenfalls auf psychische Kräfte zurückführen. So konnte Eusapia durch ihren Willen, mit entsprechenden Bewegungen, aus der Ferne die Türen eines Schränkchens öffnen und schließen. Noch Außerordentlicheres leistete ein Stockholmer Medium von Dr. Marcus: Bei vollem Licht und anscheinend ohne Trance konnte der Mann nach zehn Minuten Konzentration auf zwei Meter Entfernung eine Flasche auf dem Tisch in Bewegung versetzen, so daß sie sich um 20 Zentimeter verschob und dann stehenblieb. Ein anderes Mal bewegte sie sich zur Tischmitte und flog dann im Bogen auf den Boden. Dadurch erhalten die Untersuchungen in Zürich eine wertvolle Bestätigung, wo zum Beispiel bei dem außerordentlichen Medium Sch. eine Glocke unter einem übergestülpten Korb, den Prof. C. G. Jung mit beiden Händen hielt, vor aller Augen sich erhob und läutete, der Aufforderung entsprechend.

Und nicht gut anders als psychisch lassen sich die «Botschaften» erklären, welche Sterbende durch Telepathie in die Ferne aussenden. Dieses «Künden» ist an der deutschen und holländischen Meeresküste allgemein bekannt; so erhält die Bevölkerung bisweilen die Nachricht vom Tod eines Fischers auf hoher See. Sofort wird sie dem Pfarrer mitgeteilt, der sie ohne weiteres akzeptiert und dann von der Kanzel bekanntgibt und die Feierlichkeit anordnet. Oswald Spengler hat mich darauf aufmerksam gemacht; die dortigen Bewohner und auch ein holländischer Pfarrer haben es bestätigt.

Man kann gelegentlich in Spukhäusern auch erfahren, daß fromme Sprüche, die von ältesten Zeiten her zur Abwehr von Spuk verwendet werden, von guter Wirkung gewesen sein sollen. Dazu sind auch die Benediktions- und Exorzierungsformeln der christlichen Aera zu zählen. Die Bekämpfung des Spukes und der Spukangst arbeitet vor allem mit den Kräften der Seele und des Geistes.

Und so betreten wir befreiendere Sphären der Wirkung psychischer Kräfte auf Seele und Körper.

So stehen wir vor einer Welt von merkwürdigen Tatsachen. Merkwürdig nur für uns. Oestliche Weisheit zählt sie längst zu ihrem eigensten Besitz.

Die Zukunft hat das Wort.

Zeitfracht Medien GmbH
Ferdinand-Jühlke-Straße 7
99095 Erfurt, Deutschland
produktsicherheit@kolibri360.de